LEÇONS

DE

MÉCANIQUE PHYSIQUE

PAR

Jules ANDRADE

PROFESSEUR ADJOINT A LA FACULTÉ DES SCIENCES DE RENNES

PARIS

SOCIÉTÉ D'ÉDITIONS SCIENTIFIQUES

PLACE DE L'ÉCOLE DE MÉDECINE

4, Rue Antoine-Dubois, 4

1898

LEÇONS

DE

MÉCANIQUE PHYSIQUE

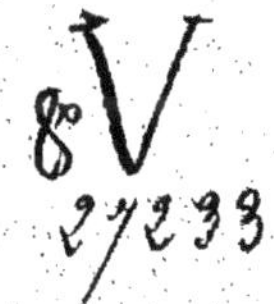

LEÇONS

DE

MÉCANIQUE PHYSIQUE

PAR

Jules ANDRADE

PROFESSEUR ADJOINT A LA FACULTÉ DES SCIENCES DE RENNES

PARIS

SOCIÉTÉ D'ÉDITIONS SCIENTIFIQUES

PLACE DE L'ÉCOLE DE MÉDECINE

4, Rue Antoine-Dubois, 4

1898

INTRODUCTION

L'idée de soustraire la Mécanique à l'inutile principe de l'inertie fut, je crois, émise pour la première fois par Reech.

J'ai repris l'idée de ce profond et regretté mécanicien, en l'élargissant un peu et, dans ces « Leçons » je montre comment le principe fondamental de la dynamique, indépendant des repères géométriques du mouvement, est dans une dépendance très atténuée vis-à-vis de l'horloge qui enregistre les mouvements.

L'idée si heureuse et si simple de Reech consiste à prendre comme élément cinématique de la dynamique, non pas l'accélération, mais une variation d'accélération ; j'adopte entièrement ce point de vue de Reech, mais je me sépare complètement de cet auteur dans l'appréciation du principe de d'Alembert.

Reech regardait ce principe comme superflu, or je l'envisage comme l'indispensable appui de sa conception des trois éléments essentiels à la matière en mouvement : la force, la masse, les liaisons.

Le progrès réalisé par l'École nouvelle dans la doctrine de la Mécanique rationnelle me paraît incontestable et je ne doute pas que l'école nouvelle ne devienne à son tour l'école classique.

On peut se demander pourquoi l'idée si simple de Reech ne s'est pas présentée aux immortels fondateurs de la Mécanique : Galilée et Newton?

C'est d'abord que la notion de l'espace absolu ne leur répugnait pas.

C'est ensuite que, la Mécanique débutant par un éclatant triomphe dans le ciel, constitua d'abord la mécanique céleste ; l'histoire même de la science lui donnait une allure astronomique dont elle se ressent encore.

Et puis, qu'importait alors aux fondateurs une légère faute de grammaire!

La science qu'ils fondaient devinait du premier coup un ciel assoupli à des lois simples — un système solaire visible, infiniment moins complexe certes, qu'une molécule.

N'était-il pas tout naturel alors d'espérer pour le monde moléculaire une loi aussi simple que la loi de l'attraction?

On sait de quelle déception cette attente fut suivie ; peut-être pareil espoir renaîtra-t-il, sous une nouvelle forme, le jour où une réelle synthèse des sciences physiques sera possible. En attendant, tandis que, dans un désordre apparent, s'amasse la riche moisson des faits, l'esprit humain de loisir, exerce son sens critique et surveille sa propre logique.

De là sans doute la tardive apparition de l'école nouvelle inaugurée par Reech.

***

Dans la première partie de ces « Leçons » j'expose d'abord l'œuvre des fondateurs ; je décris l'École classique et l'École nouvelle, et, après avoir opté pour celle-ci je la montre aux prises avec quelques problèmes parmi lesquels je mentionnerai ici : les propriétés des systèmes isolés, — les commentaires sur la chute du chat, — la détermination de l'orientation absolue par la lecture d'une horloge absolue et par l'observation des seuls mouvements intérieurs du système isolé : problème dont la détermination du plan invariable n'est qu'un cas particulier.

La deuxième et la troisième partie de ces Leçons sont consacrées à la mécanique des corps déformables et aux éléments de la science du constructeur.

Dans cette partie didactique de l'ouvrage, les « Leçons sur l'élasticité » de M. H. Poincaré, la Statique graphique de M. Maurice Lévy et ses leçons au Collège de France ont été mes guides principaux.

* * *

Les quelques notes qui terminent ce volume traitent des questions de mécanique et de géométrie, mêlées.

Je signalerai particulièrement la note sur « la statique non euclidienne ». Dans cette note je fais voir comment la réduction des systèmes de vecteurs, et la notion de leurs groupes d'équivalence forment la source immédiate des propriétés métriques et de la bifurcation des géométries de Lobatchewsky, d'Euclide et de Riemann.

Depuis la rédaction de cette note j'ai appris, par le savant M. Mansion, qu'une mécanique non euclidienne a déjà fait l'objet des travaux de M. de Tilly, qui, paraît-il, a publié sur ce sujet il y a plus de vingt ans un livre malheureusement fort rare.

Il est donc certain que j'ai dû, sans le savoir, me rencontrer sur plusieurs points avec le savant belge; je crois néanmoins que ma méthode qui généralise la Réduction de Poinsot et le théorème du travail virtuel pour en faire sortir avec une égale facilité les formules de Lobatchewsky et de Riemann, intéressera les géomètres.

Je dois encore à l'inépuisable érudition de M. Mansion un renseignement bibliographique bien curieux signalé par M. Genocchi :

Il paraît que, bien avant Poisson, fut donnée à Turin, la démonstration analytique de la composition des forces con-

courantes par l'emploi de l'équation fonctionnelle connue sous le nom d'équation de Poisson; l'auteur anonyme *avait* même *fait cette remarque* que la méthode est indépendante du postulatum d'Euclide.

Or cette remarque qui s'étend d'elle-même à la trigonométrie sphérique est notablement antérieure à Lobatchewsky. Qui l'a faite?

Son anonyme auteur publia à Turin tant que Lagrange vécut dans cette ville, mais après le départ de Lagrange, il ne donna plus signe de vie.

Serait-ce Lagrange lui-même?

Quoi qu'il en soit, la remarque de l'auteur anonyme contenait le germe des deux géométries non euclidiennes.

Depuis Lobatchewsky la possibilité des géométries non euclidiennes a été nettement indiquée en d'élégantes transformations de figures par Klein.

Mais la notion « de groupe » pénètre bien plus profondément encore au cœur de la géométrie.

MM. Poincaré et S. Lie ont développé cette notion appliquée à la genèse des premiers principes de la géométrie sous une forme analytique; je veux indiquer brièvement ici comment, sans sortir du domaine concret, la géométrie pure parvient très simplement à effectuer sa propre analyse.

I. — Le théorème d'Euler, relatif aux rotations finies (théorème non euclidien), montre aisément que les vecteurs regardés comme représentant les vitesses de rotations possibles sont toujours composables *lorsqu'ils sont concourants, et que, dans tous les cas, il est possible, d'une infinité de manières, de réduire un ensemble de vecteurs à un ensemble équivalent.*

Rappelons d'abord le sens des mots composables *et* équivalents.

Composable signifie que, pour des vecteurs concourants, il existe une opération de composition (désignons-la, pour abréger, par +*) qui jouit des propriétés suivantes, — l'opération est :*

1° Commutative :

$$A + B = B + A$$

2° Associative :

$$A + (B + C) = A + B + C$$

3° Invariante, c'est-à-dire ne dépendant que de la configuration intrinsèque des vecteurs composants.

4° Continue.

5° Réductible à l'addition algébrique des segments lorsque les vecteurs ont même ligne d'action.

Deux systèmes S *et* T *de vecteurs sont dits équivalents, si l'on peut passer de l'un à l'autre par l'adjonction ou la suppression de paires de vecteurs égaux et contraires portés par une même droite et par la composition ou la décomposition de vecteurs concourants.*

L'emploi de l'équation fonctionnelle de Poisson :

$$\varphi(x+y) + \varphi(x-y) = 2\varphi(x)\,\varphi(y),$$

montre alors que la composition des vecteurs concourants, et la trigonométrie sphérique qui la traduit sont indépendantes du postulatum *d'Euclide.*

II. — *Voici comment la composition de vecteurs non concourants invite à choisir entre les géométries de Lobatchewsky, d'Euclide et de Riemann.*

Si l'on recherche la loi de composition des vecteurs d'un plan perpendiculaires à une même droite et dirigés d'un même côté de cette droite, on est encore conduit à l'équation fonctionnelle de Poisson, mais avec des conditions initiales différentes.

La fonction $\varphi(x)$ est telle que la résultante R de deux forces perpendiculaires à une même droite, de même intensité P et tirant d'un même côté de cette droite, sera donnée par la formule :

$$R = 2\,P\,\varphi(x)$$

dans laquelle x désigne la distance des points où les composantes coupent leur perpendiculaire commune.

La notion d'équivalence montre encore que, si x est le

côté opposé à l'angle aigu ω d'un triangle rectangle dont le second angle aigu est α, l'on aura :

$$\varphi(x) = \frac{\cos \omega}{\sin \alpha}.$$

Dans l'espace de Lobatchewsky on aura donc :

$$\varphi(x) = \frac{1}{\sin \pi(x)}$$

$\pi(x)$ désignant l'angle de parallélisme à distance x, et par suite, ici :

$$\varphi(x) > 1$$

L'équation de Poisson donne alors :

$$\varphi(x) = \frac{e^{\frac{x}{k}} + e^{-\frac{x}{k}}}{2} = \mathrm{ch.}\,\frac{x}{k},$$

k désignant un mètre constant.

L'hypothèse $\varphi(x) < 1$ donnerait la géométrie de Riemann, et l'hypothèse $\varphi(x) = 1$ est euclidienne.

III. — J'ai montré que la réduction de Poinsot est, dans ses traits essentiels, commune aux trois géométries, et j'en déduis le théorème suivant :

« La condition d'équilibre de plusieurs vecteurs sur un
« corps rigide est, avec une signification non-euclidienne,
« toujours fournie par le théorème du travail virtuel. »

Du théorème précédent j'ai tiré ce corollaire, qui généralise
dans les trois géométries un théorème bien connu de Sta-
tique :

« Une pression normale (constante par unité de surface),
« uniformément répartie sur les éléments d'une surface
« fermée rigide, constitue un système de forces en équilibre. »

J'ai montré que ce théorème et son analogue dans le plan
fournissent les propriétés métriques dans les trois géométries
spécialisées.

Certes il est assez curieux de voir la Statique de Poinsot
engendrer immédiatement les formules de Lobatchewsky
et de Riemann.

Saint-Quay, 4 septembre 1897.

PREMIÈRE PARTIE

***

L'ŒUVRE DES FONDATEURS DE L'ASTRONOMIE ET DE LA MÉCANIQUE

***

I

Les repères du mouvement, l'horloge et le système de coordonnées. Application à l'astronomie.

On entend par système rigide un corps indéformable auquel on peut adjoindre tel autre corps indéformable que l'on voudra lier au premier par un assemblage invariable. Un système rigide peut être géométriquement représenté par trois droites perpendiculaires deux à deux.

Le déplacement d'un point par rapport à un système rigide en tant que la situation du point est définie, *à chaque instant de la durée*, constitue le mouvement de ce point.

Le mouvement est donc une notion essentiellement relative, et subordonnée à deux repères : 1° le *repère géométrique*, ou système rigide de comparaison ; 2° le repère dans ia durée, ou l'*horloge*.

On verra plus loin comment une hypothèse de physique générale, connue sous le nom de « Principe de l'inertie », fait intervenir un repère géométrique particulier et une horloge spéciale, auxquels on peut donner les noms respectifs d'*espace absolu* et d'*horloge absolue*.

Mais comme en réalité certaines notions de mécanique, et notamment les notions de l'équilibre et celles des efforts de liaisons, sont dans une large mesure indépendantes des repères du mouvement, nous regarderons d'abord le mouvement comme une chose essentiellement relative, comportant deux repères arbitraires : le repère géométrique et l'horloge.

Il y a une infinité d'horloges admissibles ; si une horloge a marque le temps t et si une autre horloge α marque le temps θ, t et θ seront deux quantités variables et fonctions l'une de l'autre, assujetties à cette seule condition de varier toutes les deux dans le même sens ; leurs variations positives simultanées correspondront *au futur* et leurs variations négatives simultanées correspondront aux époques *passées*.

Nous serons amené à faire par la suite une autre hypothèse, sans laquelle les horloges considérées ne joueraient ensemble aucun rôle mécanique ; nous supposerons qu'à chaque instant la dérivée $\frac{dt}{d\theta}$ existe avec une valeur essentiellement finie et distincte de zéro.

Le système de coordonnées le plus apte à traduire l'addition géométrique des *vecteurs* est le système de coordonnées cartésiennes.

Le système rigide est représenté par les trois arêtes d'un trièdre trirectangle OX, OY, OZ et la situation d'un point M par rapport à ce système, est défini par les projections du vecteur OM sur chacune des arêtes du trièdre (*axes de coordonnées*). Ces projections sont, bien entendu,

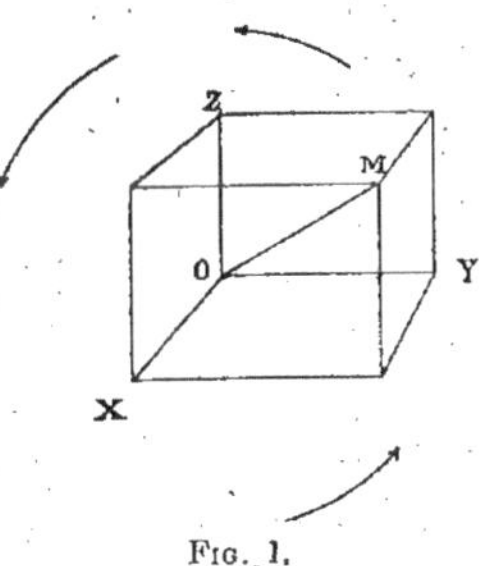

Fig. 1.

des droites *dirigées* et regardées comme positives ou négatives suivant que leurs directions sont celles des arêtes respectives du trièdre ou celles de leurs prolongements. Le trièdre une fois constitué et nommé, on peut associer à l'ordre alphabétique de la permutation des lettres x, y, z une « *orientation du trièdre* ».

Soient U, V, W, trois des lettres X, Y, Z énoncées dans un ordre qui dérive de l'ordre alphabétique par une permutation circulaire, imaginons une poupée d'Ampère couchée sur l'axe OU, les pieds en O, la tête vers U, et assistant à la rotation d'*un simple quadrant* qui, effectuée autour de OU, amène l'axe OV en coïncidence avec l'axe OW.

Le sens de cette rotation, par rapport à la *gauche* ou à la droite de *la poupée*, est inaltéré par une permutation circulaire effectuée sur les axes choisis OU, OV, OW.

Dans le cas de la figure, la poupée voit la rotation considérée s'effectuer de sa droite vers sa gauche.

Dans le cas de la nouvelle figure[1], où ZOX étant le plan du papier, l'axe OY vient en avant de la feuille, la rotation est contraire et dirigée de gauche à droite. On dit que la

____

1. Voir page suivante.

figure 1 représente un système d'axes d'orientation directe, et la figure 2 un système d'axes d'orientation rétrograde.

Un trièdre de coordonnées étant construit, son orientation définira le sens des vecteurs par lesquels on représente des rotations dans les formules.

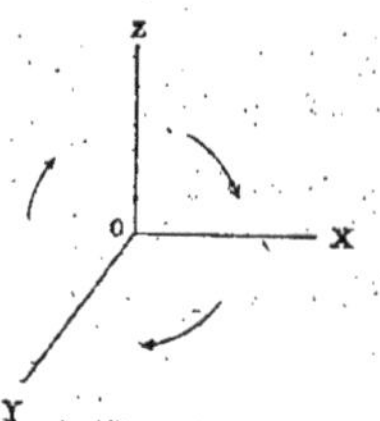

Les trois coordonnées cartésiennes d'un point, x, y, z, sont trois longueurs.

Il y a souvent avantage (tel est le cas en astronomie) à employer le système de coordonnées sphériques; ici, une seule coordonnée est linéaire, et les deux autres coordonnées suffisent à représenter la perspective du point M sur une sphère.

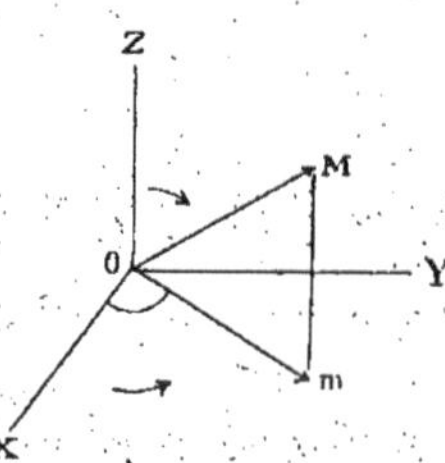

Nous définirons de la manière suivante le système sphérique *associé* au trièdre OXYZ.

Adoptons l'axe des Z comme *axe polaire*, projetons le point M en m sur le point OXY et considérons le vecteur OM, sa direction sera définie par l'angle XOM compté dans le sens *direct, toujours positif* de 0° à 360°. Dans le plan ZOm, la direction du vecteur OM sera définie par l'angle ZOM, moindre que 180°, dont il faut faire tourner ZO vers Om pour rencontrer OM; enfin, la troisième coordonnée est la distance OM. Nous poserons

$$\text{XOM} = \varphi = \textit{angle méridien}$$
$$\text{ZOM} = \theta = \textit{angle polaire}$$
$$\text{OM} = r = \text{distance}$$

Le passage des coordonnées sphériques aux coordonnées

cartésiennes associées se fait au moyen des formules immédiates

$$(1) \begin{cases} x = r \sin \theta \cos \varphi \\ y = r \sin \theta \sin \varphi \\ z = r \cos \theta . \end{cases}$$

Considérons deux systèmes de coordonnées sphériques ayant un axe (OX, O'X') commun et une origine (O, O') commune, on aura r demeurant évidemment invariable

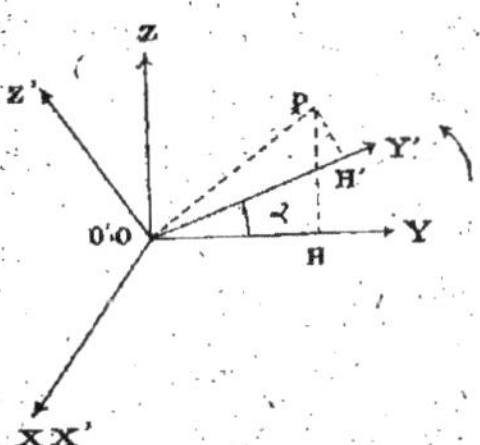

$$(2) \begin{cases} x' = r \sin \theta' \cos \varphi' \\ y' = r \sin \theta' \sin \varphi' \\ z' = r \cos \theta' \end{cases}$$

d'autre part, il est aisé de passer du système cartésien OXYZ au système cartésien O'X'Y'Z'.

Soit P la projection du point M sur le plan commun ZOY, ou Z'O'Y', le vecteur OP est la *somme géométrique* des vecteurs $\overrightarrow{OH'}$ et $\overrightarrow{H'P}$ aussi bien que des vecteurs $\overrightarrow{OH}$ et $\overrightarrow{HP}$. Supposons que le système OXYZ, tournant autour de OX dans le sens direct d'un angle α, vienne se confondre avec le système O'X'Y'Z', on aura, *par le théorème des projections* :

1° en projetant sur l'axe OY'

$$y' = y \cos \alpha + z \sin \alpha$$

2° en projetant sur OZ'

$$z' = - y \sin \alpha + z \cos \alpha$$

les coordonnées x' et x sont d'ailleurs égales ;

ainsi, on a, pour la transformation des coordonnées cartésiennes considérées,

$$(3) \begin{cases} x' = x \\ y' = y\cos\alpha + z\sin\alpha \\ z' = -\,y\sin\alpha + z\cos\alpha \end{cases}$$

en ayant égard aux formules (1) et (2), on aura donc, pour relier les deux systèmes de coordonnées sphériques, les relations suivantes, d'où r a disparu

$$(4) \begin{cases} \sin\theta'\cos\varphi' = \sin\theta\cos\varphi \\ \sin\theta'\sin\varphi' = \sin\theta\sin\varphi\cos\alpha + \cos\theta\sin\alpha \\ \cos\theta' = -\,\sin\theta\sin\varphi\sin\alpha + \cos\theta\cos\alpha \end{cases}$$

équations qui, évidemment, ne doivent compter que pour 2 distinctes, mais qu'il est néanmoins avantageux de conserver.

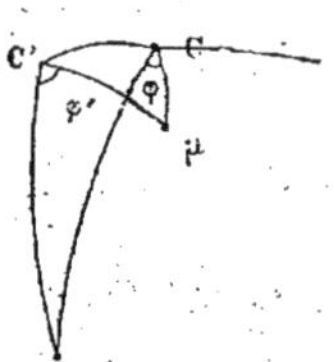

Les formules (4), d'un usage continuel en astronomie, renferment aussi les formules ordinaires de la trigonométrie sphérique.

Soient, en effet, A, C, C′ μ, les perspectives centrales des points X, Z, Z′, M, sur une sphère quelconque de centre O, joignons ces points par de grands cercles.

Les angles φ' et φ seront représentés sur cette sphère comme l'indique la figure ci-contre, et l'on aura

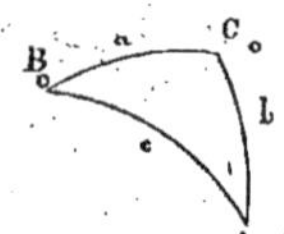

$$C'\mu = \theta'; \qquad C\mu = \theta \qquad CC' = \alpha$$

En identifiant le triangle CC′μ avec le triangle sphérique $A_0 B_0 C_0$, dont les éléments sont représentés avec la notation habituelle par A, B, C, a, b, c, on aura

$$\psi' = 90° - B \qquad \varphi = 90° - (180° - C)$$
$$\theta' = c \qquad\qquad \theta = b$$
$$\alpha = a$$

et les relations (4) s'écriront :

$$5 \begin{cases} \sin c \sin B = \sin b \sin C \\ \sin c \cos B = \sin a \cos b - \sin b \cos a \cos C \\ \cos c = \cos a \cos b + \sin a \sin b \cos C \end{cases}$$

donnant ainsi les formules fondamentales de la trigonométrie sphérique.

Le système de coordonnées qui se présente tout d'abord
est le système même qui en chaque lieu du globe porte
nos édifices, c'est le système de coordonnées de l'écorce
terrestre.

Mais dès qu'il s'agit de décrire les mouvements des astres,
un tout autre système de coordonnées s'impose.

Les étoiles proprement dites jouent ici un rôle infiniment
précieux ; *grâce à leur immense éloignement du système
solaire*, elles constituent, depuis les âges les plus reculés,
un ensemble de signaux lumineux que l'astronome et même
le géodésien utilisent à chaque instant pour repérer les
directions dans le ciel ou même sur la terre.

Au point de vue géométrique, on peut dire que les étoiles
définissent physiquement à chaque instant l'orientation
invariable du trièdre de coordonnées de l'astronome. Elles
fournissent des directions fixes approchées, les seules que
l'on possédât jusqu'au jour où la mécanique céleste donna,
par ses lois mêmes, le moyen de rattacher aux changements
de la configuration intérieure du système solaire envisagé

isolément la définition incessante de directions fixes absolues.

Absolues, comme nous le verrons au point de vue de la mécanique, cet assemblage de directions invariables coïncide à fort peu près avec celles que nous donne le visé des étoiles proprement dites.

Simultanément les astronomes emploient d'autres systèmes de coordonnées sphériques ayant pour axe polaire soit l'axe de la *rotation* diurne de la terre, soit l'axe perpendiculaire à ce plan *très lentement variable* dans lequel le soleil circule *annuellement* autour de la terre.

Il n'est pas inutile de rappeler les relations qui existent entre ces divers systèmes de coordonnées et les très lents mouvements qu'ils présentent les uns par rapport aux autres.

L'horloge de repère qui enregistre ces divers mouvements est soit la rotation diurne de la terre, soit le mouvement annuel du soleil autour de la terre; l'accord périodique des deux horloges doit être regardé comme un fait d'observation.

La première horloge seule se prête à une division indéfinie de la durée et elle définit physiquement ce que nous regardons comme le cours uniforme du temps, et aussi ce que nous appelons l'unité de temps; celle-ci nommée jour sidéral est le temps *que nous regardons comme constant* d'une rotation complète de la terre par rapport aux étoiles. L'unité civile du temps est le jour solaire moyen, dont le rapport au jour sidéral sera indiqué un peu plus loin. Définissons maintenant les repères géométriques de l'astronome.

Soient sur une sphère, dont l'œil de l'observateur est

le centre, M la perspective d'un astre,
P le pôle (Nord) et γ le point de l'équinoxe du printemps; les deux coordonnées angulaires du point M sont
$\overrightarrow{\gamma PM} = \mathcal{R}$, *ascension droite* comptée toujours positive de $0°$ à $360°$ dans le sens
direct autour de P, et l'angle au centre

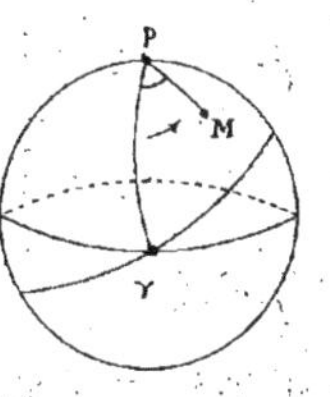

δ proportionnel à l'arc PM, compris entre $0°$ et $180°$, qui
prend le nom de *distance-polaire* de l'astre. $\mathcal{R}$ et δ sont les
coordonnées équatoriales.

De même soit encore Π le pôle de l'écliptique; on pourra
prendre pour coordonnées angulaires
de M :

1° L'angle $\overrightarrow{\gamma\Pi M} = L$, *longitude* comptée
de $0°$ à $360°$ dans le sens direct autour
de Π. de $0°$ à $360°$;

2° La distance angulaire $\Pi M = \beta$,
comprise entre $0°$ et $180°$.

Les formules (4), p. 6, donnent immédiatement entre les
deux systèmes de coordonnées les relations surabondantes.

$$\left\{ \begin{aligned} \cos\beta &= \cos\omega \cos\delta - \sin\omega \sin\delta \sin\mathcal{R} \\ \sin\beta \sin L &= \sin\omega \cos\delta + \cos\omega \sin\delta \sin\mathcal{R} \\ \sin\beta \cos L &= \sin\delta \cos\mathcal{R} \end{aligned} \right.$$

ou encore, par la transformation inverse avec changement
de signe de ω :

$$\left\{ \begin{aligned} \cos\delta &= \cos\omega \cos\beta + \sin\omega \sin\beta \sin L \\ \sin\delta \sin\mathcal{R} &= -\sin\omega \cos\beta + \cos\omega \sin\beta \sin L \\ \sin\delta \cos\mathcal{R} &= \sin\beta \cos L \end{aligned} \right\}$$

dans ces formules ω désigne l'obliquité de l'écliptique, l'arc PΠ.

Comme application de ces formules, indiquons la détermination de la position du point γ et de l'obliquité ω.

Si l'astre M est le soleil, on a, à chaque époque de l'année : $\beta = 90°$; dans cette hypothèse on déduit aisément des équations précédentès

$$\sin \text{Æ} = \cot \omega \cot \delta$$
$$\operatorname{tg} \text{Æ} = \operatorname{tg} L \cos \omega$$
$$\cos \delta = \sin \omega \sin L$$

Les observations méridiennes permettent de déterminer chaque jour la différence des ascensions droites du soleil et d'une étoile particulière γ_0 ou l'ascension droite provisoire par rapport à cette étoile $\text{Æ}'$; soit α l'ascension droite inconnue de l'étoile γ_0. On aura $\text{Æ} = \text{Æ}' + \alpha$, en posant alors :

$$\operatorname{tg} \omega \cos \alpha = x$$
$$\operatorname{tg} \omega \sin \alpha = y$$

Nous pourrons écrire l'équation $\sin \text{Æ} = \cot \omega \cot \delta$ obtenue tout à l'heure sous la forme suivante :

$$x \sin \text{Æ}' + y \cos \text{Æ}' = \cot \delta$$

On aura autant d'équations de ce genre que d'observations du soleil dans le cours d'une année; ces équations surabondantes mais compatibles feront connaître x et y, x et y obtenus on déduira :

$$\operatorname{tg} \omega = \sqrt{x^2 + y^2}$$
$$\operatorname{tg} \alpha = \frac{y}{x}$$

On sait que le système de coordonnées équatoriales et le système de coordonnées écliptiques ne sont pas rigoureusement fixes par rapport aux étoiles.

Voici comment, dans l'antiquité, Hipparque mit en évidence ce fait important; on peut déterminer la longueur de l'année de deux manières : dans une première méthode on cherche par interpolation l'époque précise où la coordonnée δ du soleil acquiert exactement la valeur de 90°, on détermine ainsi l'instant d'un équinoxe, si on détermine ainsi les heures de l'équinoxe de printemps à deux dates éloignées, par exemple en 1750 et en 1860 à 210 années d'intervalle, en divisant la durée sidérale écoulée par 210 on aura la longueur d'année, affectée d'une erreur qui sera l'erreur à craindre sur la détermination de deux instants équinoxiaux réduite dans le rapport de 1 à 210.

On trouve ainsi aujourd'hui pour la longueur de l'année 365, 242217 jours solaires moyens[1]; telle est l'année *tropique*. Une deuxième méthode consiste à observer les époques *du retour du soleil devant les mêmes étoiles;* telle est l'année sidérale évaluée par Hipparque à $365^{j},257$.

Adoptant ce nombre, Hipparque s'en servit pour prévoir d'après les observations des instants équinoxiaux faites 200 ans avant lui par Aristille et Timocharis, l'instant de l'équinoxe que lui-même pouvait observer; or il trouva que celui-ci était en avance de trois jours; c'est le phénomène de la précession des équinoxes.

Si le retour du soleil aux mêmes étoiles est possible, c'est que les étoiles gardent une situation invariable par rapport au pôle de l'écliptique.

---

1. La définition du jour solaire moyen sera rappelée page 13.

Si donc on suppose avec Hipparque l'équateur fixe et le plan de l'écliptique fixe également, la précession de l'équinoxe égale à trois jours en 200 ans, ou à $0^j,015$ par an, raccourcit l'année de $0^j,015$.

Il faut donc admettre avec Hipparque que les étoiles ont éprouvé un mouvement de rotation autour du pôle de l'écliptique égal au chemin sidéral angulaire décrit par le soleil $0^j,015$; or la vitesse angulaire sidérale du soleil est par jour $59'8''$.

La sphère étoilée a donc marché dans le *sens direct* autour du pôle de l'écliptique de :

$$0^j \times 0{,}015 \times 59'8'' = 50''$$

Si, au contraire, avec Copernic nous regardons le système étoilé comme fixe, ainsi que le plan de l'écliptique, nous dirons que le point γ *rétrograde* de $50''$ par an, ou d'un tour en 26 000 ans.

Au point de vue géométrique les deux manières de parler sont équivalentes; elles ne le sont plus au point de vue mécanique, depuis que Newton a montré que le phénomène de la pression rattaché à *l'attraction* et au renflement équatorial de la terre est en somme le *phénomène de la toupie* dans le ciel.

Le fait géométrique de la précession s'était encore révélé à Hipparque d'une autre manière; ses prédécesseurs Aristille et Timocharis avaient déterminé 200 ans avant lui les longitudes écliptiques d'un grand nombre de belles étoiles; Hipparque en reprenant cette détermination trouva toutes les longitudes accrues de $2^o,5$, la distance de ces astres au pôle de l'écliptique n'avait pas varié sensiblement.

En réalité, ce n'est pas seulement le plan de l'équateur terrestre dont l'orientation par rapport aux étoiles change lentement, mais progressivement; l'écliptique lui-même représente un plan variable par rapport aux étoiles, mais ces changements étaient beaucoup trop faibles pour être aperçus d'Hipparque.

Pour terminer avec ces généralités sur les principaux repères des mouvements des astres, nous rappellerons la définition de la durée du jour solaire moyen.

On imagine un soleil fictif qui parcourerait l'équateur durant l'année tropique avec une vitesse angulaire constante et égale au *moyen mouvement* du soleil vrai; la durée qui sépare deux passages consécutifs de cet astre à un méridien (arbitraire) est le jour *solaire moyen*.

Si l'on voulait définir l'origine physique du jour solaire moyen en un lieu, il faudrait préciser les époques où le soleil vrai et le soleil fictif ont même ascension droite, c'est ce qui résulte de la « théorie du soleil » qui sera incidemment rappelée un peu plus loin.

Il est aisé de voir que l'année tropique renferme juste un jour sidéral de plus que de jours solaires moyens; on déduit de là, et de la longueur de l'année indiquée plus haut, que

$$1 \text{ jour sidéral} = 1 \text{ jour solaire moyen} \times \frac{365,242\,217}{366,242\,217}$$

En d'autres termes :

86 400 *secondes* de temps sidéral valent 86 164 secondes de temps moyen. Nous verrons un peu plus loin que l'année sidérale est, sauf de petites fluctuations périodiques, *constante,* or le mouvement de *précession* n'étant pas constant et éprouvant de petites variations extrêmement lentes dont la mécanique céleste assigne la valeur, il en résulte que l'année tropique est variable, l'année *tropique* est aujourd'hui plus courte de 12 secondes environ que l'année tropique du temps d'Hipparque.

Voilà ce que l'astronome aidé de la mécanique peut aujourd'hui affirmer.

On voit donc que dans le ciel les repères géométriques observables et l'horloge solaire ne nous offrent pas des points d'appui rigoureusement invariables.

Ceux-ci résulteront des lois mêmes des mouvements astronomiques.

Ces lois dépendent d'une loi élémentaire que nous regardons aujourd'hui comme extrêmement simple et dont la découverte est intimement liée aux notions de la mécanique moderne que nous devons à Galilée.

Dans la prochaine leçon nous exposerons l'histoire de la découverte de l'attraction, c'est-à-dire l'histoire de la naissance simultanée de l'astronomie et de la mécanique.

II

Copernic, Tycho-Brahé, Képler, Galilée, Newton.

La prévision des mouvements intérieurs du système solaire vu de la terre est un problème qui intéresse le navigateur autant que l'astronome. Les mouvements étudiés, d'ailleurs, sont ou très simples ou fort compliqués, suivant le système de coordonnées adopté ; le système de coordonnées inauguré par Copernic, et dont le choix devait être décisif pour les progrès de l'astronomie, a son *origine* au centre du soleil et non sur la terre.

Avant de commencer l'étude des planètes, une première étude indispensable était l'étude du mouvement du soleil par rapport à la terre ; cette étude avait été faite en partie par les anciens astronomes, qui ne se préoccupaient que de l'observation des coordonnées angulaires. Les anciens savaient fort bien que le mouvement angulaire du soleil par rapport à des axes orientés sur les étoiles et passant par le centre de la terre est fort loin d'être rigoureusement uniforme, mais comme ils ne voulaient pas renoncer à l'hypothèse d'une orbite circulaire parcourue uniformément, ils admirent que la terre n'occupait pas tout à fait le centre de l'orbite du soleil, mais qu'elle en était peu éloignée. Telle est l'hypothèse de *l'excentrique*, que le calcul traduit aisément :

Soient C le centre de l'orbite du soleil, supposée circulaire et parcourue uniformément, T la position de la terre, Tγ et Cγ' deux droites parallèles dirigées vers la direction

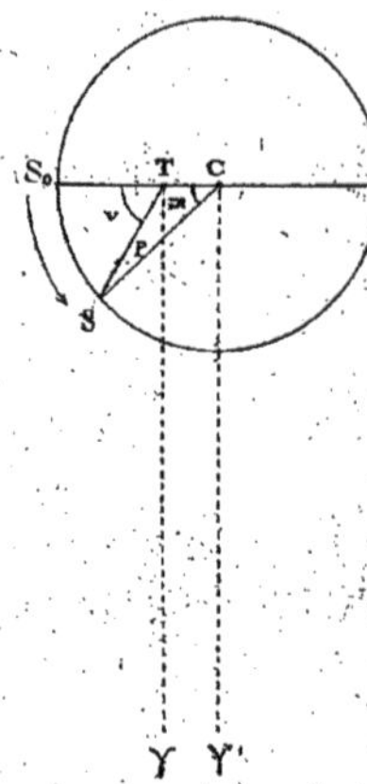

commune qui sert de départ aux longitudes écliptiques. Soit n le moyen mouvement du soleil égal à 59'8", soit T le temps écoulé depuis le dernier passage du soleil au *périgée* en S_o; l'angle $S_oCS = m$ sera nT et différera de l'angle $\hat{v} = S_o\hat{T}S$ d'une petite quantité $p = \hat{TSC}$ que l'on pourra calculer en même temps que la distance $r = TS$ de la manière suivante. La considération du triangle CTS nous donnera en faisant $SC = R$, $TC = d$,

$$r \sin p = d \sin m$$
$$r \cos p = R - d \cos m$$

formule d'où l'on déduit en faisant $\frac{d}{R} = e$.

$$\text{tg } p = \frac{1 - e \cos m}{e \sin m}$$

ou, en remplaçant la tangente du petit angle p par cet angle lui-même mesuré avec l'unité trigonométrique d'angle, laquelle est égale au rapport du nombre de secondes à la valeur 206265 du rayon en secondes

$$p = 206265'' \frac{e \sin m}{1 - e \cos m}$$

ou, en négligeant des termes en e^2,

$$p = 206265'' \, e \sin m$$

nous aurons

$$v = m + p$$

Soit ϖ la longitude du point S_0, on aura pour la longitude L du soleil en S

$$L = v + \varpi$$
$$L = nT + \varpi + 206265'' \, e \sin m$$

soit, d'ailleurs, $\mathcal{L}_0$ la longitude moyenne à l'époque initiale, on aura t et t_0 désignant les dates de passage en S_0 et S

$$L = nt - nt_0 + \varpi + 206265'' \, e \sin m$$
$$\varpi = \mathcal{L}_0 + nt_0$$

d'où, en ajoutant et remplaçant m par $\mathcal{L}_0 + nt - \varpi$

$$L = \mathcal{L}_0 + nt + 206265'' \, e \sin (\mathcal{L}_0 + nt - \varpi)$$

cette formule contient, en outre de n, les constantes $\mathcal{L}_0$, ϖ et e, que l'on déterminera par l'ensemble des observations annuelles; on trouverait ainsi $e = \frac{1}{30}$ car l'observation indique une relation empirique de la forme

$$L = \mathcal{L}_0 + nt + 1°56' \sin. (\mathcal{L}_0 + nt - \varpi)$$

la valeur $e = \frac{1}{30}$ est conforme aux observations des coordonnées angulaires du soleil, mais elle est en contradiction avec les observations modernes des diamètres apparents du soleil qui ont montré que la distance r, au lieu de prendre

2.

les valeurs extrêmes proportionnelles à $1 - \frac{1}{30}$ et $1 + \frac{1}{30}$
prenaient les valeurs extrêmes $1 - \frac{1}{60}$ et $1 + \frac{1}{60}$
De là résulte que les deux espèces d'observations seraient
bien représentées non plus par les formules :

$$\frac{r}{R} = 1 - e \cos m$$

$$\operatorname{tg} p = e \sin m$$

mais par les formules approchées :

$$\left\{ \begin{array}{l} \dfrac{r}{R} = 1 - \dfrac{e}{2} \cos (\mathcal{L}_{\circ} + nt - \varpi) \\ \operatorname{tg} p = e \sin (\mathcal{L}_{\circ} + nt - \varpi) \end{array} \right. \quad \text{où} \quad \left(\dfrac{e}{2} = \dfrac{1}{60} \right) \right\}$$

Seulement ces formules ne conviennent plus à la théorie
de l'excentrique. Celle-ci doit donc être abandonnée comme
Képler fut amené à le reconnaître dans l'étude du mouvement de *Mars* autour du soleil, nous verrons comment tout
à l'heure.

Indiquons, d'abord, comment l'étude progressive des
mouvements des planètes peut être conduite dans le système
de Copernic, dans l'hypothèse (qui devait être vérifiée) où
les orbites des planètes, vues du soleil, seraient à *peu près*
circulaires et à *peu près* tracées dans un seul et même plan,
le plan de l'écliptique.

L'observation permet de saisir par interpolation les
moments où les longitudes du soleil et de la planète étudiée
ou bien sont égales, ou bien diffèrent de 180°. Ces moments
que les astronomes s'attachaient à déterminer avec précision, se succèdent périodiquement à des intervalles de
temps distants d'une durée égale à la *révolution synodique*

de la planète. Si n' est le moyen mouvement de la planète et n le moyen mouvement connu de la terre dans son mouvement autour du soleil, tous les deux exprimés en degrés par jour $\frac{360}{n-n'}$ sera la révolution synodique, celle-ci connue fera donc connaître n.

D'ailleurs les observations des conjonctions permettent à elles seules d'étudier le mouvement angulaire de la planète puisqu'elles fixent la position de celle-ci en coïncidence angulaire avec la position de la terre, par rapport au soleil et que cette dernière position est bien connue par l'étude préalable du mouvement du soleil.

Les moyens mouvements de la terre et de la planète n'étant pas en rapport simple, les positions de la planète observées en nombre suffisant, se répartiront finalement à peu près sur toute l'étendue de l'orbite. Et comme le mouvement est supposé périodique, il finira ainsi par être connu.

De plus, si on connaît approximativement le rapport des diamètres 2 R et 2 R' des orbites de la terre et de la planète, on peut à chaque opposition

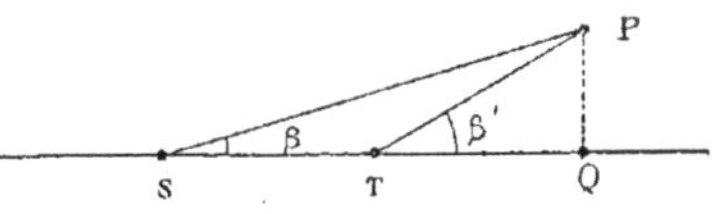

et à chaque conjonction déduire de la latitude observable, vue de la terre, la latitude de la planète, vue du soleil, ou latitude héliocentrique; car soient STP, les positions respectives du soleil, de la terre, de la planète au moment d'une opposition, c'est-à-dire quand les astres se projettent sur la même droite STQ, du plan de l'écliptique, l'angle PTQ est la latitude observable β', PSQ est la latitude héliocentrique β; or le triangle STP, donne de suite :

$$\frac{\text{Sin.} (\beta' - \beta)}{\text{Sin.} \beta'} = \frac{R}{R'}$$

relation qui fera connaître β si le second membre est connu.

Quant à ce rapport $\frac{R}{R'}$, on peut le déduire de l'étude préalable du mouvement angulaire de la planète par rapport au soleil et d'une observation angulaire de la planète, vue de la terre, car alors dans le triangle TPS *on peut situer au même moment* les trois directions TS, SP, TP. Le moment d'une quadrature est le plus favorable.

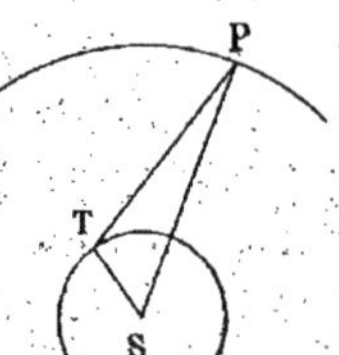

Les circonstances favorables admises favorisent grandement les approximations successives que l'on vient de résumer.

L'œuvre de Tycho-Brahé.

Au temps d'Hipparque les erreurs des déterminations angulaires pouvaient atteindre 1° et même 1°,5 ; les mesures analogues des astronomes arabes comportaient des erreurs de 4 à 5 minutes d'angle. Tycho-Brahé parvint *sans le secours des lunettes* à réduire ces erreurs à 1'.

Il y parvint grâce à l'extrême attention qu'il accorda aux perturbations que la réfraction atmosphérique apporte au visé des astres ; il dressa, en effet, une table de corrections qui pour des distances zénithales de moins de 60° s'accorde avec les tables modernes à 12″ près.

Le grand observateur danois découvrit aussi une inégalité importante du mouvement de la lune, mais c'est surtout par ses observations précises accumulées qu'il a servi la science ; il prépara les matériaux que l'audacieuse imagination de Képler allait utiliser.

L'œuvre
de Képler.

Képler n'avait pas, pour reconnaître la fausseté de la théorie de l'excentrique, le secours de la mesure plus moderne des diamètres apparents du soleil, mais fort heureusement les variations proportionnelles de distance de la terre au soleil sont notablement plus faibles que les variations proportionnelles de la distance du soleil à la planète Mars, en sorte que, dans une première approximation, l'hypothèse de l'excentrique appliquée à la terre en mouvement autour du soleil, satisfaisante d'ailleurs pour le mouvement angulaire, et malgré son insuffisance pour représenter les variations de la distance terre-soleil, n'empêcha pas Képler de reconnaître l'insuffisance de la même théorie de l'excentrique pour représenter à la fois le mouvement angulaire de Mars et les variations proportionnelles de sa distance au soleil.

Dans l'étude de Mars, Képler, désireux d'utiliser le plus grand nombre possible des observations précises de Tycho, ne se contenta pas de la méthode d'observation indiquée plus haut et utilisée depuis Copernic; il eut recours à l'artifice suivant : la durée de la révolution *sidérale* de Mars déduite de sa révolution synodique, comme on l'a vu, était connue, elle est de 687 jours; Képler eut l'idée d'associer *deux par deux* les observations de Tycho en réunissant ensemble celles de ces observations que séparait une durée de 687 jours; la situation identique P de la planète à ces deux moments forme avec les deux positions *connues* T′ et T de la terre un triangle de base TT′, dans lequel les directions T′P et TP sont séparément observables. La position de la planète, commune aux deux époques, peut donc être relevée.

Or Képler reconnut qu'il était impossible de relier les positions diverses de P par une courbe circulaire.

Choisissait-il un cercle passant par trois des positions de P et essayait-il de placer sur ce cercle l'extrémité des lignes de visée de la planète relevées de la terre à diverses époques, Képler, quoi qu'il fît, ne parvenait jamais à mettre d'accord les diverses observations avec le tracé du cercle, et des erreurs de 8' persistaient dans le mouvement angulaire de Mars.

Comme les observations de Tycho étaient exactes à 1' près, l'hypothèse de l'excentrique était définitivement condamnée.

Après bien des tâtonnements, Képler reconnut que l'hypothèse d'une orbite elliptique satisfaisait à l'ensemble des observations de Tycho.

Le soleil occupe le foyer de l'orbite elliptique de Mars : telle fut la première loi découverte par Képler.

Mais ce n'était là qu'un premier pas dans la connaissance théorique du mouvement; l'ancienne théorie de l'excentrique avait l'avantage de définir un argument géométrique proportionnel au temps; cette théorie une fois condamnée, il fallait à tout prix retrouver un argument géométrique proportionnel au temps. L'angle décrit par le rayon vecteur émanant du centre de l'ellipse pas plus que l'angle décrit par le rayon vecteur émanant du soleil, ne remplit ces conditions.

Képler reconnut que les vitesses par jour en longitudes aux deux moments où Mars passe au *périhélie* et à l'*aphélie* (extrémités du grand axe de l'ellipse décrite) sont en raison inverse des carrés des distances au soleil de Mars à ces mêmes époques.

Si r et r' sont ces distances et ΔL et $\Delta L'$ ces vitesses en longitude, on a

$$r^2 \Delta L = r'^2 \Delta L'$$

d'ailleurs les secteurs balayés en un jour par les rayons vecteurs r et r' ont sensiblement pour mesure $\frac{1}{2} r^2 (\Delta L)$ et $\frac{1}{2} r'^2 (\Delta L')$, (ΔL) et $(\Delta L')$ désignant les mesures trigonométriques des angles ΔL et $\Delta L'$; ces deux aires sont égales, d'après la remarque de Képler.

Ayant ainsi deviné la fameuse *loi des aires*, et la supposant applicable à tout le cours du mouvement, Képler dut, avant d'aller plus loin, résoudre ce problème de géométrie :

Un point M décrit une ellipse de manière que le rayon vecteur SM, qui joint le point M à l'un des foyers (le *foyer actif*) de l'ellipse, balaye une aire proportionnelle au temps ; déterminer en fonction du temps le rayon vecteur SM : sa longueur et sa direction.

Voici la solution que Képler donna de ce problème avant l'apparition du calcul intégral :

Soient P_0 la position de Mars au *périhélie*, v l'angle $\widehat{P_0 S M}$ ou *anomalie vraie*, O le centre de l'ellipse ; soient enfin t le temps écoulé depuis le moment du passage en P_0 à celui du passage en M, qui est le moment actuel ; $OP_0 = a$, $OS_0 = c = ae$ (e désigne l'*excentricité* de l'ellipse). Évaluons d'abord l'aire du secteur elliptique $P_0 SM$ au moyen d'une variable convenable ; cette aire peut, comme on sait, être regardée comme la projection d'un secteur bordé par un arc de cercle; décrivons sur le grand axe A_0P_0 de l'ellipse comme diamètre une circonférence, et considérons un mobile M' se mouvant sur cette circonférence dans le même sens suivant lequel le point M décrit l'ellipse, ces deux points étant assujettis à avoir constamment une commune projection X sur A_0P_0; envisageons l'aire du triangle mixtiligne ayant P_0S et SM' comme côtés et l'arc de cercle P_0M' comme base, si l'on fait tourner ce triangle autour de P_0S et d'un angle φ dont le cosinus égale le rapport du petit au grand axe de l'ellipse ou $\sqrt{1-e^2}$, ce triangle se projettera suivant l'aire du secteur elliptique cherchée; celle-ci sera donc égale au produit de l'aire du triangle mixtiligne P_0SM' par $\sqrt{1-e^2}$.

D'ailleurs, les angles étant exprimés avec l'unité analytique, soit $u = P_0OM' = $ *anomalie excentrique*.

$$\text{aire } P_0SM' = \text{aire secteur } P_0OM' - \text{triangle } SOM' = \frac{1}{2}\,a^2\,u - \frac{1}{2}\,a^2\,e\sin u$$

$$\text{Donc,} \quad \text{aire } P_0SM = \frac{1}{2}\,a^2\,\sqrt{1-e^2}\,(u - e\sin u)$$

D'ailleurs soit T la durée de la révolution de M sur l'orbite, l'aire de l'ellipse $\pi a^2 \sqrt{1-e^2}$ étant décrite dans le temps T, on aura *d'après le principe des aires qu'il s'agit de vérifier*,

$$\frac{1}{2}\,a^2\,\sqrt{1-e^2}\,(u - e\sin u) = \frac{\pi\cdot a^2\,\sqrt{1-e^2}}{T}\,t$$

l'angle u s'exprime donc en fonction de t par l'équation

$$u - e\sin u = nt \qquad \left(n = \frac{2\pi}{T}\right)$$

qui porte le nom d'équation de Képler.

Pour exprimer v et r en fonction de u, rappelons une propriété bien connue de l'ellipse; en désignant par x la projection de OM sur le vecteur $\overrightarrow{\text{OS}}$, on a

$$r = a - ex \qquad \text{d'ailleurs} \quad x = a \cos u$$

donc $r = a\,(1 - e\cos u)$ enfin l'équation polaire de l'ellipse

$$r = \frac{a\,(1 - e^2)}{1 + e\cos v} \quad \text{fera connaître } v.$$

on trouve en égalant les deux valeurs de r

$$1 - e\cos u = \frac{1 - e^2}{1 + e\cos v}$$

d'où l'on tire $\cos v$ et par suite aussi $\operatorname{tg}\frac{1}{2}v$

$$\operatorname{tg}\frac{1}{2}v = \sqrt{\frac{1 - e}{1 + e}}\,\operatorname{tg}\frac{1}{2}u$$

Les équations

$$\begin{cases} u - e\sin u = nt \\ r = a\,(1 - e\cos u) \\ \operatorname{tg}\dfrac{1}{2}v = \sqrt{\dfrac{1 - e}{1 + e}}\,\operatorname{tg}\dfrac{1}{2}u \end{cases}$$

résument la théorie du mouvement elliptique. C'est au moyen de ces formules que Képler calcula la position de Mars.

. Et c'est alors que, les ayant trouvées conformes aux observations, il annonça à l'empereur Rodolphe que *Mars était enfin prisonnier sur parole*. La loi des aires est générale et régit le mouvement elliptique de chaque planète, du moins à l'approximation nouvelle.

La loi des aires justifie la correction empirique, signalée tout à l'heure, qui peut être faite à la théorie de l'excentrique. Soit compté le temps t à partir d'une époque quelconque ; négligeant e, on a, comme on l'a vu en nommant $\mathcal{L}_0$ la longitude moyenne et L la longitude vraie,

$$ L = \mathcal{L}_0 + nt \qquad\qquad v = \mathcal{L}_0 + nt - \varpi $$

et en portant dans l'équation de l'ellipse

$$ r = \frac{a\,(1 - e^2)}{1 + e \cos v} $$

puis, en négligeant les puissances e^2, e^3..., etc.,

$$ r = \frac{a\,(1 - e^2)}{1 + e \cos (\mathcal{L}_0 + nt - \varpi)} $$

la loi des aires donne alors

$$ a^2 (1 - e^2)^2 \,[1 + e \cos (\mathcal{L}_0 + nt - \varpi)]^{-2}\, dL = n \sqrt{1 - e^2}\, a^2\, dt $$

ou, en négligeant les termes en e^2,

$$ dL = ndt\,[1 + 2e \cos (\mathcal{L}_0 + nt - \omega)] \qquad\qquad \text{d'où à cette} $$

approximation

$$ L = \mathcal{L}_0 + nt + 2e \sin (\mathcal{L}_0 + nt - \varpi) $$

Cette formule, jointe à

$$ r = a\,(1 - e \cos u) \qquad \text{ou approximativement} $$

$$ r = a\,[1 - e \cos. (\mathcal{L}_0 + nt - \varpi)] \qquad \text{est conforme à la cor-} $$
rection empirique signalée plus haut.

Dans le dernier ouvrage de Képler intitulé les *Harmonies du Monde*, et après des rêveries étranges on trouve une troisième loi qui fut le couronnement de l'œuvre de Képler.

Les distances moyennes des diverses planètes au soleil
sont proportionnellement les suivantes :

$$
\begin{aligned}
\text{Mercure} \quad & a = 0,39 \\
\text{Vénus} \quad & a = 0,72 \\
\text{Terre} \quad & a = 1 \\
\text{Mars} \quad & a = 1,52 \\
\text{Jupiter} \quad & a = 5,20 \\
\text{Saturne} \quad & a = 9,58
\end{aligned}
$$

Après bien des tâtonnements Képler eut l'idée de comparer ces nombres aux durées des révolutions T sidérales des
mêmes planètes : celles-ci sont proportionnelles aux nombres suivants :

$$
\begin{aligned}
\text{Mercure} \quad & T = 0,2408 \\
\text{Vénus} \quad & T = 0,6151 \\
\text{Terre} \quad & T = 1 \\
\text{Mars} \quad & T = 1,881 \\
\text{Jupiter} \quad & T = 11,863 \\
\text{Saturne} \quad & T = 29,457
\end{aligned}
$$

Les T croissent plus vite que les a, Képler vérifia que
les a^2 croissent plus vite que les T, il eut alors l'idée de
former la puissance intermédiaire ou les a^3, il trouva les
valeurs proportionnelles suivantes :

$$
\begin{aligned}
\text{Mercure} \quad & a^{\frac{3}{2}} = 0,241 \\
\text{Vénus} \quad & a^{\frac{3}{2}} = 0,615 \\
\text{Terre} \quad & a^{\frac{3}{2}} = 1 \\
\text{Mars} \quad & a^{\frac{3}{2}} = 1,874 \\
\text{Jupiter} \quad & a^{\frac{3}{2}} = 11,86 \\
\text{Saturne} \quad & a^{\frac{3}{2}} = 29,46
\end{aligned}
$$

On voit l'accord du tableau des $a^{\frac{3}{2}}$ avec le tableau des T, ainsi fut vérifiée la troisième loi de Képler.

Les carrés des durées des révolutions des planètes sont proportionnels aux cubes des grands axes de leurs orbites.

L'œuvre de Galilée.

La grande œuvre de Galilée réside moins dans ses découvertes astronomiques proprement dites que dans ses créations de géomètre et de mécanicien. Nous lui devons la notion de *l'accélération* et le pressentiment du principe général de l'équilibre des systèmes : le principe des vitesses virtuelles.

Je ne rappellerai pour le moment que la notion de l'accélération.

Au point de vue strictement analytique, la continuité d'un mouvement n'implique pas l'existence à chaque instant d'une *vitesse*, attendu que la continuité d'une fonction n'entraîne pas nécessairement l'existence d'une fonction dérivée.

Considérons un mouvement décrit dans un certain système

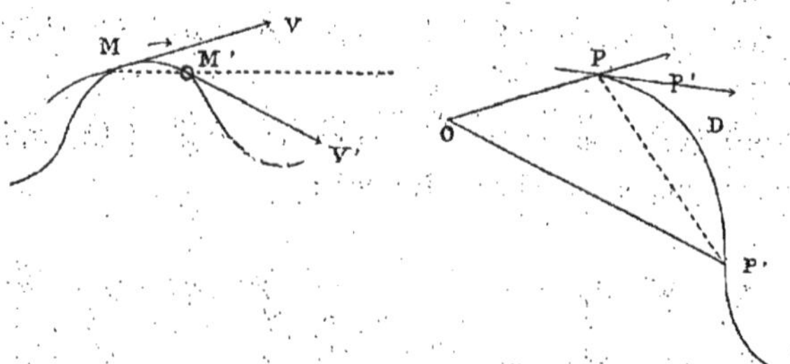

de coordonnées et devant une certaine horloge; soit M la position actuelle à l'époque t du mobile et M' sa position à une époque infiniment voisine $t + dt$.

Supposons que le vecteur MM' tende vers une direction

limite MU et que le rapport $\frac{MM'}{dt}$ tende vers une limite finie quand dt tend vers zéro.

La courbe trajectoire admettra une tangente en M, et si l'on porte sur cette tangente et dans le sens du mouvement un vecteur, qui à une échelle arbitraire représentera la limite de $\frac{MM'}{dt}$, le vecteur ainsi défini porte le nom de vitesse.

Considérons maintenant un mouvement dans lequel la vitesse du mobile soit à chaque instant définie. Par un point O lié au système de coordonnées qui enregistre le mouvement de M menons une droite OP représentant en grandeur, direction et sens, la vitesse V du mobile M à l'époque t, on définit ainsi une courbe D parcourue par le point représentatif P, supposons que le point P possède à chaque instant une vitesse, nous appellerons accélération du mobile M à l'époque t la vitesse j du point figuratif P associé à M au même instant.

Soient P et P' deux positions infiniment voisines du point associé aux époques t et $t + dt$ où le mobile est en M et M' la vitesse V' est la somme géométrique de la vitesse V et d'une vitesse infiniment petite représentée par la corde PP'. Celle-ci, aux infiniment petits du second ordre près, peut être identifiée avec le vecteur jdt produit de l'accélération j par l'accroissement infiniment petit du temps dt, cela résulte immédiatement de la définition de la vitesse du point P. Telle est la notion de l'accélération que nous devons à Galilée, qui a été complétée par Huyghens et qui devait conduire Newton des lois très approchées de Képler à la loi exacte des mouvements des planètes.

Avant de retracer l'œuvre de Newton, observons déjà que la notion d'accélération *est toute entière subordonnée au système de coordonnées et à l'horloge qui enregistrent le mouvement.* Cette remarque a d'importantes conséquences, sur lesquelles je reviendrai plus loin.

L'œuvre de Newton.

Quand le mouvement d'un mobile est connu, son accélération est par cela même connue ; la recherche de l'accélération n'ajoute donc rien à la connaissance du mouvement, on aurait tort d'en conclure que cette recherche est stérile.

Il peut, en effet, arriver que le mouvement étudié ne soit connu qu'approximativement, l'accélération elle aussi sera connue par approximation ; mais si l'on veut pousser plus loin l'approximation, il peut aussi arriver que la correction de l'accélération se laisse deviner et s'exprime en une loi simple, tandis que les équations définitives en termes finis du mouvement corrigé soient d'une nature beaucoup plus complexe et cachée.

Or, c'est précisément ce qui est arrivé en astronomie. Les lois du mouvement elliptique découvertes par Képler ne sont qu'approchées ; comment les corriger ?

Newton, se proposant de déterminer l'accélération dans les mouvements Képlériens, aboutit à un résultat remarquablement simple ; mais la simplicité et la beauté géométriques de ce premier résultat n'ajoutaient encore rien au problème *physique* approximativement résolu par Kepler.

Au contraire, lorsque Newton eut découvert le principe de l'égalité de l'action et de la réaction, une généralisation immédiate de l'accélération des mouvements Képlériens le conduisit à la découverte de l'attraction réciproque, qui reste encore aujourd'hui le dernier mot du physicien dans le problème des mouvements intérieurs du système solaire.

Telles sont les découvertes mémorables qu'il nous reste à retracer.

Newton résolut d'abord la question suivante :

Trouver l'accélération dans le mouvement Képlérien.

La solution de Newton repose sur les théorèmes de Huyghens sur la force centrifuge dans les courbes quelconques ; on arrive plus rapidement au but de la manière suivante :

Soient S la position du soleil, foyer actif de l'ellipse Képlérienne, P la situation de la planète à l'époque t, p la distance du foyer S à la tangente en P à l'ellipse, v la vitesse de P; α l'inclinaison du rayon vecteur r sur le grand axe de l'orbite, a et e le demi-grand axe et l'excentricité de cette ellipse; l'aire décrite par le rayon vecteur r dans l'unité de temps a pour expressions simultanées les produits

$$\frac{1}{2} pv \quad \text{et} \quad \frac{1}{2} r^2 \frac{d\alpha}{dt}$$

elle a aussi pour expression l'aire $\pi a^2 \sqrt{1 - e^2}$ de l'ellipse divisée par la durée T de la révolution de la planète ; on aura donc

$$\frac{1}{2} pv = \frac{1}{2} r^2 \frac{d\alpha}{dt} = \frac{\pi a^2 \sqrt{1 - e^2}}{T}$$

Soit q la distance du second foyer de l'ellipse à la tangente, on a, d'après une propriété connue de l'ellipse,

$$pq = b^2 = a^2 (1 - e^2)$$

dès lors, menons par le second foyer un vecteur égal et parallèle à v ; puis, faisons tourner ce second vecteur

d'un quadrant dans le sens RÉTROGRADE. Ce vecteur sera
égal à

$$\frac{2\pi\,a^2\,\sqrt{1-e^2}}{T}\,\frac{1}{p} = \frac{2\pi\,a^2\,\sqrt{1-e^2}}{T}\times\frac{q}{a^2\,(1-e^2)} = \frac{\pi}{T\,\sqrt{1-e^2}}\,2q$$

ce vecteur représentera donc, au facteur $\dfrac{\pi}{T\,\sqrt{1-e^2}}$ près, la
distance du second foyer à son symétrique H par rapport
à la tangente.

D'après la définition de l'accélération, la grandeur de
celle-ci sera au même facteur constant près la vitesse du
point H, qui décrit d'ailleurs le cercle directeur de centre S;
cette dernière vitesse est donc $2a\,\dfrac{d\alpha}{dt}$ ou, d'après la valeur
indiquée plus haut pour $\dfrac{d\alpha}{dt}$, $\quad\dfrac{4\pi\,a^3\,\sqrt{1-e^2}}{r^2\,T}$

la valeur de l'accélération sera donc

$$\frac{4\pi\,a^3\,\sqrt{1-e^2}}{r^2\,T}\times\frac{\pi}{T\,\sqrt{1-e^2}} = \frac{4\pi^2\,a^3}{T^2}\,\frac{1}{r^2}$$

SA GRANDEUR EST DONC INVERSEMENT PROPORTIONNELLE
AU CARRÉ DE LA DISTANCE DE LA PLANÈTE AU SOLEIL ;
quant à la direction de l'accélération, nous savons qu'elle
coïncide avec celle de la vitesse du point figuratif des
vitesses ; or, cette dernière vitesse, après une rotation
rétrograde d'un quadrant autour du second foyer, est
devenue la vitesse circulaire du point H, perpendiculaire
au rayon SH; une rotation DIRECTE d'un quadrant autour
du point H ramènera la vitesse du point figuratif à son
orientation convenable ; on obtient alors la direction HS,
pour direction de l'accélération cherchée de la planète P.

Donc :

Les deux premières lois de Képler expriment *que l'accélération de la planète est à chaque instant dirigée vers le
soleil et qu'elle est inversement proportionnelle au carré de
la distance des deux astres ;* le coefficient de proportionnalité
est, comme on vient de le voir

$$\frac{4\,\pi^2\,a^3}{T^2}$$

la troisième loi de Képler montre que ce coefficient est le
même pour toutes les planètes ; donc :

*L'accélération que le soleil produit sur une planète, réduite
à l'unité de distance, est constante d'une planète à l'autre.*

Cette remarquable interprétation des lois de Képler ne
leur ajoute rien, au point de vue physique ; on peut dire
seulement que si on adopte la loi d'accélération indiquée
par Newton pour un mobile M fictif soumis à l'influence
du point S ET SI L'ON ADMET DE PLUS QUE LA LOI ADOPTÉE
SOIT INDÉPENDANTE DE LA POSITION ET DE LA VITESSE INI-
TIALE DU MOBILE, — on constitue alors un problème *fictif
nouveau.*

Un calcul classique de mécanique rationnelle démontre
que le mobile M décrira une section conique et que si la
valeur de la vitesse initiale ne dépasse pas une certaine
limite définie par la distance initiale r_0 des points M et S,
cette section conique sera une *ellipse.* Il est remarquable
que la grandeur seule de la vitesse initiale (et non sa direction) intervienne dans ce critérium.

— Voyons maintenant sous l'influence de quelles idées
Newton a pu corriger les lois de Képler.

Galilée, comme les Grecs d'ailleurs, croyait à un espace absolu pénétrable à la matière ; il croyait aussi à un mouvement *naturel* de la matière en cet espace, mais tandis que le mouvement naturel des Grecs était *circulaire, et uniforme*, le mouvement naturel et spontané de la matière est pour Galilée *le mouvement rectiligne et uniforme*. Et si on adopte, au moins provisoirement, cette *fiction* d'un point dénué de dimensions et en lequel on aurait concentré une certaine quantité de matière ou de la masse, on peut, si l'on accepte le point de vue de Galilée, adopter les définitions suivantes.

Un point matériel *sur lequel n'agit aucune force* se meut d'un mouvement rectiligne et uniforme, mouvement qui comprend comme cas particulier le repos.

C'est là en réalité la définition de la force *zéro*.

C'est une définition cinématique qui n'est valable que dans un système de coordonnées spécial et avec une horloge particulière : *l'espace absolu* ou dans tout système de coordonnées qui a un mouvement de translation rectiligne compris par rapport à celui-ci.

Mais, en réalité, le mot force qui intervient ici, se présente avec le souvenir d'une autre idée.

Lorsque dans des circonstances données nous nous opposons au mouvement d'une masse donnée, en la retenant avec le bras par exemple, nous avons la sensation *d'un effort musculaire*.

De plus, nous avons une idée *à priori* : c'est l'idée de l'indépendance des causes.

Voici un wagon qui descend, lentement d'abord, une pente douce, plusieurs hommes s'opposent à son mouvement et le retiennent, ils ont chacun la sensation d'un effort *isolé*

et ils diront instinctivement : *notre effort total* fait équilibre
à la tendance que le wagon a à descendre.

Où sera dans cette expérience si simple la mesure de
l'effort individuel, et la mesure de *l'effort collectif?* La
notion de *l'effort* est-elle trop subjective, retenons le wagon
au moyen d'un ressort tendu ou de plusieurs ressorts tendus ;
supposons par exemple que le ressort restant toujours dans
le même état, le wagon demeure immobile ; il est naturel
de regarder la pesanteur du wagon sur sa pente et *l'action*
du ressort, comme étant séparément DÉFINISSABLES, bien
que les deux causes soient réunies par le fait de ce même
équilibre.

Sans approfondir pour le moment la notion de force,
disons seulement que la force étant conçue comme *une cause
vectorielle* distincte du mouvement, elle peut être envisagée
soit au point de vue statique, soit au point de vue dynamique.

Au point de vue statique, les forces appliquées en un
même point se composent géométriquement comme les
vecteurs : de là résulte la mesure statique des forces, par
exemple leur comparaison avec des poids.

Au point de vue dynamique, on admet qu'une *force donnée*
produit une accélération sur un point libre, accélération
qui est en raison inverse de la masse du point et en raison
directe de la force.

Nous reviendrons dans un autre chapitre sur les conditions multiples qu'implique une pareille hypothèse, nous
voulons seulement ici montrer le rôle historique joué par
cette hypothèse en astronomie.

Lorsque deux corps viennent à agir l'un sur l'autre par
un contact, ils éprouvent là mutuellement des pressions
qui sont égales et contraires.

Tel est dans son cas le plus simple le principe de l'égalité de l'action et de la réaction. On va voir comment Newton l'a généralisé.

Soit j l'accélération que le soleil exerce sur une planète P, si m est la masse de cette planète, mj sera, conformément aux idées de Galilée, la force motrice qui fait dévier la planète de son mouvement rectiligne et uniforme.

Dans l'idée de Newton, cette action émanant du soleil sur la planète doit être accompagnée d'une action contraire égale de la planète sur le soleil si M est la masse du soleil et si J représente l'accélération du soleil, *non plus dans le système de coordonnées de Copernic, mais dans l'espace absolu; on devrait avoir si le soleil et la planète étaient seuls en présence*

$$mj = MJ \quad \text{si donc on suppose} \quad j = \frac{M\mu}{r^2}$$

$$\text{on trouvera aussi} \quad J = \frac{m\mu}{r^2}$$

dès lors l'accélération produite par la planète sur le soleil serait proportionnelle à la masse de l'astre attirant.

Newton admit, par voie de généralisation, que tous les éléments du système solaire sont soumis à leurs actions mutuelles conformément à la même loi, ou qu'il suffit de prendre la résultante géométrique des actions de cette nature exercées par tous les corps du système sur l'un d'entre eux pour avoir la force produite sur une des planètes P par le soleil et par les autres planètes.

Dans cette hypothèse soient $x_i\, y_i\, z_i$ les coordonnées cartésiennes absolues de la planète P_i de masse m_i; soient $x_j\, y_j\, z_j$ les coordonnées cartésiennes *d'une autre planète* $[i \gtrless j]$ de masse m_j ; enfin soient x_0 y_0 z_0 les coordonnées absolues du soleil et m_0 sa masse; dans les idées de Newton, on aurait pour les équations des mouvements absolus de n planètes.

$$\mathrm{I} \quad \begin{cases} \dfrac{d^2 x_i}{dt^2} = \Sigma_j m_j \dfrac{x_j - x_i}{r_{ij}{}^3} + m_0 \dfrac{x_0 - x_i}{r_{io}{}^3} \\[2mm] \dfrac{d^2 y_i}{dt^2} = \Sigma_j m_j \dfrac{y_j - y_i}{r_{ij}{}^3} + m_0 \dfrac{y_0 - y_i}{r_{io}{}^3} \\[2mm] \dfrac{d^2 z_i}{dt^2} = \Sigma_j m_j \dfrac{z_j - z_i}{r_{ij}{}^3} + m_0 \dfrac{z_0 - z_i}{r_{io}{}^3} \end{cases} \left(\begin{matrix} i \\ j \end{matrix} = 1, 2, \ldots n \right)$$

et pour celles du soleil

$$\mathrm{II} \quad \begin{cases} \dfrac{d^2 x_0}{dt^2} = \Sigma_i m_i \dfrac{x_i - x_0}{r_{io}{}^3} \\[2mm] \dfrac{d^2 y_0}{dt^2} = \Sigma_i m_i \dfrac{y_i - y_0}{r_{io}{}^3} \\[2mm] \dfrac{d^2 z_0}{dt^2} = \Sigma_i m_i \dfrac{z_i - z_0}{r_{io}{}^3} \end{cases}$$

Ces équations sont inutilisables sous cette forme, car l'origine absolue nous fait défaut; mais on en déduit le système suivant :

$$\mathrm{III} \quad \begin{cases} \dfrac{d^2 (x_i - x_0)}{dt^2} = (m_i + m_0) \dfrac{x_0 - x_i}{r_{io}{}^3} + \Sigma_j m_j \dfrac{x_j - x_i}{r_{ij}{}^3} \\[2mm] \dfrac{d^2 (y_i - y_0)}{dt^2} = (m_i + m_0) \dfrac{y_0 - y_i}{r_{io}{}^3} + \Sigma_j m_j \dfrac{y_j - y_i}{r_{ij}{}^3} \\[2mm] \dfrac{d^2 (z_i - z_0)}{dt^2} = (m_i + m_0) \dfrac{z_0 - z_i}{r_{io}{}^3} + \Sigma_j m_j \dfrac{z_j - z_i}{r_{ij}{}^3} \end{cases} \left(\begin{matrix} i = 1, 2 \ldots n \\ j = 1, 2 \ldots n \\ j \gtrless i \end{matrix} \right)$$

dans lequel ne figurent que des coordonnées relatives au système de coordonnées de Copernic.

Telles sont les équations différentielles qui servent de point de départ à la mécanique céleste.

Ces équations ne peuvent être intégrées que par approximations successives, mais leurs conséquences satisfont pleinement les astronomes. Remarquons seulement que les équations III seraient encore satisfaites si on ajoutait aux seconds membres *correspondants* des équations I et II une même arbitraire.

On peut donc dire que :

Les mouvements intérieurs du système solaire sont les mêmes que si, dans un système de coordonnées orienté sensiblement sur les étoiles, chaque élément du système éprouvait une accélération qui serait la résultante géométrique d'une accélération commune arbitraire et des accélérations dues aux attractions newtoniennes mutuelles des différentes parties du système.

— **La pesanteur universelle.** — Indiquons enfin comment Newton vérifia l'identité de l'attraction astronomique et de cette force que l'habitude semble nous rendre plus familière : la force de la pesanteur.

L'identité des deux forces était apparue à Newton comme très probable vers 1666 (l'illustre géomètre avait alors 24 ans ; mais c'est seulement en 1682, qu'il connut le résultat de la mesure du méridien faite en France par Picard, et qu'il put entreprendre le calcul numérique propre à la vérification de son idée grandiose.

Voici la marche de ce mémorable calcul, fait aujourd'hui avec toute la précision possible :

Certaines planètes ont des satellites qui circulent autour d'elles suivant les lois très approchées du mouvement elliptique, et qui reproduisent ainsi autour de la planète un petit monde en miniature, image du monde solaire.

Notre terre a un satellite, c'est la lune; si a est le demi grand axe de l'orbite lunaire parcourue pendant la période T, l'accélération produite par l'attraction de la terre à l'unité de distance est, comme on l'a vu,

$$\frac{4\pi^2\,a^3}{T^2}$$

Pour une petite masse placée à la distance ρ du centre, à la surface de la terre, l'accélération serait $\dfrac{4\pi^2\,a^3}{T^2}\dfrac{1}{\rho^2}$

Mais ce n'est plus par l'observation d'un satellite nouveau que nous pouvons la mesurer, c'est par l'observation directe de la chute des corps, ou mieux par les observations du pendule ; ces observations font connaître la valeur g de l'accélération de la chute des corps et l'égalité numérique que Newton se proposait de vérifier est

$$\frac{4\pi^2 a^3}{T^2}\frac{1}{\rho^2} = g \text{ ou encore} \qquad \frac{4\pi^2\left(\frac{a}{\rho}\right)^3}{T^2}\,\rho = g$$

si g est exprimé en mètres par seconde il faudra naturellement mesurer la longueur ρ en mètres et T en secondes; quant au rapport $\dfrac{a}{\rho}$, il est astronomiquement connu.

Voyons maintenant les faibles corrections que ce calcul comporte et dont on peut donner une idée sans faire appel aux formules de la mécanique céleste.

La formation du premier membre $\dfrac{4\pi^2 a^3}{T^2}\dfrac{1}{\rho^2}$ de l'égalité précédente suppose le système lune-terre soumis à la seule action mutuelle des deux astres; en ce cas, comme le montrent les équations III (quand on y fait $m_j = o$) il faut compter comme masse attractive produisant le moyen mouvement lunaire, non pas seulement la masse de la terre, mais la somme des masses de la terre et de la lune, or la seconde est évaluée par les astronomes $\frac{1}{81,1}$ de celle de la terre ; l'accélération imputable à la terre seule agissant par sa seule masse à l'unité de distance doit donc être prise égale à l'accélération astronomique $\frac{4\,\pi^2\,a^3}{T^2}$ réduite dans le rapport

$$\frac{1}{1 + \frac{1}{81,1}} \quad \text{ou environ} \quad \frac{4\,\pi^2\,a^3}{T^2} \times \frac{80,1}{81,1}$$

De plus, l'action perturbatrice du soleil *allège* l'action de terre sur lune d'une quantité dont la valeur *moyenne* est de $\frac{1}{357^{\text{ème}}}$ de l'action terre-lune et la cause de cet allègement est facile à comprendre : soit M la masse du soleil, m celle de la terre, D_0 la distance moyenne de la terre au soleil, a la distance moyenne terre-lune.

L'accélération produite par le soleil sur un corps placé à la distance D_0 est $\frac{M}{D_0^2}$, l'accélération du soleil sur la lune aux moments de la conjonction et de l'opposition est

$$\frac{M}{(D_0 - a)^2} \quad \text{et} \quad \frac{M}{(D_0 + a)^2}$$

or, vu la petitesse du rapport $\frac{a}{D_0}$ la différence

$$\frac{M}{(D_0 - a)^2} - \frac{M}{D_0^2} \quad \text{est sensiblement égale à} \quad \frac{2\,M}{D_0^2}\,\frac{a}{D_0}$$

à l'époque des quadratures, la projection sur la droite terre-luue de l'accélération produite par le soleil sur la lune est sensiblement

$$\frac{M}{D_0^2}\,\frac{a}{D_0}$$

ainsi aux syzygies (conjonctions et oppositions) le soleil produit une diminution de la pesanteur de la lune vers la terre $= \dfrac{2}{D_0^2} \dfrac{M}{D_0} \dfrac{a}{D_0}$ et aux quadratures un ACCROISSEMENT de pesanteur $= \dfrac{M}{D_0^2} \dfrac{a}{D_0}$

il y aura donc une sorte de diminution MOYENNE de l'attraction de la terre sur la lune égale à

$$\frac{1}{2} \frac{M}{D_0^2} \frac{a}{D_0}$$

comparons cette force à la pesanteur de la lune $\dfrac{m}{a^2}$.

D'ailleurs soit T_0 la durée de l'année, T la révolution sidérale de la lune, M et m sont proportionnels à

$$\frac{4\pi^2 D_0^3}{T_0^2} \text{ et à } \frac{4\pi^2 a^3}{T^2}$$

le rapport de l'influence du soleil à la pesanteur de la lune sera donc $\quad \dfrac{1}{2}\left(\dfrac{T}{T_0}\right)^2 = \dfrac{1}{357^{\text{ème}}}$ environ.

L'égalité numérique à vérifier sera donc

$$(E) \qquad \frac{4\pi^2}{T^2} \times \frac{80,1}{81,1} \times \left(1 + \frac{1}{357}\right)\left(\frac{a}{\rho}\right)^3 \rho = g$$

On substituera dans le premier membre de l'équation E
T en secondes $= \quad 27^{\text{i}},3216 \times 86\,400$
$\rho = $ rayon du parallèle de l'ellipsoïde terrestre dont la colatitude λ vérifie la relation $\cos^2 \lambda = \dfrac{1}{3}$; parce que c'est sur ce parallèle que la pesanteur dépouillée de la force

centrifuge due à la rotation de la terre représente l'attraction d'une sphère homogène de rayon ρ. On a d'ailleurs $\rho = 6\,371\,000$ mètres, comme il résulte de l'étude de la figure de la terre.

D'ailleurs le rayon équatorial de la terre étant ρ_0, on a d'une part $\rho_0 = 6\,378\,284^m$ et d'autre part $\dfrac{a}{\rho_0} = 60{,}273$.

On trouvera ainsi pour le premier membre de l'égalité E' le nombre $9^m,8\,215$ par seconde ; or les observations du pendule en divers lieux du globe donnent pour la valeur de g sur le parallèle dont on vient de parler :

$$g = 9,8\,212$$

La différence des deux nombres $9,8\,215$ et $9,8\,212$ est $0^m,0\,003$, elle est de l'ordre des erreurs d'observation faites sur g ou sur les autres éléments du calcul. Ainsi est donc vérifiée l'identité de l'attraction astronomique et de l'attraction à la surface même de la terre.

— Les équations III de la mécanique céleste renferment *implicitement* par leurs termes m_j les corrections qui doivent être apportées aux mouvements Képlériens ; ces perturbations apportent dans la disposition des orbites approchées des changements analogues à ceux de la précession, il est remarquable que les moyens mouvements et par suite aussi les grands axes des orbites approchées n'éprouvent que des variations périodiques.

Mais nous arrêterons ici notre excursion sur le domaine astronomique.

Il nous reste à apprécier l'influence que la découverte de l'attraction a exercée sur la mécanique générale.

— Il est impossible de nier que les conceptions dynamiques de Galilée n'aient conduit Newton vers la découverte de l'attraction.

Mais si la notion de la force a joué un rôle historique dans cette mémorable découverte, il faut bien convenir que son rôle astronomique est purement *cinématique*.

Les *masses* en définitive ne jouent là que le rôle de simples coefficients, le problème consiste dans la prévision de mouvements.

Le mode de prévision des mouvements qui a si admirablement réussi en astronomie mérite d'être particulièrement souligné.

L'accélération de chaque point du système a pu être prédite, non pas en *fonction de l'heure qu'il est,* mais en fonction des positions des différents points du système.

Quand l'accélération est ainsi définie pour chaque mobile, comme fonction des positions (on dit comme *fonction de points*) et que les vitesses et les positions initiales sont regardées comme des circonstances accessoires et arbitraires, incapables de modifier la loi admise pour la prédiction des accélérations, on dit que le système considéré est soumis *au déterminisme mécanique.*

Y a-t-il des postulats généraux de la mécanique indépendants de cette hypothèse si spéciale? C'est ce que nous examinerons dans la prochaine leçon.

III

Les postulats et les principes généraux de la mécanique.

— Il y a en mécanique deux écoles qui se distinguent surtout l'une de l'autre par la manière dont elles conçoivent la *notion de force*.

— Pour certains esprits *il n'y a à considérer* dans l'univers que des masses en mouvement, pour eux la force motrice d'un point matériel est le produit d'un certain coefficient positif relatif à la quantité plus ou moins grande de matière qui est condensée en ce point par le vecteur accélération.

Cette définition est légitime à condition de ne pas oublier qu'elle est subordonnée aux deux repères du mouvement (axes et horloges) à l'égard desquels le mouvement est défini.

Montrons d'abord l'influence de l'horloge dans la définition de l'accélération : soit t le temps marqué à l'horloge a, et θ le temps marqué à l'horloge α, soient x, y, z, les coordonnées cartésiennes du mobile. Soient j et γ les deux accélérations du même mouvement envisagé dans les deux horloges a et α, les projections des vecteurs j et γ sur les axes sont respectivement :

$$
j \begin{cases} j_x = \dfrac{d^2x}{dt^2} \\[2mm] j_x = \dfrac{d^2y}{dt^2} \\[2mm] j_x = \dfrac{d^2z}{dt^2} \end{cases}
\qquad
\gamma \begin{cases} \gamma_x = \dfrac{d^2x}{d\theta^2} \\[2mm] \gamma_y = \dfrac{d^2y}{d\theta^2} \\[2mm] \gamma_z = \dfrac{d^2z}{d\theta^2} \end{cases}
$$

On a d'ailleurs pour toute fonction u de t envisagée comme fonction de θ.

$$\frac{du}{d\theta} = \frac{du}{dt}\,\frac{dt}{d\theta}\,; \quad \frac{d^2u}{d\theta^2} = \frac{d^2u}{dt^2}\left(\frac{dt}{d\theta}\right)^2 + \frac{du}{dt}\,\frac{d^2t}{d\theta^2}$$

On aura donc, en désignant par u_x, u_y, u_z, les projections de la vitesse u relative à la première horloge :

$$\left\{\begin{aligned} u_x &= \frac{dx}{dt} \\ u_y &= \frac{dy}{dt} \\ u_z &= \frac{dz}{dt} \end{aligned}\right. \quad \left\{\begin{aligned} \gamma_x &= j_x\left(\frac{dt}{d\theta}\right)^2 + u_x\frac{d^2t}{d\theta^2} \\ \gamma_y &= j_y\left(\frac{dt}{d\theta}\right)^2 + u_y\frac{d^2t}{d\theta^2} \\ \gamma_z &= j_z\left(\frac{dt}{d\theta}\right)^2 + u_z\frac{d^2t}{d\theta^2} \end{aligned}\right.$$

Ces équations expriment que le vecteur γ est la *somme géométrique* du vecteur $j\left(\frac{dt}{d\theta}\right)^2$ porté dans la direction de j et du vecteur $u\frac{d^2t}{d\theta^2}$ compté dans la direction de u ou dans la direction contraire suivant que $\frac{d^2t}{d\theta^2}$ est positif ou négatif. Nous exprimerons qu'un vecteur A est la somme géométrique de deux vecteurs B et C par l'*égalité vectorielle* :

$$A \rightleftharpoons B + C$$

Le signe $\rightleftharpoons$ s'énonçant soit : *égale géométriquement*, soit : *équipollent à* :

avec cette notation condensée, nous pouvons écrire :

$$\gamma \rightleftharpoons j\left(\frac{dt}{d\theta}\right)^2 + u\,\frac{d^2t}{d\theta^2}$$

égalité où les lettres γ, j, u sont des vecteurs et les quantités $\left(\frac{dt}{d\theta}\right)^2$ et $\frac{d^2t}{d\theta^2}$ sont NUMÉRIQUES.

Soit m la masse du point en mouvement,
si la force motrice est $F = mj$ sous la première horloge et
$\varphi = m\gamma$ sous la seconde, on aura

$$\Phi = F \left(\frac{dt}{d\theta} \right)^2 + mu \frac{d^2t}{d\theta^2}$$

mu est ce qu'on appelle l'impulsion dans le premier mouvement, désignons ce vecteur par I, on aura

$$\Phi = F \left(\frac{dt}{d\theta} \right)^2 + I \frac{d^2t}{d\theta^2}$$

Quant à la manière dont la force ou l'accélération varie avec le système de coordonnées, elle résulte d'un théorème bien connu de Coriolis que nous allons rappeler.

Rappelons d'abord un théorème de géométrie.

Quand un système rigide S' (représenté par trois axes O'X', O'Y', O'Z') se déplace par rapport à un système rigide S (représenté par trois axes OX, OY, OZ), le déplacement rigide du système peut être obtenu par une transla-

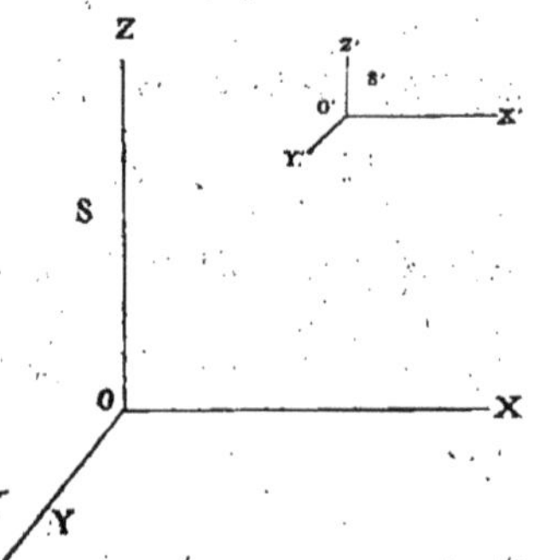

tion rectiligne S' égale au déplacement rectiligne du point O' suivi d'une rotation du système S' autour d'un axe passant par la nouvelle position de O'. L'axe et la grandeur de cette rotation sont évidemment indépendants du point O' choisi dans le corps

S', puisque cette rotation définit le changement d'orientation du corps.

On conclut de là que si l'on considère un point M' lié invariablement au système rigide S', la vitesse de ce point dans son mouvement par rapport à S est la somme géométrique de la vitesse du point o' et de la vitesse du point M' entraîné dans la rotation. Si le point M', au lieu d'être lié invariablement au système rigide, est en mouvement relatif par rapport à ce système, il suffit d'imaginer que du temps t au temps $t + dt$ sa trajectoire C' est entraînée avec S' et que le mobile M', d'abord maintenu fixe sur cette trajectoire, n'éprouve son déplacement relatif qu'après l'arrivée du système S' en sa seconde position ; de là résulte immédiatement que la vitesse du point mobile par rapport au système S est la somme géométrique de la *vitesse d'entraînement* du point M' (entraîné fixe sur S') et de sa *vitesse relative*.

Supposons toujours connu le mouvement de S' par rapport à S et le mouvement relatif de M', cherchons encore l'accélération de M' dans son mouvement par rapport au système S.

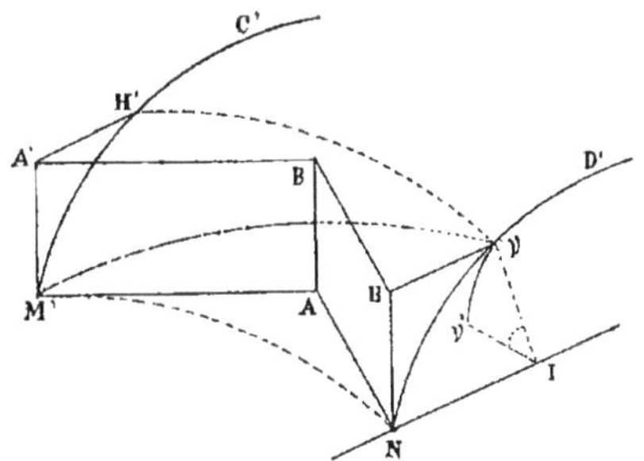

Il sera commode, pour cette recherche, de rattacher l'accélération à la déviation, et considérant les déplacements entre les époques t et $t + dt$ infiniment voisines, de prendre pour point O'

la position M′ du mobile à l'époque t. Il s'agit de situer
d'abord exactement le point mobile à l'époque $t + dt$.
Et d'abord, nous allons situer exactement la trajectoire.
Pour cela, donnons au système S′ une TRANSLATION *curviligne* égale au déplacement continu M′N du point M′ par
rapport à S, la trajectoire M′C′ vient alors en ND′; puis
faisons tourner cette trajectoire autour de l'axe NI avec
une vitesse angulaire convenable Ω, elle viendra en NE′;
soit, d'ailleurs, M′H′ le déplacement relatif de M′, le point
H′ vient en v après la première translation et de v en v'
après le second mouvement de rotation.

Portons, d'ailleurs, sur la tangente à M′C′ le déplacement tangentiel égal au produit de la vitesse relative v_r par
l'élément dt du temps

$$\text{M′A′} = v_r \, dt$$

portons de même tangentiellement à la trajectoire MN le
déplacement tangentiel d'entraînement égal au produit de
dt par la vitesse d'entraînement v_e

$$\text{M′A} = v_e \, dt$$

soit B le sommet opposé à M′ dans le parallélogramme
construit sur M′A′ et M′A comme côtés contigus; si l'on
joignait M′B, on aurait (d'après le théorème sur la composition des vitesses) le déplacement tangentiel relatif à la
trajectoire *absolue*, de sorte qu'en joignant les points B et
v', le vecteur Bv' sera la déviation dans le mouvement
absolu. Soit, d'ailleurs, la droite NH menée de N égale et
parallèle à M′A′ ou à AB. On a évidemment sur la figure

$$\overrightarrow{\text{B}v'} = \overrightarrow{\text{BH}} + \overrightarrow{\text{H}v} + \overrightarrow{vv'}$$

d'où, en multipliant par $\frac{2}{dt^2}$

$$2\,\frac{\overrightarrow{\mathrm{B}\nu}'}{dt^2} = 2\,\frac{\mathrm{BH}}{dt^2} + 2\,\frac{\overrightarrow{\mathrm{H}\nu}}{dt^2} + \frac{2\,\overrightarrow{\nu\nu}'}{dt^2}$$

faisons tendre dt vers zéro et passons à la limite.

On a d'abord

$$\lim.\ \frac{2\,\overrightarrow{\mathrm{B}\nu}'}{dt^2} = \text{accélération absolue} = j_a.$$

$$\lim.\ \frac{2\,\mathrm{BH}}{dt^2} = \lim.\ \frac{2\,\overrightarrow{\mathrm{AN}}}{dt^2} = \text{accélération d'entraînement} = j_e$$

$$\lim.\ \frac{2\,\overrightarrow{\mathrm{H}\nu}}{dt^2} = \text{accélération relative} = j_r$$

Reste à évaluer la limite de $\dfrac{2\,\overrightarrow{\nu\nu}'}{dt^2}$

Observons d'abord que le point H est à une distance du point ν de l'ordre de dt^2, c'est-à-dire du second; le point ν est d'ailleurs à une distance infiniment petite du premier ordre de l'axe NI. Les déplacements des points ν et H dus à une même rotation $\Omega\,dt$ autour de NI sont donc aux quantités infiniment petites du troisième ordre près égaux et parallèles, soit H″ la position de H après la rotation $\Omega\,dt$ on aura donc

$$\lim.\ \frac{2\,\nu\nu'}{dt^2} = \lim.\ \frac{2\,\mathrm{HH}''}{dt^2}$$

Or, si α désigne l'angle $\mathrm{H\hat{N}I}$ de la vitesse relative et de l'axe de rotation NI, on aura

$$\mathrm{HH}'' = \mathrm{NH}\sin\alpha\ \Omega\,dt = v_r\sin\alpha\ dt^2\ \Omega$$

donc enfin la limite numérique de $\dfrac{2\,vv'}{dt^2}$ est $2\,v_r\,\sin\,\alpha\,\Omega$; sa direction est perpendiculaire à v_r et à Ω.

On peut encore dire que ce vecteur complémentaire est le double de la vitesse *du point figuratif* de l'extrémité du vecteur qui représente la vitesse relative v_r lorsqu'on fait tourner ce point figuratif autour d'une parallèle à la rotation Ω menée par l'origine de la vitesse v_r et avec cette vitesse de rotation Ω; désignons cette accélération complémentaire due à la rotation Ω par j_Ω et nous avons pour exprimer le théorème de Coriolis l'égalité

$$j_a = j_r + j_e + j_\Omega$$

En multipliant par m, masse du point mobile, on aura

Force motrice dans le système $S =$ Force motrice dans le système $S' + mj + mj_\Omega$

— Ce théorème de Coriolis et l'influence signalée plus haut du changement d'horloge montrent nettement que si dans un système en mouvement il y a déterminisme mécanique, ce déterminisme mécanique ne peut pas être regardé comme une propriété invariante à l'égard des repères du mouvement.

— Il y a en mécanique une seconde école que l'on pourrait appeler l'école statique ou des liaisons, ou encore l'école du fil :

Le point de vue préféré de cette école repose sur la conception de certains corps *de masse négligeable* envisagés à l'*état de tension*, c'est-à-dire capables d'acquérir une certaine forme et une certaine dimension, au-delà desquelles celles-ci ne varient plus que *fort peu*, mais servent à transmettre des efforts analogues à l'effort musculaire, et très considérables.

Tel est un fil.

Si l'on néglige l'épaisseur et la masse de ce fil, on peut admettre que les très petits allongements du fil tendu au-delà de sa longueur normale peuvent suffire à préciser dans chaque cas l'effort que ce fil transmet.

En juxtaposant plusieurs fils identiques et les faisant agir sur un fil unique, on pourra dresser une table des allongements proportionnels de ce dernier en corrélation avec sa tension, qui *produit* ces allongements. Cette tension sera définie par le nombre des premiers fils qui éprouveront un allongement relatif déterminé.

Dans cette manière d'envisager les choses, la composition des forces représente un phénomène réel, car la *tension* de chacun des fils qui tirent simultanément sur un même corps est un phénomène observable isolément.

Cette conception de la force autorise à se demander quel sera l'effet de l'application d'une force à ce point matériel. Quelle modification va-t-elle apporter au mouvement acquis ?

Pour rendre plus nette la réponse à cette question, revenons sur les définitions de la vitesse et de l'accélération, au point de vue de la continuité.

Étant considéré un instant t, on peut envisager le mouvement dans le passé antérieur à t et dans le futur postérieur à t ; nous faisons agir la force durant cette seconde phase ; la force étant constante en grandeur et direction, il y a lieu de se demander comme elle va modifier les éléments du mouvement.

Elle pourrait modifier brusquement la vitesse et il y aurait alors lieu de distinguer entre une vitesse FINISSANTE et une vitesse COMMENÇANTE de valeurs inégales.

De même pour l'accélération. Or on admet que la vitesse reste invariable, mais que l'accélération *finissante* n'est pas égale à l'accélération commençante, l'excès géométrique de la seconde sur la première est, on l'admet, proportionnel à la force qui agit sur le point matériel considéré.

Cette loi étant admise, il est bon d'observer qu'elle a une signification indépendante du système de coordonnées : en effet, la vitesse finissante à l'époque t étant égale à la vitesse commençante à l'époque t, le théorème de Coriolis montre alors que si l'accélération commençante et l'accélération finissante dépendent séparément du système de coordonnées adopté, la différence de ces deux accélérations imputable à la force est indépendante de ce système, pourvu bien entendu que les deux systèmes de coordonnées soient en mouvement continu l'un par rapport à l'autre.

Quant au changement d'horloge, il est facile d'apprécier son effet sur la loi qui nous occupe :

Soient j et γ les accélérations *commençantes* sur l'horloge a qui marque le temps t et sur l'horloge α qui marque le temps θ ; soient j' et γ' les accélérations *finissantes* sur les mêmes horloges, on a, comme on l'a vu, en désignant par V la vitesse sur l'horloge a

$$\gamma = j \left(\frac{dt}{d\theta}\right)^2 + u \frac{d^2 t}{d\theta^2}$$

on a de même

$$\gamma' = j' \left(\frac{dt}{d\theta}\right)^2 + u \frac{d^2 t}{d\theta^2}$$

on conclut de là

$$\gamma' - \gamma = (j' - j) \left(\frac{dt}{d\theta}\right)^2$$

donc sauf l'introduction d'un facteur dépendant des horloges *la proportionnalité de la force à l'excès de l'accélération finissante sur l'accélération commençante ne dépend pas des repères du mouvement*. Si par exemple l'expérience faisait connaître qu'une force F statiquement connue produit à différentes époques expérimentales θ des variations $\gamma' - \gamma$ d'accélération dans le mouvement naturel d'un même point matériel, et si l'on avait $F = H (\gamma' - \gamma)$ H désignant un coefficient positif, fonction de θ, on pourrait toujours définir un temps t tel que l'on eût $F = A (j' - j)$ $(A = \text{constante})$ il suffirait de définir la marche de l'horloge a par rapport à l'horloge α au moyen de la relation

$$t = \int \frac{d\theta \sqrt{A}}{\sqrt{H}}$$

et on pourrait appeler t le temps absolu.

— Dans le même ordre d'idées, il est intéressant d'observer que l'on peut donner une définition cinématique des masses qui, bien que cinématique, est indépendante des repères du mouvement; cette définition est fondée sur le fait de l'impénétrabilité de la matière; voici ce qu'il faut entendre par là.

Considérons deux corps solides de dimensions négligeables A et B, auxquels nous sommes libres de donner des impulsions et qui, abandonnés ensuite à eux-mêmes, ont un mouvement *continu* quelconque dans un certain système de coordonnées, nous pouvons disposer des impulsions initiales pour amener bientôt les corps à se choquer. L'expérience indique que lorsque les corps arrivent en contact avec des directions de vitesses qui amèneraient, si elles se maintenaient, une pénétration des masses, les deux corps éprouvent des changements de vitesse qui, dans un intervalle de temps assez court, si les corps restent en contact, sont très considérables par rapport aux effets que *les autres causes ambiantes continues* peuvent produire.

Soient, dans ces conditions, v et v' les vitesses des corps A et B un peu avant le choc, et $v + \Delta v$, $v' + \Delta v'$ leurs vitesses un peu après le choc, *on admet comme conforme aux faits que quelles que soient les conditions du choc renouvelé* il existe deux nombres positifs m et m' constants vérifiant la relation vectorielle.

$$m\Delta v + m'\Delta v' = 0$$

De plus, si, laissant le corps B fixe et faisant par exemple $m' = 1$, nous séparons le corps A en deux parties α et α', et si μ et μ' sont les valeurs du coefficient m attribuées aux portions α et α' dans leur choc avec B, la valeur du coefficient m attribué au corps A dans son choc avec B sera $\mu + \mu'$.

Telle est la définition cinématique des masses; elle est indépendante des repères du mouvement, car si, laissant l'horloge fixe, on change le système de coordonnées, soient v_1 la vitesse avant le choc dans le système S_1 et v_0 la vitesse de A, soit W la vitesse d'entraînement du lieu commun des deux corps dans S_0 par rapport au système S, on aura, la vitesse W ne variant pas par le choc,

avant le choc $v_1 = v_0 + W$

et après le choc $v_1 + \Delta v_1 = v_0 + \Delta v_0 + W$ pour A

donc $\Delta v_1 = \Delta v_0$ on verrait de même que $\Delta v_1' = \Delta v_0'$

le changement d'horloge ne change pas non plus la relation entre Δu et $\Delta u'$, puisque la relation est homogène par rapport à Δu et $\Delta u'$.

Tout ceci suppose, par la continuité de W, que les systèmes de coordonnées soient simples spectateurs du choc, mais qu'ils n'y participent pas.

Dans le cas où les systèmes de coordonnées adoptés seraient définis au moyen des positions et *des vitesses* de corps autres que A et B, il faut admettre que ces éléments sont indépendants des vitesses de A et de B.

Il en est bien ainsi si on regarde les corps comme formant des systèmes de masses séparées.

Il n'en serait plus de même si on regarde les corps comme plongés dans un milieu matériel continu.

En ce cas la définition des masses par le choc exige la présence d'un système de coordonnées *indifférent au choc*, mais l'influence du milieu sur le choc reste tout à fait obscure, et nous n'avons d'ailleurs plus affaire ici à deux simples corps de dimensions négligeables.

— La définition classique de la masse dérive de la loi de la proportionnalité de la force à la *variation d'accélération* qu'elle produit.

Si on adopte l'horloge absolue dont il a été question plus haut, le coefficient de proportionnalité est une simple constante dépendante de la nature du point matériel, c'est cette constante qu'on appelle *la masse*. Cette définition n'a d'ailleurs de sens que dans la conception statique de la force.

— Si l'on rapproche la définition cinématique des masses de la définition classique, on voit qu'on les conciliera en admettant que le choc des deux corps développe des actions mutuelles qui, agissant pendant chaque élément infiniment

petit *dt* de la durée courte mais finie du choc, sont deux
à deux égales et contraires. C'est le *postulat de l'égalité de
l'action et de la réaction* sous sa forme la plus simple : *la
pression mutuelle de deux corps en contact.*

— Toutes les indications qui précèdent sont, je ne saurais
trop insister sur ce point, indépendantes du principe de
l'inertie, elles suffisent à développer cette partie de la mécanique, qu'on appelle la mécanique des liaisons et dont
nous allons maintenant nous occuper.

— L'idée *de liaisons* dans les corps naturels est l'âme de
toute la Mécanique analytique de Lagrange ; quelques
géomètres, plus analystes que mécaniciens, ne veulent voir
dans *l'idée maîtresse* de Lagrange qu'un artifice de calcul,
c'est méconnaître étrangement la profonde pensée de l'auteur.

De même que la découverte de l'attraction est l'œuvre
d'un géomètre éminemment physicien, de même *la notion
des liaisons* révèle dans la pensée de Lagrange un sens
profond et expérimental de la mécanique.

S'il est possible de reconstituer la réalité par des abstractions isolées, nous devons, dans la méthode de Lagrange,
nous représenter l'univers physique comme le résultat de
la fusion de ces éléments abstraits : *la masse, la force et
les liaisons de positions.*

Sans doute, on peut, et c'est là une idée de Poisson,
remplacer toutes les liaisons par des forces, appliquées à
des points matériels libres, mais alors la force sans l'appui
des liaisons n'a plus que la définition cinématique dont on
a parlé plus haut, et pour lui donner un appui sûr, on fait
appel à *l'existence de l'espace absolu* dans lequel le mou-

vement *naturel des corps* serait un mouvement rectiligne, qui, devant une *horloge absolue, serait uniforme.*

Au contraire la force subordonnée aux liaisons et à la plus simple d'entre elles la liaison *fil* représente une réalité (au moins approximative) et qui subsiste indépendamment de toute hypothèse sur le mouvement naturel des corps libres.

Ajoutons d'abord que les deux points de vue se complètent l'un l'autre, car si nous adoptons par exemple comme image la plus simple de la force, la *tension d'un fil* légèrement élastique (tension appréciée théoriquement par les dimensions du fil tendu), nous ne pouvons produire cette tension que par le secours d'une force, soit par la traction de notre bras, soit par un poids, *le fil qui ne met en jeu que des forces naturelles n'intervient efficacement que pour nous garantir à sa manière la constance de la force qui le tend.*

Pour rester impartial entre les deux écoles il faut ajouter que pour pouvoir regarder la masse du fil comme négligeable il faut mettre en jeu des forces considérables.

Et puis, à vrai dire, nous ne faisons guère que remplacer *un absolu* par un autre; au lieu d'un seul espace absolu et d'une horloge absolue, nous invoquons un nouvel absolu : *celui des liaisons moléculaires permanentes.*

Mais cet absolu nous paraît plus conforme à la nature des choses que nous manions tous les jours.

— Le problème général que nous nous proposons de résoudre est le suivant :

Étant donné un nombre quelconque de points *soumis à des liaisons,* c'est-à-dire dont les déplacements sont dans une dépendance connue, trouver les conditions de l'équilibre

Problème
général
de l'équilibre.

de plusieurs forces données appliquées en ces points.

Nous considérons d'abord un cas très particulier; le cas idéal où les points d'application des forces données formeraient un ensemble rigide. L'importance de ce cas tient d'abord, non seulement à ce qu'il est très approximativement réalisé dans les solides naturels, mais encore et surtout à ce que les conditions d'équilibre des corps rigides sont toujours nécessaires sinon suffisantes à l'équilibre des solides naturels. Avant d'insister un peu sur ce point, précisons d'abord ce qu'il faut entendre par des forces données, quand la figure et la position des points M d'application est susceptible de varier.

On peut d'abord supposer que à chaque point individuellement désigné du système on associe une force *de grandeur et direction invariable* par rapport à un système donné S (celui par rapport auquel est situé l'ensemble des points donnés).

Nous entendrons par liaison des points M dans le système S une dépendance entre les positions (soit absolues, soit relatives) des différents points M.

Au lieu de prendre sur chaque point M une force de grandeur et de direction constantes, on peut concevoir une force qui varie d'une manière continue avec la position du point M à l'égard du système S.

Qu'on adopte l'un ou l'autre point de vue, dans tous les cas d'équilibre réalisables pour des solides naturels ayant des dimensions comparables dans tous les sens, on constate après l'application des forces une légère déformation et quelquefois un léger déplacement par rapport aux appuis, en sorte que la forme d'équilibre réalisée est un peu différente de celle qui était d'abord essayée, et cela par le jeu des liaisons ou des forces moléculaires, *mais ce qu'on peut affirmer, c'est que, dans la position d'équilibre définitive, si on vient à rigidifier le corps, les forces appliquées devront satisfaire aux conditions d'équilibre d'un corps rigide.*

Cela tient à ce que nous imaginons qu'il est possible *d'augmenter* les liaisons moléculaires jusqu'à la rigidité, et que nous admettons le postulatum suivant :

Si des corps soumis à des liaisons sont en équilibre sous l'action de forces données, ils resteront à plus forte raison en la même situation d'équilibre, si, aux liaisons déjà existantes, on en ajoute de nouvelles.

Il faut, d'ailleurs, se garder, dans cet énoncé, d'associer à l'idée d'équilibre l'idée de stabilité ; mais je reviendrai sur ce point trop peu remarqué dans un autre chapitre.

Au point de vue logique, on peut regarder comme un cas particulier du postulatum précédent le principe suivant, qui sert de base à la statique des corps rigides.

Si un corps rigide gêné ou non est en équilibre, sous l'action de forces données, on ne troublera pas l'équilibre du même corps rigide soumis aux mêmes gênes en AJOUTANT *aux forces données tout système de forces qui serait en équilibre sur le même corps soumis aux mêmes gênes.*

Lorsqu'on dit le même corps, il ne faut pas oublier qu'un corps rigide forme toujours le même ensemble rigide quand on lui adjoint d'autres corps liés invariablement à lui.

D'ailleurs, dans tout système de corps (rigides ou non), si on regarde l'atome comme infiniment résistant, on pourra *supprimer* sur chaque point en équilibre tout système de forces séparément en équilibre sur ce point.

Sous le bénéfice de cette remarque on voit immédiatement que le principe peut être encore étendu.

Considérons un groupe de forces S_1 en équilibre sur un corps rigide libre ou non, il peut arriver que le groupe des forces égales et directement contraires appliquées au même point, groupe que nous désignerons par $-S_1$ soit aussi en équilibre.

S'il en est ainsi, considérons un corps en équilibre sous le groupe de forces Σ composé des groupes S_1 et S_2, l'équilibre ne sera pas troublé si on introduit en plus le groupe $-S_1$; mais on peut supprimer le groupe $S_1 - S_1$ en équilibre en chacun de ses points d'application, il ne reste plus alors que le groupe S_2.

Donc, sur l'hypothèse faite, on a pu supprimer du groupe Σ le groupe S_1 en équilibre partiel.

L'hypothèse restrictive que les groupes S_1 et $-S_1$ soient séparément en équilibre, peut fort bien ne pas être satisfaite, exemple : un corps est posé sur une table horizontale, une force verticale descendante le maintient en équilibre en l'appuyant sur le plan, la même force verticale ascendante ne le tient plus en équilibre.

Nous admettrons encore les postulats suivants :

Deuxième postulat. *Deux forces égales et contraires et ayant même ligne d'action, sont toujours en équilibre sur un corps rigide alors même que leurs points d'application seraient distincts.*

Elles constituent toujours un groupe de force supprimable à volonté sur un corps rigide.

Troisième postulat. *Si deux forces non nulles se font équilibre sur un corps rigide libre, elles ont même ligne d'action et sont égales et contraires.*

Quatrième postulat. *Étant données deux forces concou-rantes non en équilibre* APPLIQUÉES A UN MÊME POINT MATÉRIEL, *il existe toujours une force capable de leur faire équilibre ; la force égale et directement contraire à celle-ci porte le nom de résultante des deux premières.*

Il en résulte du troisième postulat que la résultante de deux forces concourantes est complètement déterminée.

Pour la connaître nous invoquerons enfin ce dernier postulat.

Cinquième postulat :

La résultante de deux forces appliquées à un même point matériel est indépendante de la position des forces à l'égard du système de coordonnées par rapport auquel ces forces (les fils tendus) sont données, elle ne dépend que de la figure invariable formée par ces forces. Nous supposerons de plus que la détermination de la résultante est *continue,* c'est-à-dire que si F et F' sont deux forces données non nulles toutes deux, si on considère suivant les mêmes lignes d'action respectives les forces F et $F' + \varepsilon$ la résultante des forces F et $F' + \varepsilon$, lorsque ε tend vers zéro, tendra *en grandeur et en direction et sens* vers la résultante des forces F et F'. Nous énumérerons ce cin-quième postulat en disant que

la composition de deux forces est invariante et continue.

— Du premier et du deuxième postulat on conclut que si une force est appliquée à un corps rigide on peut, en gardant sa grandeur, sa direction et son sens, l'appliquer en un point quelconque de sa ligne d'action.

Le cinquième postulat montre que la résultante de deux forces égales est dirigé dans leur plan suivant la bissec-

trice de leur angle. On conclut de là un théorème bien
connu que nous allons rappeler. Observons d'abord que si
on applique suivant les quatre côtés d'un losange des forces
égales agissant suivant ces côtés mais deux à deux parallèles et de sens contraire ce système de quatre forces est
en équilibre.

Considérons ensuite deux forces commensurables F et

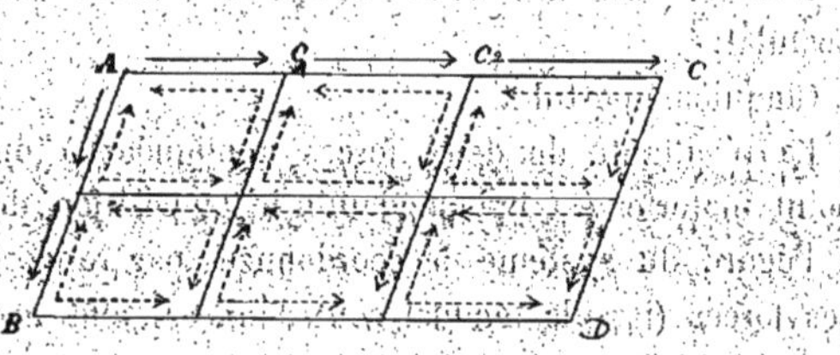

F′ et soient AB, AC les vecteurs qui les représentent dont
les longueurs sont (pour fixer les idées) dans le rapport
des nombres 2 et 3. Par les points de division B_1,...; C_1,
C_2,... que marquent sur ces vecteurs leur commune mesure,
sur eux portée à partir de A, menons des parallèles à AB
et AC, nous décomposerons ainsi le parallélogramme ABCD
en 2 $\times$ 3 losanges.

Remplaçons d'abord les forces données par leur commune
mesure appliquée successivement en AB_1, B_1B, AC_1, C_1C_2,
C_2C.

Ajoutons sur les côtés de chaque losange les forces tracées
sur la figure et dont chaque groupe ponctué à l'intérieur
d'un losange est en équilibre. Soit R la résultante des forces
AB, AC. Considérons alors l'équilibre au point A des trois
forces F, F′, — R. Mais le système des deux forces données
ainsi complété par les forces au losange admet d'autres

groupes de forces en équilibre, ce sont, en outre de la force — R, les forces qui agissent sur un côté commun à deux losanges ou suivant les portions des côtés AB_1 AC.

Ces forces constituent des groupes supprimables conformément au postulat 2, et il ne reste finalement que les forces ponctuées agissant suivant les côtés BD et CD, lesquelles peuvent toutes être appliquées au point D.

Nous avons donc équilibre entre la force — R appliquée en A et les forces F, F' transportées parallèlement à elles-mêmes au point D en φ et φ'. Soit R' la résultante de ces deux nouvelles forces, et ajoutons au système précédent les deux forces R' et — R' appliquées toutes deux en D. Les forces φ, φ', et — R en équilibre sur le même point D sont supprimables.

Il y a donc équilibre entre la force — R appliquée en A et la force R' appliquée en B, donc la ligne d'action commune de ces deux forces est la droite AD diagonale du parallélogramme construit sur AB et AC comme côtés contigus.

Le postulat de continuité étend cette conclusion au cas où les deux forces F et F' seraient incommensurables, donc enfin : *la résultante de deux forces concourantes est dirigée suivant la diagonale construite sur les vecteurs, signes représentatifs des deux forces pris comme côtés contigus.*

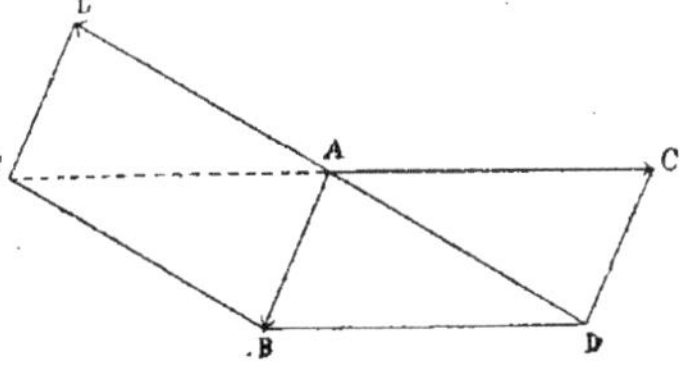

On sait alors comment le théorème peut se compléter. Soit AE pris sur la diagonale AD ou (sur son prolongement) la représentation de la force — R, les trois forces AE, AB, AC sont en équilibre. AC est donc dirigé suivant la diagonale du parallélogramme construit sur AE et AB comme côtés contigus ; la parallèle à AD menée par B et la parallèle à AB menée par E doivent se couper en un point F appartenant à AC. Les deux figures AEFB, AFBD sont donc des parallélogrammes, et AE = FB comme FB = AD ; donc AE = AD. Donc

La résultante des deux forces F et F' est représentée en grandeur, direction et sens par la diagonale AD du parallélogramme construit sur les vecteurs signes représentatifs des forces.

— On sait comment de ce théorème ou peut déduire la théorie des forces parallèles et toute la statique du corps rigide.

— L'emploi de la *méthode du losange* pour établir la composition des forces concourantes offre le léger inconvénient d'introduire d'autres forces que des forces concourantes, bien qu'elles disparaissent finalement, et on peut désirer ne vouloir considérer que des forces concourantes ; voici une méthode qui répond à cet objet. Considérons dans un plan un système d'axes rectangulaires d'origine fixe O et un vecteur R faisant dans ce sens direct l'angle α avec l'axe des x. On peut se proposer de DÉCOMPOSER la force représentée par le vecteur R en deux autres, X, Y, dirigées suivant les axes Ox, Oy ; je dis d'abord que le problème n'est possible que d'une seule manière.

Car soit XY une première solution et X′Y′ une seconde solution, si $\frac{X'}{Y'}$ et $\frac{X}{Y}$ sont différents, on verra sans difficulté

que le groupe de forces X, Y et le groupe de forces X′, Y′
ne saurait avoir des résultantes dirigées suivant la même
droite, puis l'égalité $\frac{X'}{X} = \frac{Y'}{Y}$ étant ainsi établie, on verra
que si ce rapport est commensurable et différent de 1, les
résultantes des deux groupes (X′Y′) et (XY) seront dans le
même rapport; si le rapport considéré est incommensu-
rable, la même conclusion subsiste en vertu du postulat
de continuité.

Ceci posé, mesurons α avec l'unité trigonométrique et
faisons

$$X = R\,F(\alpha) \qquad Y = R\,\Phi(\alpha)$$

on voit aisément par le postulat de l'invariance que
$F(\alpha)$ est une fonction *paire* et $\varphi(\alpha)$ une fonction *impaire* et que
$F(o) = 1 \quad F\left(\frac{\pi}{2} - \alpha\right) = \varphi(\alpha)$ et que l'on a

$$F(\alpha + \beta) = F(\alpha)\,F(\beta) - \varphi(\alpha)\,\varphi(\beta)$$
$$\Phi(\alpha + \beta) = \Phi(\alpha)\,F(\beta) + \varphi(\beta)\,F(\alpha)$$

ces propriétés seraient caractéristiques des fonctions sin α
et cos α si l'on savait que l'on a de plus

$$\lim \frac{\varphi(\alpha)}{\alpha} = 1 \text{ quand } \lim \alpha = o.$$

Pour éviter cette nouvelle supposition, considérons *deux
forces égales* à P et faisant entre elles l'angle $2\,\omega < \pi$, la
résultante dirigée suivant la bissectrice aura une valeur
que nous désignerons par $2\,P\,g(\omega)$; supposons d'abord la
fonction $g(\omega)$ connue et considérons les forces

$$R_1 \begin{cases} X_1 = F(\alpha)\,R \\ Y_1 = \Phi(\alpha)\,R \end{cases} \cdot \quad \text{et } R_2 \begin{cases} X_2 = \Phi(\alpha)\,R \\ Y_2 = F(\alpha)\,R \end{cases}$$

la résultante des forces R_1 et R_2 peut se trouver d'une première manière et dirigée suivant la bissectrice des axes Ox et oY, elle aura pour valeur

$$2\,R\,[F(\alpha) + \Phi(\alpha)]\,g\left(\frac{\pi}{4}\right)$$

mais ces formes R_1 et R_2 étant toutes deux symétriques par rapport à la bissectrice on aura cette autre expression de la résultante

$$2\,R\,g\left(\frac{\pi}{4} - \alpha\right)$$

d'où entre les trois fonctions $F\ \Phi\ g$ la relation :

$$(D) \qquad [F(\alpha) + \Phi(\alpha)]\,g\left(\frac{\pi}{4}\right) = g\left(\frac{\pi}{4} - \alpha\right)$$

quant à la fonction g qui est évidemment *paire* on peut la déterminer de la manière suivante.

Considérons quatre forces égales symétriques deux à deux par rapport à une même droite, on pourra, au moyen de la fonction g, déterminer la valeur de la résultante de deux manières, on obtient ainsi l'équation fonctionnelle

$$g(x+y) + g(x-y) = 2\,g(x)\,g(y)$$

Nous avons d'ailleurs les valeurs initiales

$$g(0) = 1$$
$$g\left(\frac{\pi}{2}\right) = 0$$

Faisons $x = y$ on trouve alors

$$g(2x) + 1 = 2\,g^2(x)$$

Si x est compris entre O et $\frac{\pi}{2}$, et si on admet que $g\,(x)$ est positif, cette équation mise sous la forme

$$g\,(x) + 1 = 2\,g^{2}\left(\frac{x}{2}\right) \text{ fera connaître } g\left(\frac{\pi}{4}\right)$$

Et en continuant ainsi de proche en proche on connaîtra

$$g\left(\frac{\pi}{2^{n}}\right) \qquad (n \text{ entier})$$

faisons alors de proche en proche :

$$x = \mathrm{K}\,\frac{\pi}{2^{n}} \ . \ . \ . \ . \quad (\mathrm{K} = 1, 2, \ . \ . \ . \ . \quad \infty)$$

$$y = \frac{\pi}{2^{n}}$$

On connaîtra par l'équation E les valeurs de la forme

$$y\left(\frac{\mathrm{K}\pi}{2^{n}}\right)$$

Ces valeurs d'ailleurs coïncident par toutes les valeurs entières de K et de n avec les valeurs

$$\mathrm{Cos}\left(\frac{\mathrm{K}\pi}{2^{n}}\right)$$

car l'équation fonctionnelle (E) appartient aussi à la fonction $\cos x$, d'ailleurs la fonction $y\,(x)$ est supposée continue, et comme tout angle x, est compris entre deux angles de la forme

$$\frac{\mathrm{K}\pi}{2^{n}} \qquad \frac{(\mathrm{K}+1)\,\pi}{2^{n}}$$

$g\,(x)$ et $\cos\,(x)$ limite des quantités égales

$$g\left(\frac{K\pi}{2^n}\right) \text{ et } \cos\left(\frac{K\pi}{2}\right)$$

seront elles-mêmes égales.

Ce résultat acquis, nous aurons en revenant à la relation D après suppression du facteur

$$\frac{\sqrt{2}}{2} = \cos\frac{\pi}{4} = \sin\frac{\pi}{4}$$
$$F\,(\alpha) + \Phi\,(\alpha) = \cos\alpha + \sin\alpha$$

en changeant α en $-\alpha$ on aurait

$$F\,(\alpha) - \Phi\,(\alpha) = \cos\alpha - \sin\alpha$$

donc enfin
$$F\,(\alpha) = \cos\alpha$$
$$\Phi\,(\alpha) = \sin\alpha$$

La résultante R des deux forces rectangulaires X et Y est donc la diagonale du rectangle construit sur X et Y comme côtés contigus.

La *résultante* de deux forces quelconques s'en déduit, car considérons dans le plan des deux forces un système d'axes Ox et Oy, soit F la première force représentée par ses projections X et Y, *qui sont aussi ses composantes* suivant les axes, et soit F' la seconde force *représentée* par ses projections X', Y', qui sont aussi ses composantes X' Y'.

Les deux forces F et F' équivalent aux quatre forces X et X', Y et Y', car les deux premières dirigées suivant l'axe des X ont pour résultante $X + X'$ et les deux dernières ont pour résultante $Y + Y'$; la résultante des deux forces F et F′ a donc *pour composantes et* AUSSI *pour projections* suivant les axes X + X′, Y + Y′.

Mais le vecteur qui a pour *projections* suivant les axes X + X′ et Y + Y′ est la diagonale du parallélogramme construit sur F et F′ comme côtés contigus.

En définitive, la composition des forces concourantes se réduit à l'addition géométrique de leurs vecteurs représentatifs.

— La *méthode fonctionnelle* que nous venons de suivre met en évidence la proposition suivante, intéressante par elle-même :

Si une opération quelconque *mais bien déterminée* et que nous désignerons par le symbole $\dotplus$ met en jeu des vecteurs concourants A, B, C, D, E, F, *envisagés dans un certain ordre*, elle conduit à un certain vecteur par sa répétition conformément aux égalités suivantes :

$$A \dotplus B = A'$$
$$A' \dotplus C = A''$$
$$A'' \dotplus D = A'''$$
$$A''' \dotplus E = A^{iv}$$
$$A^{iv} \dotplus F = S$$

ce qu'on écrira d'une manière abrégée :

$$A \dotplus B \dotplus C \dotplus D \dotplus E \dotplus F = S$$

Supposons de plus que l'opération exprimée par le symbole $\dotplus$ jouisse des propriétés suivantes :

1° Elle est commutative, c'est-à-dire $A \dotplus B = B \dotplus A$;

2° Elle est associative, c'est-à-dire $A \dotplus (B \dotplus C) = A \dotplus B \dotplus C$;

3° Elle est continue, c'est-à-dire que si ε désigne un vecteur dont la longueur tend vers zéro et les deux vecteurs A et A $+$ ε dont les directions font un angle ω et si A $+$ ε $=$ α.

La longueur de α a pour limite la longueur de A et β tend vers zéro avec la longueur de ε.

4° Si les vecteurs A et B sont portés par la même droite, l'opération A $+$ B se confond avec l'*addition algébrique* des segments A $+$ B.

Toute opération qui jouit de propriétés énoncées se confond avec la composition géométrique des vecteurs qui donne la composition des forces.

Comme application de la composition des forces appliquées à un corps rigide, considérons l'équilibre du moufle, et des moufles associés.

Un moufle théorique se compose de deux châssis, l'un fixe A, l'autre mobile B au-dessous. Ces deux châssis portent en leur plan médian des poulies de manière qu'un fil s'enroulant successivement sur les poulies de l'un et de l'autre châssis demeure toujours vertical, cette disposition est réalisée en plaçant une poulie de plus au châssis supérieur, le fil en quittant la dernière est tendu par un poids P et peut, s'il est besoin, s'appuyer sur des poulies fixes ; il est d'ailleurs fixé sur la première poulie A ou s'enroule avant d'embrasser celle-ci sur des poulies fixes g, g, d'où il peut se rattacher à la dernière poulie du châssis supérieur d'un moufle antérieur et ainsi de suite jusqu'au premier moufle de la série.

Chacun des moufles peut supporter en son milieu un poids Q qu'il est facile de calculer. Soit n le nombre des poulies de B. Coupons le système des fils par un plan XY et considérons le châssis mobile et ses fils de support arrêtés à ce plan ; si on néglige les poids des fils, le châssis supérieur sera supporté par $2n$ tensions T égales à P. La théorie des forces parallèles donne immédiatement $2nT = Q$, et comme $T = P$ (en négligeant le poids des fils) $2nP = Q$.

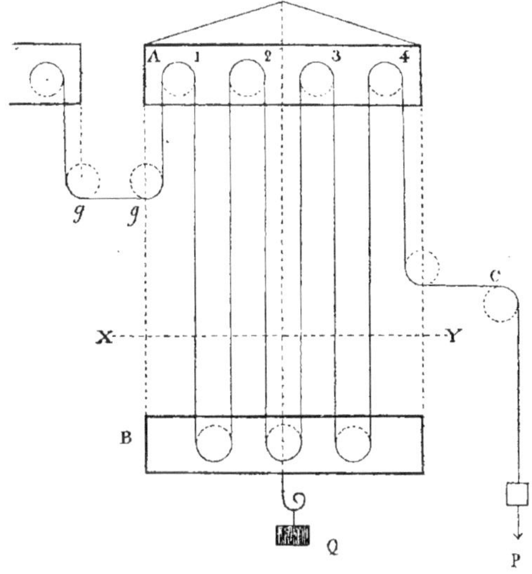

Nous négligeons le poids du châssis inférieur qui pourrait d'ailleurs être équilibré par un poids compensateur.

Considérons un ensemble de points M matériels dont chacun est soumis à des forces connues qu'on peut remplacer par leur résultante R. Si ces points sont indépendants les uns des autres, leur ensemble ne peut être en équilibre que si chacun des points est lui-même en équilibre, ce qui exige que chaque résultante R soit nulle.

Il n'en est plus de même si les points sont soumis à des liaisons.

Ces liaisons sont réalisées par des figures intermédiaires rigides ou flexibles, suivant le cas; dans les questions dynamiques, relatives aux liaisons, nous supposerons ces intermédiaires dépourvus de masse; dans les questions de statique nous supposerons seulement qu'aucune force n'est directement appliquée à ces intermédiaires. Ces liaisons peuvent s'opposer à certaines forces particulières et les détruire, mais elles ne créent pas de force. Précisons ce point de vue.

Nous avons déjà admis le postulatum du renforcement des liaisons.

Nous allons le compléter.

Nous distinguerons d'abord les systèmes à *liaisons complètes.*

Dans ces systèmes les positions de tous les points M ne dépendent que d'une seule variable.

Si un système n'est pas à liaisons complètes on peut, en *renforçant des liaisons,* le rendre *à liaisons complètes,* et si les forces qui s'exerçaient sur lui étaient en équilibre, elles seront à fortiori en équilibre dans le système à liaisons complétées.

Considérons un système de points à liaisons complètes et supposons qu'un déplacement suffisamment petit de l'ensemble de ces points soit géométriquement possible et supposons d'abord que les forces se réduisent à une seule TANGENTE A LA TRAJECTOIRE *et dans le sens d'un déplacement* *ment* POSSIBLE; *nous posons en principe que l'équilibre ne saurait alors avoir lieu.* Si au contraire (il) s'exerce en sens inverse du seul déplacement possible, l'équilibre aura lieu, *nous l'admettons.*

Envisageons maintenant un système de points à liaisons *complètes*, soumis à des forces quelconques, nous pouvons supprimer toutes les forces et remplacer chaque force par un fil passant sur des poulies de renvoi convenablement placées, et attaché au châssis inférieur d'un moufle spécial au point considéré.

Le fil qui s'enroule sur les châssis supérieurs des moufles consécutifs en soutenant les châssis inférieurs est tendu par un poids unique P et circule d'un moufle à l'autre jusqu'à ce qu'il vienne s'attacher en un point fixe.

Supposons les forces remplacées commensurables, soient F, F′, F″....., ces forces appliquées respectivement aux points M, M′, M″..... et f, la moitié de leur plus grande commune mesure, on aura

$$F = 2nf, \qquad F = 2n'f, \qquad F = 2n''f.....$$

Les entiers n, n', n''..... ainsi déterminés définiront le nombre de poulies à employer pour produire ces forces F, F′..... au moyen du seul poids P pris égal à f.

Le système ainsi complété est considéré comme équivalent au proposé. Or, d'après le principe admis plus haut, le nouveau système sera en équilibre si le déplacement *défini* qui peut se produire a pour effet de faire remonter le poids P. Or, pour un déplacement infiniment petit ds du point M, le fil d'attache qui réunit ce point M à la petite poulie de renvoi la plus proche sur le parcours du fil se raccourcit entre les points a et M de la quantité $ds \cos \alpha$, α désignant l'angle de la droite MM′ avec aM, le châssis inférieur relié à M s'élève donc de ds cos α et le fil de support à $2n$ brins qui relient les deux châssis glisse sur lui-même de la quantité

$$2n\,ds\cos\alpha \text{ (aux infiniment petits du second ordre près)}$$

le poids P descendrait donc par le mouvement considéré de la quantité

$$\Sigma\,2n\,ds\cos\alpha.$$

La condition de l'équilibre sera donc

$$\Sigma\,2\,n\,ds\cos\alpha \leq 0$$

ou
$$\Sigma\,2\,nf\,ds\cos\alpha = \Sigma\,F\,ds\cos\alpha \leq 0$$

$F\,ds$ cos α peut être envisagé indifféremment comme le produit de la force F par la projection ds cos α du chemin ds sur cette force parcouru par le point d'application ou comme le produit du déplacement ds par la projection F cos α de la force sur le déplacement.

Ce produit infiniment petit porte le nom de travail virtuel.

La condition trouvée tout à l'heure s'exprime alors :

Dans un système à liaisons incomplètes en équilibre la somme *des travaux virtuels des forces relatives à un déplacement du système est nulle ou négative.*

Si le système n'est pas à liaisons complètes, la condition trouvée est évidemment *nécessaire* puisqu'il y a à fortiori équilibre quand on complète les liaisons.

Montrons que la condition est encore suffisante.

En effet, si les liaisons sont incomplètes et qu'un mouvement se produise on peut toujours compléter les liaisons de manière à rendre le système à liaisons complètes, tout en permettant le mouvement en question, les liaisons surajoutées n'auront aucune fatigue et le même mouvement se produira, on aurait donc un déplacement élémentaire défini dans lequel le travail total serait négatif, ce qui correspondrait à un mouvement de remonte du poids, dans la réalisation des forces par le système de moufles de Lagrange.

Lorsque le système est à liaisons renversables, on peut imaginer deux systèmes de déplacements infiniment petits, égaux et contraires pour lesquels le travail virtuel prenant des valeurs égales et de signes contraires, devrait rester nul ou négatif, il est donc nul.

On a donc le théorème général suivant :

Si un système de points réunis par des liaisons données est soumis à des forces données qui se font équilibre sur ce système, la condition nécessaire et suffisante de cet équilibre est que *pour tout déplacement compatible avec les liaisons du système la somme des travaux virtuels des forces soit négative ou nulle,* le dernier cas pouvant seul se présenter lorsque les liaisons sont renversables.

Appliquons ce théorème à un corps rigide.

Par sa nature le travail d'une force, relativement à un déplacement donné infiniment petit qui est la somme géométrique de déplacements donnés, est la somme des travaux de la même force relativement aux déplacements composants, et le travail de la résultante de plusieurs forces relativement à un déplacement donné est la somme des travaux des composantes relativement au même déplacement.

Rapportons les forces à un système de coordonnées cartésien orthogonal et cherchons la somme des travaux virtuels des forces relativement à un déplacement quelconque du solide.

Le travail de la force F relative à un déplacement qui a pour projections δx, δy, δz sera, dans le système de coordonnées employé, et d'après la remarque de tout à l'heure

$$X\,\delta x + Y\,\delta y + Z\,\delta z$$

Soient d'ailleurs δ_1 δ_2 δ_3 les variations caractéristiques de relatives à des rotations respectives ω_1 ω_2 ω_3 autour des axes et Δ_1 Δ_2 Δ_3 les caractéristiques des variations résultant de translations respectives ξ_1 ξ_2 ξ_3 parallèles aux axes respectifs de coordonnées.

On aura par exemple pour évaluer les δ_3 en employant les coordonnées cylindro-circulaires

$$Z \quad R \quad \varphi \quad \left\{ \begin{array}{l} y = R \sin \varphi \\ z = R \cos \varphi \end{array} \right. \quad \left\{ \begin{array}{l} x = R \cos \varphi \\ y = R \sin \varphi \end{array} \right.$$

$$\text{et} \quad \delta_3 z = 0 \qquad \delta_3 y = R \cos \varphi\, \delta\varphi = x\, \delta\varphi$$
$$\delta_3 x = - R \sin \varphi\, \delta\varphi = - y\, \delta\varphi$$

la partie correspondante du travail sera donc

$$(Yx - Xy)\,\delta\varphi = Yx - Xy)\,\omega_1$$

En envisageant un déplacement parallèle aux x on a

$$\Delta_1 x = \xi_1$$
$$\Delta_1 y = 0$$
$$\Delta_1 z = 0$$

ce qui réduit la partie correspondante du travail virtuel à $X\xi$.

Le travail est une expression linéaire des ω et des ξ; en égalant à zéro les coefficients de ces variables qui sont indépendantes pour un solide libre on aura exprimé le principe du travail virtuel appliqué à ce corps.

On déduit de là pour les conditions d'équilibre d'un corps solide libre

$$L \equiv \Sigma\,(Yx - Xy) = 0 \qquad P \equiv \Sigma X = 0$$
$$M \equiv \Sigma\,(Zy - Yz) = 0 \qquad Q \equiv \Sigma Y = 0$$
$$N \equiv \Sigma\,(Xz - Zx) = 0 \qquad R \equiv \Sigma Z = 0$$

Ces conditions sont d'ailleurs valables encore en coordonnées obliques comme on le voit par la méthode de *Poinsot*.

— Après avoir exposé le principe de la statique des systèmes à liaison examinons le principe de la dynamique des liaisons ou le principe de Dalembert.

Faisons d'abord quelques remarques sur les liaisons envisagées dans le temps.

On peut distinguer les liaisons *fixes* et les liaisons *variables* par rapport au temps ; les premières résultent d'une relation permanente entre les positions des différents points par rapport à eux-mêmes ou par rapport au système de repères : tel est un point assujetti à rester sur une surface bien définie ; au contraire, les liaisons variables résultent d'une relation entre la position des corps et les positions de corps ayant un mouvement défini.

Exemple : Un point est assujetti à rester à une distance constante d'un autre point qui a un mouvement connu : voilà une liaison variable.

De la manière la plus générale, on peut concevoir la liaison entre plusieurs points comme représentée par des équations entre les coordonnées de ces points et le temps t.

Considérons donc un système de points soumis à des

liaisons quelconques et actuellement *en mouvement continu* :
les liaisons sont respectées, chaque point a une vitesse et
une accélération bien définies à l'époque *t*, ce qui veut
dire, comme on l'a déjà dit, que ces quantités existent et
ont mêmes valeurs, *soit qu'on considère* une courte durée
qui précède l'instant actuel, soit qu'on considère une
courte durée qui suit cet instant.

Supposons qu'à l'époque *t* et pendant une courte durée θ
qui suit cet instant, nous fassions agir sur chaque corps
une force connue ; par exemple, nous le mettons en communication par un fil avec des points donnés et nous faisons
agir le fil de masse négligeable, par sa tension ; que
va-t-il se passer ?

Si le point était libre, nous savons qu'en représentant
par *m* la masse du point, l'effet de la force F aurait été de
dévier le point par rapport à son mouvement antérieur
prolongé, d'une quantité qui, au premier ordre infinitésimal
près, eût été égal à $\frac{F}{m} K\theta^2$, $\frac{K}{m}$ *étant une constante physique*
si *t* est le temps absolu. Nous admettons avec d'Alembert
que si ces déviations *libres* sont compatibles avec les liaisons, elles se produisent encore malgré les liaisons ; si
ces déviations sont incompatibles avec les liaisons, d'autres
déviations se produiront ; décomposons alors chaque déviation libre en deux déviations, l'une la déviation réelle,
l'autre que nous nommons la déviation perdue. Considérons les forces qui, sur la même masse et pendant le
temps θ, correspondent à ces déviations ; celle qui correspond à la déviation réelle est la force *efficace,* celle qui
correspond à la déviation perdue est la *force perdue*
moyenne.

Elle est bien perdue.

Or, *d'Alembert* regarde comme évident que lorsque θ tend vers zéro, les forces perdues tendent vers une limite que nous appellerons les *forces perdues actuelles* et *que ces forces doivent se faire équilibre* sur le système à liaisons statiques définies par l'hypothèse $t =$ constante $=$ sa valeur actuelle.

Si on assimile les forces à des petits chocs successifs, le postulat de d'Alembert est bien vraisemblable, car si nous regardons la déviation réelle comme due à un petit choc dû à l'influence de la force primitive et des liaisons pendant le temps θ, et que le petit choc dû à la force perdue s'exerçât instantanément à la fin de l'intervalle θ, il s'exercerait alors sur le point du système soumis aux liaisons statiques de l'époque $t + θ$; et comme θ est infiniment petit, celles-ci diffèrent infiniment peu des liaisons statiques à l'époque t.

Quoi qu'il en soit, nous admettrons le principe de d'Alembert.

Le principe du travail virtuel est la traduction de l'inertie statique des liaisons. Le principe de d'Alembert est la traduction de l'inertie dynamique des liaisons.

Principe de Gauss ou de la moindre contrainte.

Gauss a réuni les deux principes dans un énoncé qui résume de la manière la plus lumineuse la mécanique des liaisons.

Soit AMB la trajectoire *naturelle* du point M faisant partie du système à liaisons, la trajectoire véritable n'existant réellement qu'en AM ; nous faisons agir entre les époques t et $t + θ$ la force F. La trajectoire AM va se continuer non plus par la courbe MB, mais par la courbe MC,

tangente en (A) à la première; soient, à l'époque $t + \theta$, M''
la vraie position du point M et M' la position qu'il aurait
dans le *mouvement prolongé*.

$\overrightarrow{M'M''}$ est la déviation réelle, soient $\overrightarrow{M'H}$ la déviation
libre et $\overrightarrow{M''H}$ la déviation perdue; exprimons que les
forces perdues correspondantes se font équilibre, la force
perdue sera proportionnelle au produit de la masse m du
point par $2\,\dfrac{\overrightarrow{M''H}}{\theta^2}$.

Soit P l'une des positions que le point M'' POURRAIT
occuper à l'époque $t + \theta$, en restant soumis aux liaisons,
on aura, pour exprimer l'équilibre des forces perdues, la
condition

$$(F) \quad \Sigma m . M''H . M''P . \cos\widehat{PM''H} \leq 0$$

Joignons le point H au point P, le triangle PM''H nous
donne

$$PH^2 = \overline{M''H}^2 - 2M''P . M''H . \cos\widehat{PM''H} + \overline{M''P}^2$$

Multiplions les deux membres de cette égalité par la
masse m du point, nous aurons, en ajoutant membre à
membre les égalités obtenues,

$$\Sigma m \overline{PH}^2 = \Sigma m \overline{M''H}^2 - 2\Sigma m M''P . M''H \cos\widehat{PM''H} + \Sigma m M''P^2$$

donc, en vertu de l'équation F,

$$\Sigma m \overline{PH}^2 > \Sigma m \overline{M''H}^2$$

Si on compare les positions des points en vertu des liaisons en P et les positions H où ils seraient venus sous

l'action des forces données s'ils étaient libres de toute liaison, on peut appeler avec Gauss, la somme $\Sigma m \overline{\text{PH}}^2$, *la contrainte* du système, on aura donc ce théorème :

La position du système à l'époque $t + 0$ est celle pour laquelle la contrainte du système est minima.

Ce théorème suppose, bien entendu, que M''P et M''H sont infiniment petits de même ordre. *Ce théorème est indépendant des repères du mouvement, horloge ou axes.*

Lorsque la force a agi pendant le court intervalle de temps 0 et *qu'on abandonne le mobile* à lui-même, le cours naturel des choses va reprendre.

Le principe de d'Alembert n'a de sens que parce que nous supposons ce cours continu.

Mais la mécanique ne saurait être constituée sans une hypothèse ou sans une convention nouvelle.

Le postulat de d'Alembert nous définit *l'état naissant* du mouvement qui va suivre immédiatement l'instant t, et la variation instantanée de l'accélération qu'accompagne immédiatement l'application de la force au point M à l'époque t.

Le postulat de d'Alembert ne nous dit rien de plus.

Il faut définir par une hypothèse ce que nous appelons le cours naturel des choses.

Il faut avouer que nous ne sommes plus guidés ici que par de vagues analogies.

Le cours naturel des choses qui plaît au mécanicien et qui s'est invinciblement imposé à l'esprit humain après le succès du déterminisme astronomique est le suivant, qui est un souvenir de la mécanique céleste.

Considérons dans un système de repères donné un ensemble de points matériels, nous admettons qu'il existe un

moyen de prédire l'accélération j de chacun de ces points en
fonction de sa vitesse V, du temps t et des positions de ce
point par rapport à d'autres, et par rapport au système et
en fonction de certains paramètres physiques dont la dépendance avec le mouvement du corps est supposée connue
par l'expérience.

Ces dépendances seraient inaccessibles à l'expérience si
les phénomènes ne se rangeaient en catégories approximativement distinctes. Je prends un exemple pour mieux
préciser mes idées : si l'attraction newtonienne se fait sentir
de molécule à molécule comme le phénomène des marées
et celui de la précession l'exigent dans la théorie de Newton,
il faudrait strictement conclure que nos mouvements à la
surface du globe doivent, dans une certaine mesure, avoir
leur contre-coup dans le ciel : si deux enfants se prennent
aux cheveux, leur lutte doit certainement faire varier les
constantes arbitraires du mouvement de la terre autour du
soleil, effet négligeable certes, mais à tout prendre, de
même nature que l'effet produit par la dislocation d'une
planète sous l'action de forces intérieures.

Pendant le choc nous avons vu que les variations brus-
ques de vitesses sont régies par une loi simple qu'on peut
regarder comme dérivée de la loi de l'action et de la réaction au moins pour un point matériel, mais cette loi est
insuffisante à définir les deux nouvelles vitesses, elle définit
l'une au moyen de l'autre. Mais la dislocation produite
nous admettons que les deux morceaux de la planète cassée
seraient encore régis par l'attraction newtonienne.

Nous n'avons aucune preuve d'un pareil fait, dont nous
ne doutons guère cependant.

De même quand nous admettons qu'un fil après avoir

modifié le mouvement d'un corps ne modifie pas la relation
fonctionnelle, dont on parlait plus haut, entre les accélérations des corps en présence, supposés libres, leurs vitesses et certaines variables physiques définissables; nous
n'en avons aucune preuve directe; si la tension du fil a agi
à l'époque t, une fois son effet produit, elle ne modifie plus
le cours naturel des choses.

Mais alors une question se pose : y a-t-il une relation
nécessaire entre l'accélération naturelle J du point supposé
libre et l'accélération j qu'il prend en vertu de liaisons connues; évidemment oui! Nous supposons, bien entendu, ces
liaisons incapables de modifier le cours naturel des choses
actuel, c'est-à-dire la relation qui existe entre les éléments du
mouvement, positions, vitesses, accélérations et certaines
variables physiques que nous supposons non modifiées par
les liaisons.

Les liaisons sont considérées comme ne comportant pas
de masse. Considérons d'abord des liaisons indépendantes
du temps. Observons que les liaisons font sur le corps de
masse m le même effet que l'effet d'une petite barre agissant sur le corps libre et avec une tension T

$$T = m \times (j - J)$$

*donc en généralisant le postulat de l'égalité de l'action et de
la réaction nous devons regarder le corps comme exerçant
sur les liaisons* la force T′

$$T' = m \times (J - j)$$

L'ensemble des forces T′ doit se faire équilibre sur les
liaisons, car autrement elles auraient communiqué à l'un au
moins des corps du système une nouvelle poussée.

On peut encore dire que les réactions exercées par des liaisons réversibles sont toujours des forces qui forment un système en équilibre sur ces liaisons.

Ce fait est évident quand il s'agit de réactions statiques, mais il ne l'est plus du tout quand on envisage les réactions pendant le mouvement; toutefois nous l'avons admis implicitement pour le corps idéal que nous appelons un fil.

Quoi qu'il en soit, il constitue à proprement parler le principe de d'Alembert.

Ce principe est un peu plus complexe quand les liaisons dépendent du temps t. Le système statique à liaisons dont il faut alors considérer l'équilibre statique s'obtient en faisant $t =$ constante dans les équations de liaison.

On peut dire qu'il équivaut alors au principe de la moindre contrainte généralisé, et sous cette forme il est plus plausible.

A la vérité le principe de d'Alembert dans le cas de liaisons variables constitue un postulatum nouveau.

Le principe de d'Alembert peut être appliqué pendant tout le cours du mouvement et conduire à l'intégration des équations du mouvement. Pour plus de netteté, appliquons-le au problème du pendule composé.

Le cours naturel des choses dans les phénomènes de pesanteur, c'est que l'accélération de tout corps *libre* dans sa chute libre rectiligne ou non est constante et égale à g, dirigée suivant la verticale. Adoptons cet état naturel de mouvement d'un corps libre et supposons que plusieurs points liés entre eux d'une manière invariable forment un corps rigide mobile en toute liberté autour d'un axe *horizontal,* le seul mouvement possible d'un point du corps de masse m est un mouvement circulaire autour de l'axe.

Cherchons *l'accélération réelle d'un point* dans un mouvement circulaire. Rappelons-nous la définition de l'accélération.

Par un point I, menons à chaque instant un vecteur IA représentatif de la vitesse de M; et cherchons la vitesse du point figuratif A; nous savons que cette vitesse sera l'accélération de M; soit $OM = r$ et soit ω la vitesse angulaire du rayon OM.

$$IA \text{ représente } \omega r.$$
$$IB \text{ représente } (\omega + d\omega)r.$$

Menons $IA' = IA$; le vecteur AB est la somme géométrique du vecteur AA' et du vecteur A'B; le premier vecteur est égal à $V\omega = \omega^2 r$; le second est égal à $\frac{dV}{dt} = \frac{d\omega}{dt} r$.

On voit donc que l'accélération de M est la somme géométrique d'une accélération dirigée de M vers O, ou centripète est égale à $\omega^2 r$; et d'une accélération tangentielle qui, dirigée suivant la tangente dans le sens du mouvement, est égale à $r \frac{d\omega}{dt}$

Nous aurons donc, d'après le principe de d'Alembert, à exprimer l'équilibre, moyennant les liaisons, des forces :

mg suivant la verticale, et des forces $- mr \frac{d\omega}{dt}$, $- m\omega^2 r$

la somme des moments de ces forces par rapport à l'axe est, en désignant par x la distance du point m au plan vertical contenant l'axe

$$- \Sigma mgx - \Sigma mr^2 \frac{d\omega}{dt}$$

d'ailleurs, si ξ est la valeur de x relative au centre de gravité G du corps de masse totale M.

$$\Sigma mx = \xi \Sigma m = \xi . M$$

d'ailleurs, si θ est l'angle que fait avec la verticale la perpendiculaire r_0 menée de G sur l'axe

$$\xi = r_0 \sin \theta$$

d'où, puisque $\omega = -\dfrac{d\theta}{dt}$

$$- gM r_0 \sin \theta = \frac{d^2\theta}{dt^2} \Sigma mr^2$$

C'est l'équation du mouvement du pendule.

C'est précisément à propos du problème du mouvement du pendule que Bernouilli entrevit pour la première fois le principe de d'Alembert.

On voit nettement par cet exemple que le principe de d'Alembert n'est intervenu efficacement ici que parce que le mouvement naturel de tout point libre était connu ; il permettrait aussi aisément d'étudier par le calcul le mouvement d'un solide pesant.

Au point de vue expérimental, nous regardons les solides naturels comme des assemblages de particules situées à des distances peu variables les unes des autres ; or, dans la pure statique du corps rigide, nous avons regardé comme supprimable toute paire de forces égales et contraires ayant même ligne d'action ; l'expérience conduit à modifier sensiblement ce point de vue ; elle nous conduit à nous préoccuper des surfaces sur lesquelles des forces, tensions ou pressions se répartissent, et une paire de forces du genre de celles dont on vient de parler n'est supprimable que si les tensions, par unité de surface, ne dépassent pas une limite donnée et si les pressions (obliques ou normales) exercées à la surface du corps et rapportées en chaque élément à l'unité de surface ne dépassent pas certaines valeurs que l'expérience indique. Ces tensions, ces pressions n'ont pas besoin, pour le moment, d'être définies avec précision, car nous reviendrons, par la suite, sur ces considérations ; je veux seulement indiquer pour le moment comment certains mouvements imposés peuvent produire à l'intérieur d'un solide naturel de nouveaux efforts élastiques.

Considérons d'abord un certain système de repères où les particules libres aient un mouvement naturel connu, dont le déterminisme pourrait, à la rigueur, dépendre d'autres particules ; supposons que ces mêmes particules, au lieu d'être isolées, soient assemblées pour former les éléments d'un solide naturel, le principe de d'Alembert permettra de former les équations du mouvement du solide, exactement comme nous l'avons fait pour le pendule composé, les forces efficaces ne fatiguent pas les liaisons, la fatigue des liaisons proviendra uniquement des forces perdues.

Il est indispensable quand le mouvement (ou l'équilibre) du corps est connu par le principe de d'Alembert combiné avec celui des vitesses virtuelles de revenir à la détermination de cette fatigue des liaisons.

Le principe du travail virtuel élimine ces liaisons, et il faut des hypothèses supplémentaires pour les déterminer.

C'est ainsi que la statique du corps rigide ayant pour premier soin d'éliminer les tensions mutuelles intérieures par le premier de ses postulats ne saurait rien apprendre sur celles-ci qui dépendent de la théorie de l'élasticité. Il nous suffit de considérer l'équilibre puisque le principe de d'Alembert ramène précisément la recherche du mouvement à la considération d'un certain équilibre auxiliaire.

Pour abréger le langage et suivant une dénomination déjà employée nous appellerons FORCE le produit de la masse du point par l'accélération qu'on peut prédire pour lui lorsqu'il est libre *dans des conditions géométriques ou physiques identiques.*

Considérons alors un système à liaisons soumis à des forces données, et voyons le *surcroît de fatigue des liaisons* qui peut résulter d'un mouvement imposé. Examinons le cas particulièrement simple d'un corps rigide lié à un axe en mouvement de rotation, soit F la force qui sollicite une particule M libre supposée libre, μ son moment par rapport à l'axe de rotation; en raisonnant comme pour le pendule composé on aura pour *forces efficaces :* la force tangentielle $mr\frac{d\omega}{dt}$ et la force centripète $m\omega^2 r$.

Dans les conditions d'équilibre celle-ci disparaît, mais il faut en tenir compte dans le calcul des réactions des liaisons sur le corps, soient F_z, F_r, F_t les trois composantes de F : 1° parallèle à l'axe, 2° tangentielle, 3° dirigée suivant le rayon du cercle imposé au point d'application; les composantes de la force perdue sont :

$$F_z,\ F_r + m\omega^2 r,\ F_t - mr\frac{d\omega}{dt}$$

et ce qu'il importe de considérer dans l'équilibre élastique à l'intérieur du corps ce sont les fatigues produites par ces forces perdues sur les différents points intérieurs du corps.

Dans le cas simple du mouvement uniforme les composantes se réduisent à

$$F_z, \; F_r + m\omega^2 r, \; F_t$$

Au point de vue de la fatigue le solide naturel sera dans le même état que si on adjoignait la force $m\omega^2 r$ à la force F qui agit sur chaque particule, cette force est ce qu'on appelle la force *centrifuge*; on l'appelle quelquefois une force fictive ou *apparente*, c'est une très mauvaise dénomination dont nous verrons tout à l'heure la raison.

Pour l'école cinématique la force centrifuge est une force apparente, pour l'école statique c'est une force très réelle puisqu'elle produit une fatigue des forces des liaisons qui peut aller jusqu'à la désagrégation du corps, comme cela se produit dans une meule qui tourne trop vite et qui éclate.

La prétendue force apparente peut donc devenir une sérieuse réalité.

Il est important de nous rappeler que les forces perdues sont indépendantes des repères géométriques du mouvement, or il résulte de là que dans tout mouvement défini là connaissance des forces intérieures de liaison ne dépendra pas de ces repères.

Cette remarque suffit à la mécanique industrielle. Ainsi considérons le système d'un corps qui tourne sur ses appuis, uniformément autour d'un axe, les fatigues des liaisons proviendraient des forces F_r, $F_t + m\omega^2 r$, F_t, mais celles-ci ne dépendent nullement des repères géométriques auxquels il nous plaît de rapporter le mouvement. Il y aura lieu de tenir compte des forces perdues non seulement pour le corps qui tourne, mais pour ses appuis.

Pour achever cette analyse de la notion de la force centrifuge, étudions et comparons les réactions qu'un corps entraîné dans un mouvement de rotation éprouve : 1° dans le cas où il est à une distance invariable de l'axe ; 2° dans le cas où il pourrait glisser librement sur une barre qui rencontre l'axe perpendiculairement.

Dans ce second cas seulement, il y a mouvement relatif ; l'accélération j qui résulte de ce mouvement est aisée à calculer si ω désigne la vitesse de rotation et r la distance variable du point à l'axe, on trouve :

$$j = \omega^2 r \;(\text{dirigée suivant le rayon centripète}) + \left(r \frac{d\omega}{dt} + 2\omega \frac{dr}{dt} \right. (\text{dirigée}$$
$$\text{suivant la tangente dans le mouvement}).$$

Soient J l'accélération naturelle du corps, J_t et J_n ses projections sur la direction t de la tangente et sur la direction n du rayon, l'équilibre de d'Alembert s'exprimera en écrivant que la force perdue est perpendiculaire à la barre sur laquelle le corps peut glisser librement.

On a ainsi :

$$J_t - r \frac{d\omega}{dt} - 2\omega \frac{dr}{dt} = 0$$

Calculons la réaction $m\mathrm{R}$ de la barre sur le point, soient R_t et R_n les projections de R sur la direction du mouvement circulaire d'entraînement et sur la barre : soient R_z et J_z les projections de R et de J sur la direction z de l'axe de rotation.

Exprimons *l'équilibre du point* libre sous *l'influence des réactions de la barre* et de la *force perdue*, qui a pour composantes, suivant les directions n, t, z,

$$m\omega^2 r + J_n$$
$$J_t - r\frac{d\omega}{dt} - 2\omega\frac{dr}{dt}$$
$$J_z$$

les conditions de l'équilibre du point seront

$$\omega^2 r + J_n + R_n = 0$$
$$J_t - r\frac{d\omega}{dt} - 2\omega\frac{dr}{dt} + R_t = 0$$
$$J_z + R_z = 0$$

on a donc, d'après l'équation même du mouvement trouvée plus haut,

$$R_t = 0$$

Considérons maintenant un point FIXÉ à la barre, il n'y a plus de mouvement relatif, mais il y aura toujours équilibre relatif entre la force perdue, la force mJ agissant sur le point fixe et la réaction mS de ce point, désignons par S_n, S_t, S_z les projections de S sur les trois directions n, t, z, on aura

$$\omega^2 r + J_n + S_n = 0$$
$$J_t + S_t = 0$$
$$J_z + S_z = 0$$

Si on compare les réactions R et S, on voit que l'on a en la même position de la barre

$$S_n = R_n$$
$$S_t = R_t + r\frac{d\omega}{dt} + 2\omega\frac{dr}{dt} = J_t$$
$$S_z = R_z$$

Deux des composantes des réactions sont égales, l'une d'elles est précisément la force centrifuge.

Remarque importante.

Supposons que les liaisons fixes ou variables étant exprimées dans un système de coordonnées S, on puisse exprimer *les mêmes liaisons* dans un autre système de coordonnées S'; les accélérations réelles et les accélérations naturelles changent naturellement; mais, en vertu du théorème de Coriolis, chacune de leurs différences ne change pas : *les forces perdues, et, par suite, les réactions des liaisons sont des éléments invariants.*

IV

Le principe de l'inertie
et quelques théorèmes généraux de la mécanique.

— Nous n'avons fait jusqu'ici aucune hypothèse sur
l'accélération naturelle, car nous ne nous sommes jusqu'ici
intéressés qu'aux forces de liaisons, les seules qui méritent
nettement le nom *d'efforts;* en somme nous avons appris à
former les équations des mouvements de corps soumis à
des liaisons, quand les accélérations naturelles de ceux-ci
sont connues. Et nous avons obtenu ainsi des résultats tout
à fait indépendants d'aucune hypothèse faite sur l'accélération naturelle; si ce n'est que : les *liaisons ne modifient
pas la prédiction des accélérations naturelles.*

On peut caractériser la mécanique des liaisons en disant
qu'elle suffit à la mécanique industrielle.

Sans doute, la mécanique des liaisons repose sur le
théorème du travail virtuel, qui au premier abord paraît
violé maintes et maintes fois, par le frottement.

L'objection paraît d'autant plus fondée que la démonstration de Lagrange que j'ai reproduite avec quelques
variantes dans le précédent chapitre, emploie des machines
où il y a déjà frottement.

Ces machines moufles, à vrai dire, ne jouent qu'un rôle
schématique auxiliaire, mais l'hypothèse de l'absence de

frottement a été implicitement admise dans les liaisons étudiées elles-mêmes, lorsque *devant un système à liaisons complètes où il n'y a qu'une force unique admettant une composante, suivant la tangente à un déplacement possible, nous avons admis que ce déplacement devait se produire.*

L'objection est donc sérieuse; voici ce qu'on peut y répondre :

Lorsque deux corps solides sont en contact par un point de leur surface supposée régulière, leur action mutuelle n'est pas tout à fait dirigée suivant la normale commune. On est obligé d'en tenir compte par l'introduction d'une force tangentielle particulière qu'on appelle *frottement.* Et l'on ajoute, d'ailleurs, souvent : Les propriétés dont on dote d'ailleurs cette force sont obtenues empiriquement.

Si l'étude du frottement est forcément limitée, ce n'est pas à l'expérience qu'il faut s'en prendre, c'est plus encore aux données théoriques que l'on impose à l'expérience.

On lui demande de déterminer la force tangentielle qu'il faut combiner avec la pression normale pour mettre dans divers cas particuliers la mécanique idéale en accord avec l'observation : or 1° il faudrait tenir compte de l'élasticité des solides naturels en contact et surtout; 2° il faudrait savoir si le système physique étudié est suffisamment défini par le contact de deux corps rigides ou même faiblement élastiques, n'y a-t-il pas usure? et le rôle de la partie des corps abandonnés est-il toujours négligeable, lorsque dans les débris négligés se manifeste quelquefois plus nettement un phénomène de production de chaleur.

Ceci suffit à nous montrer que le phénomène du frottement est trop complexe au point de vue physique pour nous aider à constituer les premiers principes de la mécanique et nous conserverons la notion des liaisons comme l'image la plus simple de la science des forces et du mouvement.

Mais même en adoptant ce point de vue, nous avons vu que le principe de d'Alembert ne peut suffire à la formation des équations du mouvement que si l'accélération naturelle est connue.

Nous sommes ainsi ramenés au point de vue cinématique, qui est le point de vue exclusif de l'astronome, comme on l'a indiqué.

Relativement à ces accélérations naturelles, j ou à la force mj, nous ne savons rien.

Nous allons faire à leur égard une dernière hypothèse :

Nous supposons qu'il existe un système de coordonnées dans lequel tous les points matériels exercent les uns sur les autres des forces mutuelles égales deux à deux. Nous conservons encore l'hypothèse que *ces forces dépendent d'un état actuel* suivant un mode connu. Si d'ailleurs un pareil système de coordonnées existe, il en existe une infinité qui sont en mouvement rectiligne et uniforme par rapport au premier. Cette notion métaphysique donne lieu à des théorèmes généraux que nous allons maintenant résumer.

Si, dans un espace, des points matériels sont soumis à des forces mutuelles, et si l'on considère un plan P fixe dans cet espace et le mouvement de chaque point projeté sur ce plan, puis la somme des aires décrites par le rayon vecteur allant d'un point fixe de ce plan jusqu'à la projection du mobile sur le plan, chaque aire étant multipliée par la masse du mobile correspondant, cette somme d'aires croît proportionnellement au temps.

Le principe
des aires.

En effet, soient M_i et M_j deux points exerçant l'un sur l'autre une action mutuelle, F_{ij} comptée par exemple positive comme répulsive, les équations du mouvement de chacun de ces points seront, par la définition même de la force capable de prédire le mouvement :

$$
M_i
\begin{cases}
m_i \dfrac{d^2 x_i}{dt^2} = \sum_j F_{ij} \dfrac{(x_i - x_j)}{r_{ij}} \\[2mm]
m_i \dfrac{d^2 y_i}{dt^2} = \sum_j F_{ij} \dfrac{(y_i - y_j)}{r_{ij}} \\[2mm]
m_i \dfrac{d^2 z_i}{dt^2} = \sum_j F_{ij} \dfrac{(z_i - z_j)}{r_{ij}}
\end{cases}
\begin{pmatrix}
x_i, y_i, z_i \text{ coordonnées du point } M_i; \\
r_{ij} \text{ distance des deux points} \\
M_i \text{ et } M_j.
\end{pmatrix}
$$

On déduit des deux premières équations

$$
m_i \left(x_i \frac{d^2 y_i}{dt^2} - y_i \frac{d^2 x_i}{dt^2} \right) = \sum_j F_{ij} \frac{[(x_i - x_j)\, y_i - (y_i - y_j)\, x_i]}{r_{ij}}
$$

Ajoutant membre à membre toutes ces équations relatives aux divers corps du système,

On aura

$$
\Sigma_i m_i \left(x_i \frac{d^2 y_i}{dt^2} - y_i \frac{d^2 x_i}{dt^2} \right) = 0
$$

or, le premier membre peut s'écrire

$$
\Sigma_i m_i \frac{d}{dt} \left(x_i \frac{dy_i}{dt} - y_i \frac{dx_i}{dt} \right) = 0
$$

on aura donc en intégrant

$$
\text{(E)} \quad \Sigma_i m_i \left(x_i \frac{dy_i}{dt} - y_i \frac{dx_i}{dt} \right) = C''
$$

C'' désignant une constante.

Or, si on adopte des coordonnées polaires dans le plan xy, on aura :

$$x_i = \rho_i \cos \varphi_i$$
$$y_i = \rho_i \sin \varphi_i$$

d'où $\quad \varphi_i = \arctan \dfrac{y_i}{x_i} \quad$ et $\quad d\varphi_i = \dfrac{x_i\, dy_i - y_i\, dx_i}{x_i^2 + y_i^2}$

ou $\quad \rho_i^2 \dfrac{d\varphi_i}{dt} = \left(x_i \dfrac{dy_i}{dt} - y_i \dfrac{dx_i}{dt} \right)$

l'équation E peut donc s'écrire

$$\Sigma\, m_i\, \rho_i^2 \frac{d\varphi_i}{dt} = C''$$

d'où en intégrant

$$\Sigma\, m_i \int \rho_i^2\, d\varphi_i = C'' t + H''$$

H'' désignant une variable constante.

C'est le principe des aires relatif à l'origine O et au plan des xy.

Dans un univers qui serait composé de points matériels tous observables, le principe des aires établit une relation entre une *horloge absolue* et *un ensemble de trois directions absolues.*

Application
du principe
des aires.

Tout d'abord si on possède un point O absolu fixe et des directions absolues, le théorème des aires définit une horloge absolue sauf le cas très particulier où C'' serait égal à zéro ; s'il en était ainsi, on prendrait le mouvement projeté sur l'un et l'autre des plans de coordonnées.

Nous démontrerons tout à l'heure que si on possède une

7

horloge absolue, on peut définir des directions fixes à chaque instant par rapport aux points matériels observables.

Rappelons d'abord un autre théorème bien connu.

Théorème. — Dans un espace où les forces agissant sur les différents points du système sont mutuelles, le centre de gravité se meut uniformément.

On part des équations du mouvement

$$\left\{ \begin{aligned} m_i \frac{d^2 x_i}{dt^2} &= \mathrm{F}_{ij}\,\frac{x_i - x_j}{r_{ij}} \\[2mm] m_i \frac{d^2 y_i}{dt^2} &= \mathrm{F}_{ij}\,\frac{y_i - y_j}{r_{ij}} \\[2mm] m_i \frac{d^2 z_i}{dt^2} &= \mathrm{F}_{ij}\,\frac{z_i - z_j}{r_{ij}} \end{aligned} \right.$$

d'où en ajoutant membre à membre les équations relatives à une même coordonnée, x par exemple

$$\Sigma\, m_i \frac{d^2 x_i}{dt^2} = \Sigma_{ij}\, \mathrm{F}_{ij}\,\frac{x_i - x_j}{r_{ij}} = 0$$

d'où
$$\Sigma\, m_i\, x_i = at + b$$

On trouverait de même

$$\Sigma\, m_i\, y_i = a't + b'$$
$$\Sigma\, m_i\, z_i = a''t + b''$$

ce qui démontre le théorème, car les premiers membres de ces équations ont, en désignant par ξ_0, η_0, ζ_0 les coordonnées du centre de gravité, les valeurs

$$\xi_0\, \mathrm{M},\ \eta_0\, \mathrm{M},\ \zeta_0\, \mathrm{M}; \qquad (\mathrm{M} = \Sigma m)$$

Remarque. — Le principe des aires est applicable dans le mouvement relatif par rapport au centre de gravité, car soit posé :

$$\left\{ \begin{aligned} x_i &= \xi_0 + \xi_i \\ y_i &= \eta_0 + \eta_i \\ z_i &= \zeta_0 + \zeta_i \end{aligned} \right.$$

on aura

$$\Sigma_i\, m_i \left(x_i \frac{dy_i}{dt} - y_i \frac{dx_i}{dt} \right) = \Sigma_i m_i \left[(\xi_0 + \xi_i) \left(\frac{d\eta_0}{dt} + \frac{d\eta_i}{dt} \right) - (\eta_0 + \eta_i) \left(\frac{d\xi_0}{dt} + \frac{d\xi_i}{dt} \right) \right]$$

ou, en vertu des identités :

$$\Sigma_i\, m_i\, \xi_i = 0$$
$$\Sigma_i\, m_i\, \eta_i = 0$$
$$\Sigma\, m_i\, \zeta_i = 0$$

$$\Sigma_i\, m_i \left(x_i \frac{dy_i}{dt} - y_i \frac{dx_i}{dt} \right) = a'b - b'a + \Sigma\, m_i \left(\xi_i \frac{d\eta_i}{dt} - \eta_i \frac{d\xi_i}{dt} \right)$$

égalité qui démontre la remarque susdite.

— *Seconde application du principe des aires : Orientation de l'espace absolu déduite des mouvements relatifs d'un système isolé.* Considérons un ensemble S de points matériels *observables* obéissant dans un certain espace E à la loi de l'action et de la réaction dynamiques; on considère à chaque instant des axes fixes dans l'espace E, et on peut se proposer de rattacher à chaque instant la position des axes considérés à la situation actuelle des points matériels *supposés tous observables; il suffit pour cela d'avoir une horloge marquant le temps absolu.* On peut considérer un problème plus général déduit du précédent en supposant que les corps du système S soient dans l'espace E soumis à leurs actions mutuelles réciproques et *en outre* à une pesanteur commune à tous les points, variable d'ailleurs en intensité et en direction. Le deuxième problème se ramène au premier, car les équations du mouvement dans l'espace E étant alors pour chaque masse m_i

$$(1) \begin{cases} m_i \dfrac{d^2 x_i}{dt^2} = \Sigma_j \ F_{ij} \ \dfrac{x_i - x_j}{r_{ij}} + m_i \ X \\[2ex] m_i \dfrac{d^2 y_i}{dt^2} = \Sigma_j \ F_{ij} \ \dfrac{y_i - y_j}{r_{ij}} + m_i \ Y \\[2ex] m_i \dfrac{d^2 z_i}{dt^2} = \Sigma_j \ F_{ij} \ \dfrac{z_i - z_j}{z_{ij}} + m_i \ Z \end{cases}$$

X. Y. Z désignant les projections sur les axes absolus de l'accélération due à la pesanteur commune supposée.

En ajoutant ces équations membre à membre on obtient, en faisant $\Sigma_i \ m_i = M$.

$$\begin{cases} \Sigma \ m_i \ \dfrac{d^2 x_i}{dt^2} = M. \ X \\[2ex] \Sigma \ m_i \ \dfrac{d^2 y_i}{dt^2} = M. \ Y \\[2ex] \Sigma \ m_i \ \dfrac{d^2 z_i}{dt^2} = M. \ Z \end{cases}$$

ou si on appelle x_0, y_0, z_0, les coordonnées du centre de gravité G du système S.

$$(2) \begin{cases} \dfrac{d^2 x_0}{dt^2} = X \\[2ex] \dfrac{d^2 y_0}{dt^2} = Y \\[2ex] \dfrac{d^2 z_0}{dt^2} = Z \end{cases}$$

si on veut les mouvements par rapport au centre de gravité, c'est-à-dire par rapport à un espace E_0 ayant pour
origine le point C et pour axes des axes parallèles aux
axes de E, on fera :

$$(3) \begin{cases} x_i = x_0 + \xi_i \\ y_i = y_0 + \eta_i \\ z_i = z_0 + \zeta_i \end{cases}$$

les équations (1) deviendront en vertu de (2)

$$(4) \begin{cases} m_i \dfrac{d^2\xi_i}{dt^2} = \Sigma_j F_{ij} \dfrac{x_i - x_j}{r_{ij}} = \Sigma_j F_{ij} \dfrac{\xi_i - \xi_j}{r_{ij}} \\[2mm] m_i \dfrac{d^2\eta_i}{dt^2} = \Sigma_j F_{ij} \dfrac{y_i - y_j}{r_{ij}} = \Sigma_j F_{ij} \dfrac{\eta_i - \eta_j}{r_{ij}} \\[2mm] m_i \dfrac{d^2\zeta_i}{dt^2} = \Sigma_j F_{ij} \dfrac{z_i - z_j}{r_{ij}} = \Sigma_j F_{ij} \dfrac{\zeta_i - \zeta_j}{r_{ij}} \end{cases}$$

La pesanteur commune a disparu.

On voit que le principe des aires s'applique alors par
rapport à l'espace E_0.

Il s'applique d'ailleurs à tout espace E'_0, parallèle au
premier, ayant pour origine un point dont le mouvement
par rapport à E_0 serait rectiligne et uniforme.

Les équations (3) devraient, en effet, être remplacées
dans ce cas par celles-ci :

$$\begin{aligned} x_i &= x_0 + \xi_i + at + a' \\ y_i &= y_0 + \eta_i + bt + b' \\ z_i &= z_0 + \zeta_i + ct + c' \end{aligned}$$

les équations (4) ne seront pas modifiées.

Ainsi, qu'il s'agisse du problème réduit ou du problème

plus général, nous partirons de ce fait que le principe des aires est applicable au mouvement rapporté à l'espace E_o.

Ceci posé, rappelons les formules qui se rattachent à la détermination des vitesses des différents points d'un corps rigide qui pivote autour d'un point fixe. Prenons ce point comme origine des coordonnées. Une rotation infiniment petite α autour de l'axe des x laisse inaltérée la coordonnée x d'un point du corps rigide, mais soit ρ la distance invariable de ce point à l'axe, on pourra poser :

$$y = \rho \cos \varphi$$
$$z = \rho \sin \varphi$$

par l'effet de la rotation α estimée positive dans le sens de l'orientation du trièdre des coordonnées (voir 1re leçon y et z vont s'accroître de quantités infiniment petites dont les parties principales seront

$$\delta y = - \rho \sin \varphi \, \alpha = - \alpha z$$
$$\delta z = + \rho \cos \varphi \, \alpha = + \alpha y$$

De ces formules on déduit que trois rotations infiniment petites α, β, γ, effectuées successivement dans un ordre quelconque autour des axes ox, oy, oz déplaceront le point M suivant un vecteur infiniment petit dont la grandeur et le sens seront, aux infiniment petits du deuxième ordre près, représentées par ses projections Δx, Δy, Δz, au moyen des formules suivantes :

$$\Delta x = \beta z - \gamma y$$
$$\Delta y = \gamma x - \alpha z$$
$$\Delta z = \alpha y - \beta x$$

L'ordre des rotations a, en effet, une influence sur les rotations finies, mais un changement dans l'ordre des rotations n'amène dans le déplacement du point M que des variations infiniment petites par rapport à ce déplacement lui-même, et par conséquent n'influera pas pour la détermination des vitesses, en sorte qu'en posant

$$\alpha = pdt, \ \beta = qdt, \ \gamma = rdt$$

on aura ces formules donnant les composantes de la vitesse V de M produite par les rotations p, q, r, estimés suivant les axes en ox, oy, oz

$$(5) \ \begin{cases} v_x = qz - ry \\ v_y = rx - pz \\ v_z = py - qx \end{cases}$$

En s'appuyant sur ce théorème d'Euler, qui montre que tout déplacement d'une figure qui a un point fixe peut être obtenu par une rotation effectuée autour d'un axe passant par ce point, il serait aisé d'établir que pdt, qdt, rdt, sont aux infiniment petits du second ordre près, les projections sur les axes de coordonnées de la rotation ωdt qui d'après Euler produirait le déplacement infiniment du corps rigide considéré pendant le temps dt. Les formules (5) peuvent encore être établies par les formules de la géométrie analytique.

Sans insister davantage sur ces démonstrations bien connues, je veux montrer le parti qu'on peut tirer des formules (5) pour le problème que nous nous sommes proposé.

Considérons deux systèmes d'axes rectangulaires ayant point fixe O et représentons les cosinus des angles que

les demi-axes forment deux à deux par le tableau suivant :

$$
\begin{array}{c|ccc}
\text{O} & \text{X} & \text{Y} & \text{'Z} \\
x & a & a' & a'' \\
y & b & b' & b'' \\
z & c & c' & c''
\end{array}
$$

qui donne les cosinus de l'angle d'un des demi-axes oX,
oY, oZ forment avec l'un des demi-axes Ox, Oy, Oz, au
point de concours de la colonne relative au premier avec
la ligne relative au second.

Ces cosinus satisfont d'ailleurs aux relations bien connues

$$
(6)\left\{
\begin{aligned}
a^2 + a'^2 + a''^2 &= 1 \\
b^2 + b'^2 + b''^2 &= 1 \\
c^2 + c'^2 + c''^2 &= 1 \\
ab + a'b' + a''b'' &= 0 \\
bc + b'c' + b''c'' &= 0 \\
ca + ca'' + c'a'' &= 0
\end{aligned}
\right.
\left|
\begin{aligned}
a^2 + b^2 + c^2 &= 1 \\
a'^2 + b'^2 + c'^2 &= 1 \\
a''^2 + b''^2 + c''^2 &= 1 \\
aa' + bb' + cc' &= 0 \\
a'a'' + b'b'' + c'c'' &= 0 \\
a''a + b''b + c''c &= 0
\end{aligned}
\right.
$$

Les deux groupes de relations s'entraînent d'ailleurs
mutuellement l'un et l'autre.

Les cosinus satisfont encore à des équations différentielles
qui les relient aux quantités p, q, r, si l'on suppose que
l'on étudie le mouvement du système d'axes s *(ox oy oz)*
par rapport au système S (OX, OY, OZ).

Considérons en effet un point A situé sur OX à la distance 1; ce point, fixe par rapport au système S, est mobile
par rapport au système s, ses coordonnées dans le système
s sont d'ailleurs a, b c, en sorte que les projections de sa
vitesse relative sur les axes ox, oy, oz, sont

$$
\frac{da}{dt}, \ \frac{db}{dt}, \ \frac{dc}{dt}
$$

Considérons maintenant le point de s qui coïncide exactement avec A, il est entraîné dans le mouvement du système s, or le déplacement infiniment petit du système S, équivaut à une rotation ωdt autour d'un certain axe passant par O.

Soient p, q, r, les projections de cette rotation sur les axes ox, oy, oz, *la vitesse d'entraînement* du point considéré aura d'après les formules (5) pour projections sur les axes

$$qc - rt, \quad ra - pc, \quad pb - qa :$$

Or, d'après le théorème démontré sur les mouvements relatifs (Ch. III, p. 47), la vitesse absolue du point A (vitesse nulle d'ailleurs) est la somme géométrique de sa vitesse d'entraînement, et de sa vitesse relative.

Donc

$$qc - rb + \frac{da}{dt} = 0$$

$$ra - pc + \frac{db}{dt} = 0$$

$$pt - qa + \frac{dc}{dt} = 0$$

en prenant un point B situé à une distance I sur O, puis un point C situé à une distance 1 sur OZ on verrait que le groupe $a'\,b'\,c'$ comme le groupe $a''\,b''\,c''$ vérifie le même système d'équations différentielles que le groupe $a.b.c.$, à savoir le système suivant, où u, v, w seraient les fonctions inconnues, de la variable t :

$$(7) \begin{cases} qw - rv + \dfrac{du}{dt} = 0 \\[2mm] ru - pw + \dfrac{dv}{dt} = 0 \\[2mm] pv - qu + \dfrac{dw}{dt} = 0 \end{cases}$$

On vérifie, d'ailleurs, que ce système jouit des propriétés suivantes :

1° Il admet l'intégrale

$$u^2 + v^2 + w^2 = \text{constante} = C_1$$

2° Si les groupes de fonctions de t :

$G\,(u,\,v,\,w)$ et $G_1\,(u',\,v',\,w')$ sont solutions de 7 on a $uu' + vv' + ww' = \text{constante} = G_2$

On voit donc que si l'on constitue trois groupes de solutions G_1, G_2, G_3, telles que l'un des deux groupes (6) soit vérifié à l'époque t_0, le groupe 6 continuera à être vérifié à toute époque. *On aura donc défini un mouvement relatif de deux systèmes d'axes par la seule détermination des quantités* p, q *et* r *en fonction du temps.*

Revenons maintenant au mouvement des systèmes et supposons que le mouvement relatif des points soit connu, il existera dès lors un système d'axes Ox, Oy, Oz par rapport auquel le mouvement du système est connu ; on pourra évidemment adopter pour O le centre de gravité des masses en mouvement.

Prenons pour inconnues auxiliaires les $p.q.r.$; la vitesse absolue d'une particule a pour composantes, suivant les axes entraînés,

$$(8)\begin{cases} V_x = qz - ry + \dfrac{dx}{dt} \\[2mm] V_y = rx - pz + \dfrac{dy}{dt} \\[2mm] V_z = py - qx + \dfrac{dz}{dt} \end{cases}$$

Or, sur des plans fixes qui coïncideraient avec les positions actuelles des plans de s, les théorèmes des aires relativement à ces plans seraient l, m, n, désignant les projections d'un vecteur fixe sur les axes mobiles

$$\Sigma\, m\,(x\mathrm{V}_y - y\mathrm{V}_x) = n$$
$$\Sigma\, m\,(y\mathrm{V}_x - z\mathrm{V}_y) = l$$
$$\Sigma\, m\,(z\mathrm{V}_x - x\mathrm{V}_z) = m$$

je dis que l, m, et n représentent les projections dans le système s d'un vecteur fixe dans le système S.

Cela est évident, si on connaît déjà la *composition des aires, des moments* ou des *couples*.

Si non, il nous faut reconnaître que si X Y Z sont des coordonnées fixes et si F_x F_y F_z sont les projections d'un vecteur invariant par rapport à la direction des axes, les quantités L, M, N, définies par les égalités

$$\mathrm{L} = \mathrm{YF}_z - \mathrm{ZF}_y$$
$$\mathrm{M} = \mathrm{ZF}_x - \mathrm{XF}_z$$
$$\mathrm{N} = \mathrm{XF}_y - \mathrm{YF}_x$$

définiront encore les projections d'un vecteur également invariant par rapport à la direction des axes.

D'ailleurs, pour comparer deux groupes (L, M, N) définis dans deux systèmes d'axes de même origine, il suffit de comparer plusieurs fois deux pareils groupes définis dans deux systèmes d'axes qui ont un axe commun ; or, pour deux pareils systèmes, il suffit de reconnaître que la même substitution double

$$\mathrm{F}_{z'} = \mathrm{F} \qquad\qquad \mathrm{Z}' = \mathrm{Z}$$
$$\mathrm{F}_{x'} = \mathrm{F}_x \cos\varphi + \mathrm{F}_y \sin\varphi \qquad \mathrm{X}' = \mathrm{X}\cos\varphi + \mathrm{Y}\sin\varphi$$
$$\mathrm{F}_{y'} = -\mathrm{F}_x \sin\varphi + \mathrm{F}_z \cos\varphi \qquad \mathrm{Y}' = -\mathrm{X}\sin\varphi + \mathrm{Y}\cos\varphi$$

produit sur les quantités L M N, qui se changent en L'M'N'
la même substitution

$$N' = N$$
$$L' = L \cos \varphi + M \sin \varphi$$
$$M' = - L \sin \varphi + M' \cos \varphi$$

or la vérification est immédiate.

Les valeurs de l, m, n peuvent être calculées au moyen
des valeurs de V_x, V_y, V_z des formules (8).

Posons alors

$$9 \begin{cases} A = \Sigma m \,(y^2 + z^2), & B = \Sigma m \,(z^2 + x^2), & C = \Sigma m \,(x^2 + y^2) \\ D = \Sigma m yz, & E = \Sigma m zx, & F = \Sigma m xy \\ \lambda = \Sigma m \left(y \dfrac{dz}{dt} - z \dfrac{dy}{dt} \right), & \mu = \Sigma m \left(z \dfrac{dx}{dt} - x \dfrac{dz}{dt} \right), & \gamma = \Sigma m \left(x \dfrac{dy}{dt} - y \dfrac{dx}{dt} \right) \end{cases}$$

Nous trouvons ainsi

$$l = pA - qF - rE + \lambda$$
$$m = - pF + qB - rD + \mu$$
$$n = - pE + qD - rC + \nu$$

En sorte qu'en désignant par P_o, Q_o, R_o les composantes
fixes du vecteur (l, m, n) sur les axes fixes primitifs on
aura, pour la détermination des neuf cosinus, le système :

$$pA - qF - rE + \lambda = aP_0 + a'Q_0 + a''R_0$$
$$- pF + qB - rD + \mu = bP_0 + b'Q_0 + b''R_0$$
$$- pE - qD + rC + \nu = cP_0 + c'Q_0 + c''R_0$$

$$\frac{da}{dt} + qc - rb = 0$$
$$\frac{db}{dt} + ra - pc = 0$$
$$\frac{dc}{dt} + pb - qa = 0$$

$$\frac{da'}{dt} + qc' - rb' = 0$$
$$\frac{db'}{dt} + ra' - pc' = 0$$
$$\frac{dc'}{dt} + pb' - qa' = 0$$

$$\frac{da''}{dt} + qc'' - rb'' = 0$$
$$\frac{db''}{dt} + ra'' - pc'' = 0$$
$$\frac{dc''}{dt} + pb'' - qa'' = 0$$

10

λ, μ, ν sont connus par l'observation du mouvement relatif.

On peut toujours supposer qu'à l'époque initiale le système d'axes OX, OY, OZ coïncide avec le système d'axes Ox, Oy, Oz. Ce qui donne les valeurs initiales

$$a_0 = 1 \qquad b_0 = 0 \qquad c_0 = 0$$
$$a_0' = 0 \qquad b_0' = 1 \qquad c_0' = 0$$
$$a_0'' = 0 \qquad b_0'' = 0 \qquad c'' = 1$$

Le système précédent pourra donc être intégré, pourvu que l'on connaisse les constantes P_0, Q_0, R_0.

Je vais montrer que les quantités p, q, r peuvent être déterminées à chaque instant du mouvement, et en particulier au début, sans aucune intégration, *du moins lorsque les corps en présence sont suffisamment nombreux*. Je m'appuierai à cet effet sur le théorème de Coriolis que nous avons déjà vu et sur la distribution des accélérations dans un corps rigide qui pivote autour d'un point fixe, que je vais maintenant indiquer. Soit OA le vecteur représentatif de la vitesse de rotation ω actuelle, soit OA' le vecteur représentatif de la rotation ω' à l'instant $t + dt$, on peut le considérer comme la résultante géométrique du vecteur OA et du vecteur OI, auquel on donne le nom d'accélération angulaire élémentaire, l'accélération angulaire étant représentée par le vecteur dirigé $\lim. \frac{OI}{dt}$, nous la désignerons par α.

La distribution des vitesses dans le corps rigide à l'époque t résulte simplement de ω; la distribution géométrique des vitesses dans le corps rigide à l'époque $t + dt$ résulte de la nouvelle valeur de ω; en cherchant la variation géométrique de la vitesse d'un point quelconque du corps rigide, on aboutit simplement au résultat suivant :

Soit OA le vecteur représentatif de ω et OH le vecteur représentatif de α.

L'accélération du point M est la résultante de l'accélération centripète qu'aurait ce point dans un mouvement circulaire uniforme autour de l'axe ω avec la vitesse ω, et de la *vitesse figurative* qu'aurait le point M s'il tournait autour de OI avec la *vitesse angulaire figurative* α.

La première composante est dirigée suivant la perpendiculaire MP à OA (MP $= \rho$) et est égale à $\omega^2\rho$, la seconde est perpendiculaire au plan OHM, et si σ désigne la distance du point M à OH, elle sera égale à $\alpha\sigma$.

Si p, q, r sont les composantes de ω suivant les axes, et si π, χ, ρ sont les composantes de l'accélération angulaire, on pourra calculer l'accélération du point M de coordonnées x, y, z; ce calcul, que le théorème des projections rend intuitif, nous donne pour les composantes de l'accélération γ d'entraînement du point M :

$$\gamma_x = \frac{p\,(px + qy + rz) - (p^3 + q^2 + r^2)\,x}{p^2 + q^2 + r^2} + \chi z - \rho y$$

$$\gamma_y = \frac{q\,(px + qy + rz) - (p^2 + q^2 + r^2)\,y}{p^2 + q^2 + r^2} + \rho x - \varpi z$$

$$\gamma_z = \frac{r\,(px + qy + rz) - (p^2 + q^2 + r^2)\,z}{p^2 + q^2 + r^2} + \varpi y - \chi x$$

Considérons maintenant n points matériels formant un système *isolé*, c'est-à-dire soumis dans un espace que nous regardons comme fixe à leurs actions mutuelles et à une pesanteur commune arbitraire; si F_{ij} désigne l'action mutuelle de deux masses m_i et m_j et si x_i, y_i, z_i désignent les coordonnées de la masse m_i dans un système de coordonnées arbitrairement choisi, dont le mouvement, par rapport à l'espace fixe, est défini par les quantités p, q, r, ϖ, χ, ρ, les équations du mouvement relatif seront, d'après le théorème de Coriolis et Ξ, H, Z désignant l'accélération due à la pesanteur commune

$$J_{ix} = 2m_i\left(q\,\frac{dz_i}{dt} - r\,\frac{dy_i}{dt}\right) + m_i\,\frac{d^2x_i}{dt^2} + m_i\,\gamma_{ix} = \Sigma_j\,F_{ij}\,\frac{x_i - x_j}{r_{ij}} + m_i\Xi$$

$$J_{iy} = 2m_i\left(r\,\frac{dx_i}{dt} - p\,\frac{dz_i}{dt}\right) + m_i\,\frac{d^2y_i}{dt^2} + m_i\,\gamma_{iy} = \Sigma_j\,F_{ij}\,\frac{y_i - y_j}{r_{ij}} + m_i H$$

$$J_{iz} = 2m_i\left(p\,\frac{dy_i}{dt} - q\,\frac{dx_i}{dt}\right) + m_i\,\frac{d^2z_i}{dt^2} + m_i\,\gamma_{iz} = \Sigma_j\,F_{ij}\,\frac{z_i - z_j}{r_{ij}} + m_i Z$$

en considérant un point particulier du système (x_o, y_o, z_o) de masse m_o, on éliminera les Ξ, H, Z et on aura les relations

$$m_i m_o (J_{ix} - J_{or}) = m_o \, \Sigma_j F_{ij} \frac{x_i - x_j}{r_{ij}} - m_i \, \Sigma_j F_{jo} \frac{x_o - x_{jo}}{r_{jo}}$$

et deux autres analogues.

Nous supposons les forces mutuelles *absolues* du système connues, on a alors $3\,(n-1)$, équations renfermant les trois inconnues p, q, r, car

$$\varpi = \frac{dp}{dt}$$

$$\chi = \frac{dq}{dt}$$

$$\rho = \frac{dr}{dt}$$

Si donc $n \geqq 2$, ces inconnues pourront être déterminées sous le bénéfice de $3n - 6$ équations de condition.

Observons d'ailleurs que les trois premières équations du système 10, pour pouvoir être résolues par rapport aux p, q, r, exigent que le déterminant :

$$(11) \quad \begin{vmatrix} A & -F & -E \\ -F & B & -D \\ -E & -D & C \end{vmatrix}$$

soit différent de zéro.

Or, ce déterminant est égal à :

$$-(AD^2 + DE^2 + CF^2 + 2DEF) + ABC$$

ou encore en posant :

$$g = \Sigma\, m_i\, x_i^2$$
$$h = \Sigma\, m_i\, y_i^2$$
$$k = \Sigma\, m_i\, z_i^2$$

égal à :

$$(g+h)(h+k)(k+g) - D^2(k+h) - E^2(k+g) - F^2(g+h) - 2\,D\,E\,F$$

qu'on peut encore écrire :

$$(11) \quad 2\,(ghk - DEF) + (hk - D^2)(h+k) + (kg - E^2)(k+g) + (gh - F^2)(g+h)$$

Chaque terme de cette somme est positif ou nul, car, par exemple l'on a :

$$hk - D^2 = \Sigma m_i\, y_i^2\, \Sigma m_j\, z_j^2 - \left[\Sigma m_k\, y_k z_k\right]^2 =$$
$$= \Sigma m_i\, m_j\, (x\, y_j - x_j y_i)^2$$

Les trois différences considérées $hk - D^2$, etc., ne seraient donc nulles que si les n points formaient une ligne droite avec leur centre de gravité.

On a donc

$$hk \geq D^2$$
$$kg \geq E^2$$
$$gh \geq F^2$$

et par suite aussi puisque g, h, k sont positifs

$$ghk \geq DEF$$

L'expression (11) est donc toujours positive à moins que les n corps ne soient en ligne droite avec l'origine des coordonnées.

Le plan invariable de Laplace.

Le vecteur (l, m, n) défini plus haut peut comme p, q, r être défini à chaque instant sans intégration; et il a une direction invariable. En astronomie le système de repères adopté pour les mouvements relatifs des planètes est aligné sur les étoiles, on peut regarder ce système comme fixe pendant une période relativement courte, mais en vertu des mouvements-propres des étoiles, les directions ainsi obtenues ne peuvent pas indiquer des directions absolues rigoureusement fixes dans la suite des siècles.

Laplace a défini élégamment la position du plan invariable en négligeant toutefois les mouvements de rotation des planètes sur elles-mêmes. (*Exposition du système du monde*, page 200).

— *Quelques remarques sur le principe de la conservation du mouvement du centre de gravité, et le principe de la conservation des aires; la chute du chat.*

Si dans un système *isolé*, dont la définition a déjà été donnée, le centre de gravité est au repos, il reste toujours en repos, en sorte que si un corps solide vient à se relâcher de ses liens rigides, puis à reprendre son ancienne forme, son centre de gravité aura la même situation qu'avant.

Cela résulte de ce que le mouvement d'un système isolé admet dans l'espace absolu les intégrales :

8

$$(12) \begin{cases} \Sigma_i\, m_i \dfrac{dx_i}{dt} = H = \text{Constante} \\[2mm] \Sigma_i\, m_i \dfrac{dy_i}{dt} = K = \text{Constante} \\[2mm] \Sigma_i\, m_i \dfrac{dz_i}{dt} = L = \text{Constante} \end{cases}$$

Les constantes sont nulles, si le système part du repos, mais alors dans ce cas on a

$$\text{en coordonnées absolues} \begin{cases} \Sigma m_i\, x_i = H' = \text{Const}^e \\ \Sigma m_i\, y = K' = \text{Const}^e \\ \Sigma m_i\, z_i = L' = \text{Const}^e \end{cases}$$

Ainsi un corps isolé d'abord immobile, peut se déformer sous l'action de forces intérieures mutuelles, *mais qu'il recouvre ou non son ancienne forme, son centre de gravité* demeure toujours immobile.

On peut comparer aux équations (12) les équations qui expriment le principe des aires dans un espace absolu, savoir :

$$\Sigma m_i \left(x_i \frac{dy_i}{dt} - y_i \frac{dx_i}{dt} \right) = C'' = \text{Constante}$$

$$\Sigma m_i \left(y_i \frac{dz_i}{dt} - z_i \frac{dy_i}{dt} \right) = C = \text{Constante}$$

$$\Sigma m_i \left(z_i \frac{dx_i}{dt} - x_i \frac{dz_i}{dt} \right) = C' = \text{Constante}$$

Les équations analogues ont lieu par rapport *à des axes fixes* ou du moins par rapport à des axes qui définissent l'espace E où le système est isolé, sans pesanteur commune à tous ses points; si le système est isolé, avec pesanteur commune à tous ses points on a vu plus haut que les équations sont encore valables dans le mouvement autour du centre de gravité.

Les quantités C, C', C″ sont toujours les projections d'un vecteur, fixe dans l'espace E.

Avant d'envisager comme pour le mouvement du centre de gravité le cas où les constantes C, C', C″ seraient nulles, observons que le corps supposé rigide ne peut avoir par rapport à son centre de gravité qu'un mouvement de rotation; alors si I est le moment d'inertie du corps par rapport à cet axe, on voit par la composition des aires, justifiée plus haut, que le vecteur (C, C', C″) est égal à

$$I\omega$$

ω désignant la vitesse de rotation actuelle du corps rigide, *mais il ne faut pas croire que le corps va constamment tourner autour d'un axe de direction invariable*, cherchons les conditions nécessaires pour qu'il en soit ainsi. On peut les obtenir par la considération de l'équilibre de d'Alembert. Dans le mouvement autour de son centre de gravité, d'un solide qui n'est soumis à aucune force extérieure dans l'espace E, nous savons par le principe de d'Alembert que les forces d'inertie relatives à cet espace E doivent se faire équilibre, or dans le mouvement d'un solide autour d'un point fixe, l'accélération d'un point se compose de l'accélération centripète due à la rotation ω autour de l'axe actuel et de l'accélération représentée par la vitesse figurative du point due à une rotation figurative égale à l'accélération angulaire α.

Nous devons exprimer l'équilibre autour du point O de toutes les forces d'inertie.

Nous avons déjà donné les conditions de cet équilibre en coordonnées cartésiennes, mais sans développer ces conditions, on voit que si les forces d'inertie dues à la force centrifuge née de la rotation ω, sont déjà en équilibre, les forces d'inertie dues à l'accélération angulaire devront être aussi en équilibre, mais d'après la composition des *moments* ou des *aires* justifiée plus haut (p. 103), celles-ci donnent lieu à un moment représenté par un vecteur dirigé suivant l'accélération angulaire et égale au produit de cette accélération multipliée par le moment d'inertie du corps par rapport à cet axe, ce dernier moment d'inertie étant différent de zéro (hormis le cas où le corps se réduisait à une droite dirigée suivant l'accélération angulaire), le second équilibre partiel, conséquence du premier équilibre partiel, exige donc que l'accélération angulaire soit nulle et réciproquement. Ainsi la condition nécessaire et suffisante pour que la rotation ω passant par le centre de gravité du corps solide persévère indéfiniment autour du même axe est que les forces centrifuges dues à cette rotation se fassent équilibre sur le centre de gravité du corps.

Ces conditions s'expriment simplement, car, d'après un calcul déjà utilisé plus haut, on a, pour les composantes X, Y, Z de la force centrifuge de la masse m,

$$\omega^2 X = m \left[(p^2 + q^2 + r^2) x - p (px + qy + rz) \right]$$
$$\omega^2 Y = m \left[(p^2 + q^2 + r^2) y - q (px + qy + rz) \right]$$
$$\omega^2 Z = m \left[(p^2 + q^2 + r^2) z - r (px + qy + rz) \right]$$
$$\omega^2 = p^2 + q^2 + r^2$$

$p,\ q,\ r$ désignant les projections de ω sur les axes, les conditions d'équilibre des forces X, Y, Z autour de l'origine sont :

$$\Sigma\,(Y\dot{x} - X\dot{y}) = 0$$
$$\Sigma\,(Z\dot{y} - Y\dot{z}) = 0$$
$$\Sigma\,(X\dot{z} - Z\dot{x}) = 0$$

c'est-à-dire, d'après les précédentes valeurs de X, Y, Z,

$$\Sigma m\,(px + qy + rz)\,(py - qx) = 0$$
$$\Sigma m\,(px + qy + rz)\,(qz - ry) = 0$$
$$\Sigma m\,(px + qy + rz)\,(rx - pz) = 0$$

Ces conditions se réduisent d'ailleurs à deux, car si l'on ajoute ces équations membre à membre, après les avoir multipliées respectivement par r, p, q, on obtient une identité, car

$$r\,(py - qx) + p\,(qz - ry) + q\,(rx - pz) = 0$$

si la rotation ω est prise comme axe des z, $p = o$, $q = o$, $r = \omega$, et les conditions précédentes se réduisent à

$$0 = 0$$
$$\Sigma myz = 0$$
$$\Sigma mzx = 0$$

L'étude de la distribution des moments d'inertie montre que l'on peut toujours satisfaire à ces équations pour trois droites rectangulaires passant par le centre de gravité. On donne à ces droites un nom qui rappelle la propriété qu'on vient de démontrer : on les appelle des *axes permanents de rotation*.

Lorsque le corps solide isolé dans l'espace E est au repos autour de son centre de gravité, il garde une orientation invariable par rapport à l'espace E. Il est essentiel d'observer que le raisonnement ci-dessus s'applique à un corps solide capable d'un mouvement continu. Mais il ne s'applique nullement à un corps qui, après déformations, reviendrait à sa première forme ; tout ce que le principe des aires permet d'affirmer, c'est que lorsqu'un corps isolé, d'abord au repos, a repris sa première forme solide après s'être déformé, il n'aura aucune vitesse de rotation par rapport à son centre de gravité, *mais on commettrait une erreur grave en affirmant que malgré sa déformation, le corps doit reprendre finalement la même orientation par rapport à l'espace E où il est isolé.*

Voici un exemple très simple que j'emprunte à M. Appell où va se produire un changement d'orientation, malgré le retour du système à sa première forme. Imaginons un système idéal pesant contenu dans un cylindre homogène qui peut se mouvoir *sans frottement* sur un plan horizontal.

Comme la réaction du plan est supposée normale commune au plan et au cylindre, elle passe par le centre de gravité du cylindre ; nous allons placer maintenant dans le cylindre quatre hommes, dont deux ont la masse m et deux la masse μ, et leur donner des mouvements par rapport au cylindre qui laisseront à chaque instant le centre de gravité du système total en coïncidence avec le centre de gravité du cylindre, O.

Le principe de la conservation des aires autour du point O sera alors applicable à ce système particulier.

Les hommes placés dans le cylindre ne pourront se déplacer qu'en prenant un point d'appui dans le cylindre, *et il n'y a là que des forces intérieures mutuelles ;* quant à la pesanteur, elle est commune à toutes les masses du système. Nous aurions donc là un système isolé si nous n'avions pas la *réaction* du plan sur le cylindre.

Notre système n'est donc pas immédiatement assimilable à un système de points libres soumis à des forces mutuelles, LOCALISÉES sur des masses définies du système, comme nous l'avons supposé plus haut ; mais si l'on se reporte aux explications données à propos du principe de d'Alembert, on voit que l'équilibre de d'Alembert a lieu pour le système où la réaction R serait supposée localisée en un point de contact actuel du cylindre.

Or, si on regarde le corps rigide comme équivalent à un système de points libres, sauf à introduire des réactions intérieures, nous devons exprimer l'équilibre de cet ensemble de points libres, mais *l'équilibre devant subsister lors de la rigidification actuelle* du système total d'après le théorème du travail virtuel, on voit que les forces d'inertie doivent se faire équilibre sur le système total rigidifié. Or, en prenant le moment par rapport au centre de gravité on élimine la réaction du plan et on retrouve le principe des aires comme pour des systèmes de points libres soumis à des forces mutuelles.

Cette remarque faite, réglons les déplacements des quatre hommes conformément aux quatre phases suivantes :

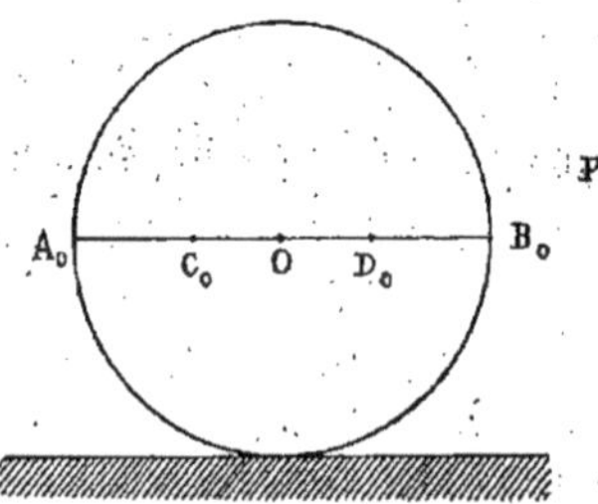

État initial ou position P_0, les deux hommes de masse m sont en A_0 et B_0 sur une même droite, aux extrémités d'un même diamètre d'une section droite centrale ; les deux hommes

de masse μ sont sur le même diamètre en deux points C
et D symétriques par rapport à O.

Première phase : passage de la position P_0 à la position P_1.

Les hommes de masse m marchent avec une même vitesse
sur le cylindre, qui peut être supposé une roue à échelons,

de quantités égales dans
le sens d'une même ro-
tation figurée par la
flèche pleine jusqu'à ce
qu'ils se trouvent sur
une perpendiculaire à
$C_0 D_0$, le cylindre tourne
alors d'une quantité α
vers la gauche.

Deuxième phase :

Les hommes de masse
μ se déplacent de quan-
tités égales en même
temps et se réunissent
au centre : la roue ne
bouge pas, mais le mo-
ment d'inertie par rap-
port à l'axe du cylindre
diminue.

Troisième phase :
passage de P_2 à P_3.

Les deux premiers
hommes reviennent à

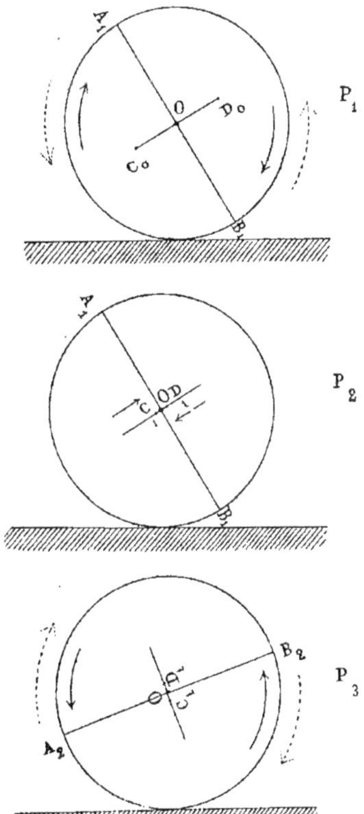

leurs positions primitives A_2, B_2, sur la roue ; celle-ci tourne en sens contraire de sa rotation primitive d'un angle β différent de α, puis s'arrête en même temps que les hommes.

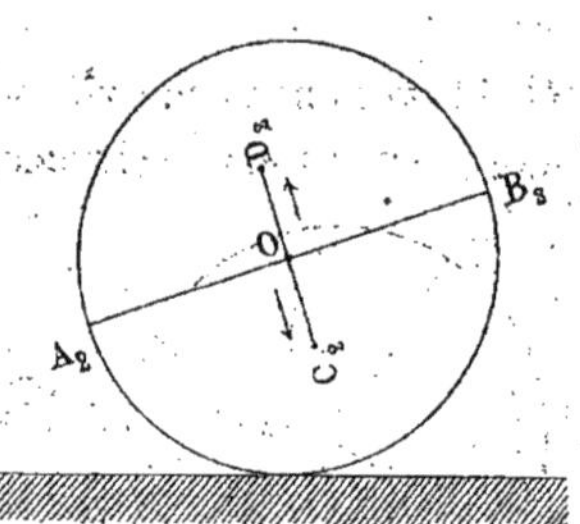

Quatrième phase :

Les hommes de masse μ quittent de nouveau le centre et reviennent à leur position relative primitive; le système a repris sa configuration primitive, la roue ne tourne pas.

Calculons l'angle $\beta - \alpha$ dont la roue a tourné finalement.

Appliquons le théorème des aires pendant la première phase et pendant la troisième phase.

Soit I le moment d'inertie de la roue sans les hommes.

Soient $OA_0 = a$ $OC_0 = b$

le théorème des aires donne pendant la première phase

$$2\, ma^2 \left(\frac{\pi}{2} - \alpha\right) - [1 + 2\,\mu\, b^2]\, \alpha = 0$$

et pendant la troisième phase

$$2\, ma^2 \left(\frac{\pi}{2} - \beta\right) - I\, \beta = 0$$

on tire de là :

$$\alpha = \frac{2\, ma^2}{I + 2\,\mu\, b^2 + 2\, ma^2}\; \frac{\pi}{2}$$

$$\beta = \frac{2\, ma^2}{I + 2\, ma^2}\; \frac{\pi}{2}$$

$$\beta - \alpha = \frac{2\, ma^2 .\, 2\,\mu\, b^2}{(I + 2\, ma^2)\,(I + 2\, ma^2 + \mu\, b^2)}\; \frac{\pi}{2}$$

ce qui montre que la roue a bien tourné d'un angle $\beta - \alpha$ non nul.

Dans les dessins figurés on a supposé un roulement pour mieux représenter les phases du mouvement, mais il est clair qu'en l'absence de frottement ce roulement ne peut se produire.

On voit donc que les conséquences à tirer du théorème des aires ne sont pas tout à fait comparables à celles que l'on a déduites de la conservation du mouvement du centre de gravité.

Un animal *isolé* et *sans appui* ne peut modifier, d'aucune manière, par ses mouvements volontaires le mouvement de son centre de gravité, mais un animal isolé peut par des déformations temporaires convenables réaliser des déplacements qui produisent, quand il revient à sa configuration primitive, un changement final d'orientation de son corps sans lui faire acquérir pour cela une vitesse de rotation lors de la solidification.

C'est ce qui arrive précisément dans la chute d'un chat abandonné sans vitesse (par la rupture d'un fil) et qui parvient, par des mouvements que M. Marey a photographiés, à retomber sur ses pattes, ayant ainsi produit dans l'orientation finale de son propre corps un changement équivalent à un demi-tour, bien que le demi-tour n'ait pas été exécuté par un corps de forme invariable.

— *Remarques sur les forces intérieures que peut développer un animal.*

Il y a deux ans, la chute du chat donna lieu à d'intéressantes remarques à l'Académie des sciences ; vers cette époque, je causais du phénomène avec un philosophe tout disposé à croire que les expériences de M. Marey allaient donner un démenti aux lois de la mécanique, et ce philosophe avec humeur affirmait : « *Comme si les lois de la mécanique pouvaient être valables pour les êtres vivants! Est-ce que je ne puis pas produire de la force à volonté?* » L'objection ne porte aucune atteinte au principe des aires, mais bien qu'impuissante à cet égard, elle se rapporte à des préoccupations très légitimes.

Qu'il s'agisse de la chute du chat ou des manœuvres exécutées sur la roue de M. Appell, nous avons admis que les efforts provoqués par l'être vivant ne peuvent constituer que des forces mutuelles, soit entre les diverses parties de l'animal, soit entre quelques-unes de ces parties et les appuis. Rappelons la signification dynamique de cette manière de parler.

Quand une force F (dont un fil tendu est pour nous l'image) agit sur un point matériel de masse m qui aurait pour accélération naturelle dans un certain milieu, J_a, ce point va éprouver une variation brusque d'accélération, et si j_e est l'accélération du point, on a, nous l'avons vu,

$$F = m (j_e - J_c)$$

le temps étant mesuré à l'horloge absolue.

Considérons un système de points M de masse m, nous supposerons que ce système soit soumis à des actions mutuelles analogues aux tensions de fils ou de barres de masses négligeables, de manière qu'une masse m_i recevra des autres masses m_j une action dont les composantes seront

$$F_{iu} = \Sigma_i F_{ik} \frac{u_i - u_k}{r_{ik}} \qquad (u = x, y, z) \qquad r_{ij} = \sqrt{(x_i - x_k)^2 + (y_i - y_k)^2 + (z_i - z_k)^2}$$

Soit J_i l'accélération *naturelle* et j_i l'accélération réelle, on aura

$$\Sigma_k\ F_{ik} = m_i\ (j_i - J_i)$$

d'où

$$\text{(E)} \qquad m_i j_i = m_i J_i + \Sigma_k\ F_{ik}$$

Si on pose alors $m J_i = \Phi_i = $ force extérieure,

En raisonnant comme plus haut on verra que l'on aura comme conséquence de l'équation vectorielle (E) le théorème des moments exprimé par les équations :

$$\frac{d}{dt} \Sigma_i\ m_i \left(x_i \frac{dy_i}{dt} - y_i \frac{dx_i}{dt} \right) = \text{moments des forces } \Phi_i,$$

par rapport à l'axe de z et deux autres équations de même forme. Les forces F_{ik} ont disparu.

Si le système S des masses M_i est associé à un système à liaisons S_o en certains points duquel les systèmes S et le système S_o éprouvent des actions mutuelles, il peut arriver que certaines de ces actions mutuelles ne soient pas localisées en des masses définies des systèmes S et S_o, tel est le cas des réactions de deux solides en contact; mais cette circonstance n'empêche pas le principe des aires de s'appliquer, comme on le voit en appliquant le principe de d'Alembert au solide qui est en contact avec certaines parties de l'animal.

Parmi les conditions qui expriment l'équilibre du solide regardé comme libre, puisqu'on tient compte des réactions, se trouve le théorème des moments; on trouve ainsi en prenant les moments par rapport à un axe arbitraire oz une équation analogue à l'équation des moments dont le premier membre se rapporte au corps solide, en contact avec

l'être vivant, par exemple la roue de M. Appell, et dont le
second membre contient les moments des réactions exercées sur le solide. En ajoutant l'équation obtenue membre
à membre avec l'équation des moments on obtient un premier membre

$$\frac{d}{dt} \Sigma m_i \left(x_i \frac{dy_i}{dt} - y_i \frac{dx_i}{dt} \right)$$

où la somme Σ doit être étendue à toutes les masses du
système (être vivant et solide en contact), et au second
membre, où ne figurent que les moments des forces extérieures au système, si l'on convient d'appeler force d'un
point la masse d'un point par son accélération naturelle;
les moments des forces mutuelles ont disparu.

L'emploi du postulat de d'Alembert pour le corps solide
a cet avantage que l'on n'a plus besoin de regarder le
corps solide dans chacun de ses équilibres comme équivalent à un ensemble de points libres soumis à des forces
mutuelles.

La manière de faire, adoptée plus haut, a l'inconvénient
de mettre en jeu les réactions intérieures du solide,
réactions dont on ignore encore les déterminations avant
d'aborder la théorie de l'élasticité.

Ainsi, pour en revenir aux préoccupations de notre philosophe, on peut dire qu'un animal a le pouvoir de produire
de la force en utilisant des points d'appui sur un système
extérieur, ou même en utilisant les points d'appui réciproques que se prêtent les diverses parties de son corps
les unes par rapport aux autres, *mais ces forces produites
sont mutuelles,* la mécanique n'affirme à leur égard rien de
plus, rien de moins.

Plaçons-nous désormais dans cet espace absolu défini à un mouvement de translation uniforme près. On suppose généralement que la force absolue, c'est-à-dire le produit de la masse par l'accélération naturelle *absolue*, est une fonction de la position du corps et d'autres éléments physiques actuellement définissables. On dit qu'un système de masses ou de points matériels comporte une fonction des forces U, si x_i, y_i, z_i désignant les coordonnées cartésiennes et X_i, Y_i, Z_i désignant les composantes de la force absolue, on a :

$$X_i = \frac{dU}{dx_i}$$

$$Y_i = \frac{dU}{dy_i}$$

$$Z_i = \frac{dU}{dz_i}$$

si la fonction U *est une fonction bien définie* dans tout l'espace, le travail des forces relatif à un déplacement virtuel fini quelconque du système jouit de la remarquable propriété *d'être indépendant des étapes* qui ont réalisé ce déplacement, il ne dépend que de la position initiale et de la position finale du système ; en effet, le travail élémentaire relatif à un déplacement virtuel quelconque est, en désignant par dx_i, dy_i, dz_i les projections du déplacement de la masse m_i :

$$X_i\, dx_i + Y_i\, dy_i + Z_i\, dz_i$$

ou, d'après les valeurs de X_i, Y_i, Z_i,

$$\frac{dU}{dx} dx_i + \frac{dU}{dy_i} dy_i + \frac{dU}{dz_i} dz_i$$

la somme de ces travaux relatifs à un déplacement infiniment petit du système sera :

$$\Sigma \; \frac{dU}{dx} \, dx_i + \frac{dU}{dy_i} \, dy_i + \frac{dU}{dz_i} \, dz_i$$

et le travail correspondant au déplacement fini sera l'intégrale :

$$\int \Sigma \left(\frac{dU}{dx_i} \, dx_i + \frac{dU}{dy_i} \, dy_i + \frac{dU}{dz_i} \, dz_i \right) = U_1 - U_0$$

U_1 et U_0 désignant les valeurs de la fonction U qui correspondent à la première et à la deuxième positions du système ; d'autre part, les équations du mouvement absolu sont, par la définition même de la force absolue :

$$m_i \frac{d^2 x_i}{dt^2} = X_i$$

$$m_i \frac{d^2 y_i}{dt^2} = Y_i$$

$$m_i \frac{d^2 z_i}{dt^2} = Z_i$$

on tire de là

$$dt \, m_i \left(\frac{dx_i}{dt} \frac{d^2 x_i}{dt^2} + \frac{dy_i}{dt} \frac{d^2 y_i}{dt^2} + \frac{dz_i}{dt} \frac{d^2 z_i}{dt^2} \right) = X_i \, dx_i + Y_i \, dy_i + Z_i \, dz_i$$

ou encore

$$m_i \left(\frac{dx_i}{dt} \, d. \, \frac{dx_i}{dt} + \frac{dy_i}{dt} \, d. \, \frac{dy_i}{dt} + \frac{dz_i}{dt} \, d. \, \frac{dz_i}{dt} \right) = X_i \, dx_i + Y_i \, dy_i + Z_i \, dz_i$$

ou encore en désignant par v_i la vitesse du point :

$$\sqrt{\left(\frac{dx_i}{dt}\right)^2 + \left(\frac{dy_i}{dt}\right)^2 + \left(\frac{dz_i}{dt}\right)^2}$$

$$d\left(\tfrac{1}{2} m_i v_i^2\right) = X_i\, dx_i + Y_i\, dy + Z_i\, dz_i$$

d'où, en ajoutant membre à membre ces équations :

$$d\,\tfrac{1}{2} \Sigma\, m_i v_i^2 = \Sigma\, (X_i\, dx_i + Y_i\, dy_i + Z_i\, dz_i)$$

c'est-à-dire, dans l'hypothèse d'une fonction des forces U :

$$d\,\tfrac{1}{2} \Sigma\, m_i v_i^2 = dU$$

équation dont l'intégration est immédiate, les équations du mouvement du système admettent donc l'*intégrale*.

$$\tfrac{1}{2} \Sigma\, m_i v_i^2 = U + h \qquad\qquad h \text{ désignant une constante}$$

c'est l'intégrale dite des forces vives.

Le théorème de d'Alembert montre que lorsque les points matériels ne sont plus libres, et qu'il existe une fonction des forces naturelles absolues, le théorème précédent subsiste *pourvu que les liaisons soient indépendantes du temps*, la démonstration n'offre aucune difficulté et je crois superflu de la reproduire ici.

L'intégrale des forces vives fournit un critérium remarquable sur la stabilité de l'équilibre.

— Lorsqu'un système à liaisons réversibles et indépendantes du temps est en équilibre sous l'action de forces qui dérivent, soit naturellement, soit en vertu des liaisons, d'une fonction des forces U, et si l'on désigne par $q_1\, q_2\ldots q_k$ les variables indépendantes qui définissent à chaque instant la position du système, les valeurs de ces variables

La stabilité.
Théorèmes de
Lagrange et de
M. Liapounof.

envisagées en une position d'équilibre du système vérifient les équations :

$$\left\{ \begin{array}{l} \dfrac{dU}{dq_1} = 0 \\[2mm] \dfrac{dU}{dq_2} = 0 \\[2mm] \cdots\cdots \\ \cdots\cdots \\ \dfrac{dU}{dq_k} = 0 \end{array} \right.$$

En effet, le travail virtuel correspondant à un déplacement infiniment petit du système, est dans l'hypothèse de l'existence d'une fonction des forces U :

$$\delta U = \frac{dU}{dq_1}\,\delta q_1 + \frac{dU}{dq_2}\,\delta q_2 \cdots + \frac{dU}{dq_k}\,\delta q_k$$

S'il y a équilibre, cette somme doit, d'après le principe du travail virtuel, être nulle quelles que soient les δq, ce qui ne peut avoir lieu que si

$$\frac{dU}{dq_1} = 0 \quad \frac{dU}{dq_2} = 0 \ldots \frac{dU}{dq_k} = 0$$

Ces conditions seraient en particulier remplies si la fonction U se trouvait maxima ou minima.

La distinction des deux cas est essentielle, on va le voir, pour la stabilité.

On dit que des forces fonctions des paramètres q sont en équilibre stable sur le système à liaisons fixes considérées lorsque chacune des masses m_i étant supposée écartée *suffisamment peu* de sa position d'équilibre M_i°, et abandonnée là avec une vitesse initiale *suffisamment petite*, l'écart du point à sa position d'équilibre et sa vitesse resteront toujours en valeur absolue inférieurs à des limites assignables.

Si pour une position donnée du système la fonction U est maxima, l'équilibre sera stable.

Tel est le théorème de Lagrange dont Lejeune-Dirichlet a donné une démonstration rigoureuse que nous reproduisons.

Soient $q_1^o\, q_2^o\, q_k^o$ les valeurs des q lors du maximum de U posons

$$q_1 = q_1^o + \lambda_1$$
$$q_2 = q_2^o + \lambda_2$$
$$\dots\dots\dots\dots\dots$$
$$q_k = q_k^o + \lambda_k$$

la fonction U devient une fonction des $\lambda_1,\ \lambda_2,\dots\ \lambda_k$, $U\,(\lambda_1,\ \lambda_2,\dots\ \lambda_k)$ qui est maxima pour les valeurs nulles des variables λ; la différence

$$U\,(\lambda_1,\ \lambda_2,\dots\ \lambda_k) - U\,(o,\ o,\dots\ o)$$

est donc négative, lorsque les λ d'ailleurs suffisamment petits en valeur absolue ne sont pas tous nuls : telle est la définition même du maximum d'une fonction qui va nous servir.

Désignons par ρ une petite quantité, et considérons l'ensemble des valeurs absolues des λ dont aucune ne dépasse ρ, mais dont l'une au moins atteint ρ; pour toutes ces valeurs les différences

$$U\,(o,\ o,\dots\ o) - U\,(\lambda_1,\dots\ \lambda_k) \qquad \text{sont positives.}$$

soit ε leur minimum nécessairement différent de zéro et positif. D'autre part soient $\lambda_1^o\,\lambda_2^o\dots\,\lambda_k^o$ des valeurs des λ assez petites en valeur absolue pour que l'on ait

$$U(o, o \ldots o) - U(\lambda_1^0 \lambda_2^0 \ldots \lambda_k^0) < \frac{\varepsilon}{2}$$

Plaçons le système dans la position définie par les valeurs $\lambda_1^0 \ldots \lambda_k^0$ et abandonnons-le en donnant à chaque masse m une vitesse v_i^0 assez petite pour que l'on ait

$$\tfrac{1}{2} \Sigma m_i v_i^{0\,2} < \frac{\varepsilon}{2}$$

Je dis que dans le mouvement naturel du système ainsi abandonné aucune valeur absolue des λ ne dépassera ρ.

En effet, les variations étant continues, s'il en était ainsi à un moment donné, il y aurait eu un moment antérieur où quelques λ atteindraient la valeur ρ sans que les autres l'eussent dépassée; voyons ce que nous donne l'intégrale des forces vives appliquée à ce moment; nous pourrons l'écrire

$$\tfrac{1}{2} \Sigma m_i v_i^2 = \left[U(\lambda_1, \ldots \lambda_k) - U(o, \ldots o) \right]$$
$$+ \left[U_2(o, \ldots o) - U(\lambda_1^0, \lambda_2^0) \right]$$
$$+ \tfrac{1}{2} \Sigma m_i v_i^{0\,2}$$

Le second membre de cette égalité est formé de 3 crochets dont les deux derniers sont positifs mais moindres que $\frac{\varepsilon}{2}$, et dont le premier est négatif, mais en valeur absolue supérieur à ε, le second membre serait donc négatif; ce qui est absurde puisque le premier membre est essentiellement positif, il est donc impossible dans ces conditions qu'aucun λ atteigne la valeur ρ.

Théorème de
M. Liapounof. Récemment un géomètre russe a démontré, pour la première fois, la réciproque de cette proposition et fait voir que

lorsqu'il existe une fonction des forces, la stabilité de l'équilibre exige que cette fonction soit maxima. M. Hadamard a retrouvé de son côté le même théorème que nous nous contenterons ici d'énoncer.

On se rappelle que dans les systèmes à liaisons, le *renforcement* des liaisons renforce l'équilibre.

Lorsqu'il existe une fonction des forces le renforcement des liaisons renforce aussi la stabilité. C'est ce que montre le théorème de M. Liapounof.

Conséquences du théorème de M. Liapounof.

Il est naturel de se demander si ce renforcement de la stabilité, par le renforcement des liaisons subsiste sans l'hypothèse de l'existence d'une fonction des forces. S'il en était ainsi en toute généralité deux points libres placés en deux positions d'équilibre stable, seraient en équilibre stable quand on viendrait à les réunir par une barre rigide de longueur invariable.

La propriété précédente ne subsiste plus en l'absence d'une fonction des forces.

Cette propriété ayant lieu, quelle que soit la longueur de la barre, on pourrait conclure que si deux forces, fonctions de point, laissent un même point en une même position d'équilibre stable, leur résultante jouirait de la même propriété. Or cette proposition est fausse, comme je le montre dans une des notes placées à la fin de ce volume.

V

RÉSUMÉ

Deux Écoles en Mécanique.

Il n'y a, parmi les mécaniciens, aucune discussion sur la manière dont les principes généraux de la mécanique doivent être compris et appliqués, mais il y a diverses manières d'apprécier la signification philosophique des concepts fondamentaux de la science.

Pour certains esprits, la mécanique est une métaphysique, la dernière qui subsiste, mais impérieuse et inflexible ; pour d'autres, elle est une intuition directe de l'économie générale de la nature ; pour quelques-uns, elle est nécessité de notre entendement ; pour d'autres, elle est le fruit d'expériences très générales ; enfin, presque pour tous, elle est le schème obligé des théories physiques.

Force et *matière* sont des vocables qui exercent une fascination irrésistible sur les esprits disposés à refaire le monde avec des mots. Les mêmes mots, d'ailleurs, reviennent sans cesse sur la bouche de ceux qui aiment mieux agir sur la nature que discourir élégamment sur elle.

Ces mots expriment aussi bien la préoccupation du chercheur que la vanité des explications puériles et purement verbales, et cela suffit pour expliquer l'intérêt que présente encore l'analyse des idées si variables qui courent sous ces mots.

Qu'est-ce qu'une force ?

Posez la question à un professeur de mécanique rationnelle, il vous répondra : « C'est une cause de mouvement. » Et il ajoutera même, s'il est surtout analyste : « C'est une fonction de point qui me sert parfois à prédire le mouvement, comme en astronomie, où cela a merveilleusement réussi. »

Posez la même question à un ingénieur, il répondra : « La force, c'est ce qui fatigue des *liens* déterminés, ce qui les tend, ce qui peut les rompre ; c'est aussi la fatigue de mon bras, laquelle peut résulter soit d'un équilibre auquel mon bras participe, soit de la modification de mouvement qu'il produit sur une quantité de matière déterminée. »

La préférence accordée à l'un ou à l'autre de ces deux points de vue caractérise l'une ou l'autre des deux écoles de la Mécanique.

Sans doute, la mécanique n'existe que par le rapprochement des deux points de vue, mais l'une ou l'autre école subordonne l'un des points de vue à l'autre.

La comparaison des deux écoles est intéressante, elle invite à mieux comprendre la portée des méthodes de la science, leur puissance et leurs limites.

L'École classique. — Pour bien comprendre le point de vue de l'école classique, il importe de se rappeler que les fondateurs de la mécanique furent aussi les fondateurs de l'astronomie, et que, contrairement à l'opinion du bon La Fontaine, la mécanique céleste est infiniment plus simple que la mécanique terrestre.

Galilée créa la notion d'*accélération*, dont le rôle cinématique devait être si utile à l'astronomie ; rappelons brièvement l'importance de ce rôle.

Après que Képler eut découvert la première et considérable approximation des mouvements intérieurs du système planétaire, ou le mouvement elliptique, la détermination par Newton de l'accélération dans ce mouvement constituait un beau théorème de géométrie, mais n'apportait aucun élément nouveau au problème physique dont Képler venait de donner une première solution.

Au contraire, le jour où Newton transporta audacieusement dans le ciel le postulat de l'égalité de l'action et de la réaction, la divination de *l'attraction réciproque* des corps du système donna immédiatement le moyen de corriger, de compléter l'approximation de Képler.

Un fait digne de remarque, et trop peu remarqué, accompagnait la mémorable découverte de Newton, je veux parler de l'abandon du système de coordonnées de Copernic, si utile à son heure, et de la consécration de ce système de repères implicitement adopté aujourd'hui sous le nom d'espace absolu.

Le système de coordonnées de la mécanique céleste a pour origine le centre de gravité du système planétaire ; et, de plus, l'orientation absolue de ce système pourrait être déduite de l'observation des seuls mouvements relatifs du système par une méthode *analogue* à celle dont on fait usage pour la détermination du plan invariable.

La mécanique céleste rattache ainsi à l'horloge absolue, que ses principes réclament, la détermination de directions absolues.

L'accord des tables astronomiques et des observations

signifie que dans cet *espace invariable* l'accélération de chaque planète et du soleil est efficacement prédite par la loi de Newton.

La mécanique eut ainsi, à ses débuts, un système du monde à expliquer, et le succès de ce premier essai explique aussi tout naturellement le point de vue préféré de l'école classique.

Sous ce point de vue la force est, avant tout, cause de mouvement ; la force zéro est caractérisée dans l'espace absolu, par l'absence d'accélération, c'est-à-dire par le mouvement rectiligne et uniforme, comme le veut le principe de l'inertie.

Il est essentiel de remarquer que la composition des forces en astronomie s'effectue *dans le cerveau du géomètre* et nulle part ailleurs ; car, bien que la découverte de l'attraction réciproque soit née de préoccupations dynamiques, l'attraction ne joue, en somme, pour l'astronome, qu'un rôle purement cinématique ; la *masse* est ici un simple coefficient constant qui intervient dans une prédiction efficace du mouvement.

Il est vrai que la force est *satisfaite,* puisque dans cette manière de parler, elle *produit* le mouvement ; mais cette satisfaction n'est qu'une image.

En astronomie, le mot force n'ajoute rien au point de vue cinématique, il retrace un souvenir intéressant de l'histoire de la science, mais il est étranger à un problème qui reste un problème *cinématique,* tant qu'on ne veut pas se préoccuper du *milieu physique* où se produisent les mouvements.

L'astronome ne s'intéresse d'ailleurs qu'au point de vue cinématique.

L'École du fil, ou École des liaisons. — Lagrange et Reech.
— Le point de vue dominant est ici la considération de
certains systèmes matériels de masse négligeable, ayant
aussi une ou deux dimensions négligeables, envisagés dans
un état particulier, *état de tension*, et capables de *transmettre
des efforts considérables* à d'autres corps éloignés.

Le type idéal d'une *machine* de ce genre est un *fil*, fil
parfaitement flexible et très légèrement extensible.

C'est là l'image, *le modèle* de l'idée de force, dans la
seconde école.

Certains esprits méprisent cette idée vulgaire de la force,
comme ils méprisent d'ailleurs la notion de l'effort musculaire.

Ce mépris ne me paraît pas justifié, car seule, la notion
vulgaire de la force est la notion féconde ; la mécanique,
avouons-le hautement, est essentiellement *anthropomor-
phique*.

Dans l'ordre d'idées que je résume en ce moment, un fil
a, dans un état physique déterminé, une certaine longueur normale dont la variation proportionnelle peut servir
à définir *la tension* par une graduation expérimentale.

On dira qu'un fil F possède une tension simple, double,
triple, etc., si cette tension prolongée et se répartissant
soit sur un, soit sur deux, trois fils *f unités* communique
à chacun de ceux-ci un même allongement proportionnel
déterminé.

C'est là une image, qui n'a de signification précise que
dans la mesure où est tolérable l'approximation qui néglige
la masse du fil et le regarde comme indifférent à tous les
mouvements *latéraux*.

Cette image traduit alors un fait réel, la composition des

forces, car les tensions de plusieurs fils tirant un même corps sont individuellement observables.

La seconde école envisage la réalité comme suffisamment exprimée par la superposition de ces trois abstractions envisagées d'abord séparément :

La force, la masse, les liaisons.

Au premier abord, l'école classique semble avoir l'avantage de la simplicité, puisque les deux premières abstractions lui suffisent, mais en revanche elle invoque le principe de l'inertie et surtout lui donne une allure beaucoup plus métaphysique qu'il n'est besoin.

L'école classique, en subordonnant la notion de force au mouvement, la fait dépendre des repères du mouvement : le système de coordonnées et l'horloge.

Or, la mécanique des liaisons et des forces intérieures est, dans une très large mesure, indépendante de ces repères.

Voici comment se présente la dynamique dans l'école du fil :

Supposons qu'une force vienne à agir sur un mobile à partir d'un instant donné, on peut distinguer dans le mouvement de ce point :

1° Le mouvement pendant une durée infiniment petite précédant l'instant actuel ;

2° Le mouvement pendant une durée infiniment petite immédiatement postérieure à l'instant actuel.

La considération du premier mouvement donne lieu à une accélération *finissante* représentée en grandeur, direction et sens par le vecteur j ; le second mouvement comporte une accélération *commençante* représentée par le vecteur J.

Nous admettons avec Reech comme fondement de la dynamique que la force qui a produit *cette variation brusque d'accélération* sur une masse donnée est proportionnelle au vecteur qui représente *la variation géométrique* J — *j*.

Il résulte du théorème de Coriolis sur l'accélération dans les mouvements relatifs que si les accélérations J et *j* dépendent du système de coordonnées adopté, la variation J — *j* n'en dépend plus.

C'est là un grand avantage de la conception de Reech.

J'ajoute que cette même conception atténue encore le rôle de l'horloge, car soient Γ et γ ce que deviennent les accélérations J et *j*, lorsqu'au lieu de consulter une horloge marquant le temps *t*, on consulte une horloge marquant le temps θ, on a l'égalité vectorielle :

$$(J - j)\, dt^2 = (\Gamma - \gamma)\, d\theta^2$$

de là un moyen *théorique* de rattacher la mesure du temps absolu à la mesure de la force, car si on désigne la masse sur laquelle agit la face F qui trouble le mouvement, on posera :

$$F = (\Gamma - \gamma)$$

et les équations précédentes *définissent d'une manière surabondante* la vitesse $\dfrac{d\theta}{dt}$ de l'horloge *absolue* par rapport à l'horloge expérimentale qui marque le temps *t*, dès que la force F est connue.

Ces considérations ne semblent définir le *rôle dynamique* de la force qu'au moment où elle apparaît, car nous n'avons considéré que la force qui trouble le mouvement à l'époque *t*.

Ces considérations, toutefois, s'appliquent encore lorsque l'accélération n'éprouvant aucune variation brusque, on compare cependant entre eux le mouvement réel et un mouvement *possible particulier* qui aurait avec le mouvement réel une vitesse commune.

Quant au mouvement possible choisi comme *mouvement naturel il dépend de l'état de nos connaissances physiques*.

Un exemple fera bien comprendre ma pensée.

Supposons un instant que, fermant les yeux aux phénomènes du ciel, nous nous cantonnions dans le déterminisme terrestre tel que Galilée nous l'a fait connaître, le mouvement naturel rapporté à un lieu déterminé serait d'abord le mouvement parabolique à accélération constante.

Puis, après avoir étudié la variation de la gravité sur le globe, le mouvement naturel serait, en chaque point du globe, un mouvement qui aurait pour accélération la gravité en ce lieu.

Cette gravité peut, d'ailleurs, théoriquement être observée soit par la tension d'un fil, soit par l'étude d'une chute libre. L'accord des deux modes d'observations est affirmé par une induction expérimentale plutôt que par une expérience précise. Lorsque la masse en mouvement devient plus considérable, les approximations précédentes ne suffisent plus, et il faut recourir au déterminisme astronomique pour définir le mouvement naturel.

Quoi qu'il en soit, si nous comparons le mouvement réel où l'accélération est J, *au mouvement naturel* où l'accélération est j, nous convenons de dire que la force *surajoutée* qui agit sur le corps de la masse m est, devant une horloge absolue, proportionnelle au vecteur :

$$m\,(J - j)$$

La connaissance *de la force* et *du mouvement naturel* déterminent le mouvement d'un point libre par des équations différentielles du second ordre.

Si le système de corps est à liaisons, on pourra encore déterminer son mouvement par le principe de d'Alembert et le théorème du travail virtuel, car il est essentiel de remarquer que la signification de ces principes ou du principe de Gauss, qui les résume d'une manière si saisissante, est *tout à fait indépendante des horloges ou des systèmes de coordonnées adoptées* pour représenter le mouvement.

Les *fatigues des liaisons* (en tant que les liaisons sont dépourvues de la qualité masse) sont indépendantes de ces repères et indépendantes aussi du mouvement *naturel* adopté comme mouvement type pour définir *la force troublante*.

Le point de vue que je viens de développer, en l'élargissant un peu, appartient à Reech (*Mécanique fondée sur la nature flexible et élastique des corps*).

Si cet ouvrage n'a pas eu l'influence immédiate qu'il devait avoir, cela tient à des causes diverses, sans doute aussi à la pittoresque, mais violente humeur de l'auteur.

On connaît la manière dont Reech s'exprimait sur certain théorème d'hydrodynamique ; toutes les fois qu'il avait à se reporter à ce théorème, il le dénommait en ces termes bizarres :

Mon théorème de Newton, retrouvé par M. Bertrand.

D'ailleurs, Reech lui-même semble avoir méconnu le lien qui rattache ses idées à celles de Lagrange ; je suis persuadé, pour ma part, que la qualité *liaison des corps* de Reech était dans la pensée de Lagrange, chez qui le génie de l'analyste ne doit pas faire oublier la profondeur du mécanicien et du philosophe.

L'idée originale de Reech peut d'ailleurs être débarrassée de la conception des liaisons.

Dans ses belles *leçons sur la théorie de l'élasticité*, M. Poincaré, revenant sur une idée de Poisson, insiste sur ce fait que la conception des systèmes à liaisons n'a pas plus de généralité que la considération des systèmes libres.

Cela est vrai au point de vue analytique.

Mais, au point de vue concret qui est le point de vue dominant de la mécanique, j'ose plaider en faveur des liaisons qui, seules, peuvent soustraire la notion de force à l'arbitraire qui est inhérent à la définition cinématique de l'*effort*.

L'idée fondamentale de Reech n'est d'ailleurs, je le répète, pas liée à la conception des liaisons, bien que l'auteur y tienne absolument; l'idée neuve de Reech consiste, surtout dans la modification si heureuse, à mon avis, qu'il a apportée à la formule de la mécanique classique :

« La force qui agit sur une masse donnée est proportionnelle à l'accélération de cette masse (sous-entendu, dans l'espace absolu) : telle est la formule classique.

« La force (perturbatrice) est proportionnelle à la variation d'accélération dans le mouvement troublé. »

Telle est la formule nouvelle, qui ne fait pas mention des repères géométriques du mouvement. Elle permet de développer la mécanique dans son cadre essentiel, sans la mêler à des questions physiques, particularisées, sans avoir recours au fameux principe de l'inertie.

Ce principe doit être honoré pour avoir servi d'*image* à Galilée et à Newton, mais c'est une image superflue dont la mécanique proprement dite peut et doit se passer, comme elle se passe du principe de la conservation de la force.

C'est le mérite de Reech de l'avoir montré nettement le premier.

Et maintenant, entre les deux écoles, chacun choisira selon ses goûts; pour ma part, je donne la préférence à l'école de Reech, et je me contente de faire remarquer encore que la comparaison des deux écoles restera toujours très suggestive pour tous les esprits qui désirent approfondir l'aspect mécanique des théories physiques.

DEUXIÈME PARTIE

MÉCANIQUE DES CORPS DÉFORMABLES

I

Étude cinématique des déplacements relatifs
et des déformations.
Déformation fondamentale et rotation moyenne.

1. *Distribution des vitesses dans un milieu continu en mouvement continu.* — Considérons d'abord un milieu continu déformable en mouvement par rapport à des repères connus.

Si nous considérons un élément de volume $d\tau$, cet élément pourra se déplacer et se déformer, mais la matière qui le compose sera, *nous l'admettons,* toujours la même.

Nous pourrons alors, en parlant d'un point A du milieu, distinguer soit le point de l'espace de repère, soit le centre d'un élément de volume et de masse du milieu; envisagé sous ce dernier aspect, ce centre portera le nom de *point physique*.

Soit A un point physique; par ce point menons des droites parallèles à des directions fixes dans l'espace de repère E, soit B un point physique du milieu, voisin de A, soit ε la distance AB; dans le mouvement relatif de B par rapport aux axes de direction fixes menées par A, on peut décomposer la vitesse relative de B en deux, l'une dirigée suivant AB : $\frac{d\varepsilon}{dt}$, l'autre υ perpendiculaire à AB.

Nous admettrons comme définition de la continuité du mouvement que lorsque le point B se rapproche indéfiniment de A les rapports $\frac{1}{\varepsilon}\frac{d\varepsilon}{dt}$ et $\frac{\upsilon}{\varepsilon}$ restent finis.

Soient u, v, w les composantes de la vitesse du point physique A dans le système E et u_1, v_1, w_1, les composantes de la vitesse du point B, les composantes de la vitesse relative de B seront :

$u - u_1, v - v_1, w - w_1$; soient $x\,y\,z$; $x_1\,y_1\,z_1$ les coordonnées cartésiennes de A et de B, *admettons que les fonctions* u, v, w, *admettent des dérivées partielles* et faisons :

$$x' = x_1 - x$$
$$y' = y_1 - y$$
$$z' = z_1 - z$$

On aura en négligeant des quantités du second ordre par rapport à ε $(\varepsilon = \sqrt{x'^2 + y'^2 + z'^2}$

$$(1)\begin{cases} \dfrac{dx'}{dt} = \dfrac{du}{dx}x' + \dfrac{du}{dy}y' + \dfrac{du}{dz}z' \\[2mm] \dfrac{dy'}{dt} = \dfrac{dv}{dx}x' + \dfrac{dv}{dy}y' + \dfrac{dv}{dz}z' \\[2mm] \dfrac{dz'}{dt} = \dfrac{dw}{dx}x' + \dfrac{dw}{dy}y' + \dfrac{dw}{dz}z' \end{cases}$$

Soient a, b, c, les cosinus directeurs de la droite ε en sorte que

$$x' = \varepsilon\, a$$
$$y' = \varepsilon\, b$$
$$z' = \varepsilon\, c$$

on déduit de là en introduisant la quantité infiniment petite $\dfrac{1}{\varepsilon}\, d\varepsilon$ que l'on nomme *dilatation* et la quantité $\dfrac{1}{\varepsilon}\dfrac{d\varepsilon}{dt}$ que l'on nomme la *vitesse de dilatation* et que nous désignons par θ :

$$\frac{dx'}{dt} = \varepsilon\,\frac{da}{dt} + a\,\frac{d\varepsilon}{dt}$$

$$\frac{dy'}{dt} = \varepsilon\,\frac{db}{dt} + b\,\frac{d\varepsilon}{dt}$$

$$\frac{dz'}{dt} = \varepsilon\,\frac{dc}{dt} + c\,\frac{d\varepsilon}{dt}$$

d'où par comparaison avec les valeurs précédentes des vitesses relatives.

$$(2)\quad \left\{ \begin{aligned} \frac{da}{dt} &= -\,\theta a + \frac{du}{dx}\,a + \frac{du}{dy}\,b + \frac{du}{dz}\,c \\[1ex] \frac{db}{dt} &= -\,\theta b + \frac{dv}{dx}\,a + \frac{dv}{dy}\,b + \frac{dv}{dz}\,c \\[1ex] \frac{dc}{dt} &= -\,\theta c + \frac{dw}{dx}\,a + \frac{dw}{dy}\,b + \frac{dw}{dz}\,c \end{aligned} \right.$$

ces équations et l'identité :

$$a\,\frac{da}{dt} + b\,\frac{db}{dt} + c\,\frac{dc}{dt} = 0$$

déterminent θ, $\dfrac{da}{dt}$, $\dfrac{db}{dt}$, $\dfrac{dc}{dt}$.

On trouve ainsi :

$$(3) \quad \theta = \frac{du}{dx}a^2 + \frac{dv}{dy}b^2 + \frac{dw}{dz}c^2 + ab\left(\frac{du}{dy}+\frac{dv}{dx}\right) \quad bc\left(\frac{dv}{dz}+\frac{dw}{dy}\right) + ca\left(\frac{dw}{dx}+\frac{du}{dz}\right) \equiv 2\varphi(a,b,c)$$

en désignant la forme quadratique du second membre par $2\varphi(a, b, c)$.

On peut encore écrire

$$\varepsilon^2\theta = 2\varphi(x'y'z')$$

Si on considère la surface $\varphi(x'y'z') = K$ on pourra écrire

$$\theta = \sqrt{\frac{K}{\varepsilon}}$$

la surface $\varphi(x'y'z') = K$ porte le nom d'indicatrice.

Rotation
moyenne. On peut écrire les équations (1) sous la forme

$$\left\{ \frac{dx'}{dt} = \frac{du}{dx}x' + \frac{1}{2}\left(\frac{du}{dy}+\frac{dv}{dx}\right)y' + \frac{1}{2}\left(\frac{du}{dz}+\frac{dw}{dx}\right)z' + \frac{1}{2}\left(\frac{du}{dz}-\frac{dw}{dc}\right)z' - \frac{1}{2}\left(\frac{du}{dx}-\frac{du}{dz}\right)y' \right.$$

et deux autres équations analogues.

Posons maintenant :

$$(4) \quad \left\{ \begin{aligned} p &= \frac{1}{2}\left(\frac{dw}{dy}-\frac{dv}{dz}\right) \\ q &= \frac{1}{2}\left(\frac{du}{dz}-\frac{dw}{dx}\right) \\ r &= \frac{1}{2}\left(\frac{dv}{dx}-\frac{du}{dy}\right) \end{aligned} \right.$$

et les relations (1) s'écriront alors :

$$(3) \begin{cases} \dfrac{dx'}{dt} = \dfrac{d\varphi}{dx'} + (qz' - ry') \\[2mm] \dfrac{dy'}{dt} = \dfrac{d\varphi}{dy'} + (rx' - pz') \\[2mm] \dfrac{dz'}{dt} = \dfrac{d\varphi}{dz'} + (py' - qx') \end{cases}$$

il est aisé de voir que le vecteur Ω défini par la relation vectorielle

$$\Omega = p + q + r$$

a une définition *invariante* à l'égard du trièdre des axes.

Les seconds termes des seconds membres des équations (3) expriment, comme on l'a vu (1re partie, ch. IV), les composantes des vitesses dans une rotation Ω; les premiers termes correspondent à une déformation.

Il est essentiel d'ailleurs d'observer qu'il y a une infinité de manières de décomposer les déplacements du milieu autour d'un de ses points en une déformation et un déplacement de solide rigide, de manière à ce que ce dernier soit arbitraire; mais la décomposition précédente due à Helmholtz jouit de propriétés intéressantes.

Voici l'une de ces propriétés :

Les trois fonctions $\dfrac{dx'}{dt}\ \dfrac{dy'}{dt}\ \dfrac{dz'}{dt}$ (fonctions de x', y' z') ont été décomposées simultanément sous la forme

$$\frac{dx'}{dt} = \frac{d\psi}{dx'} + A$$

$$\frac{dy'}{dt} = \frac{d\psi}{dy'} + B$$

$$\frac{dz'}{dt} = \frac{d\psi}{dz'} + C$$

les quantités A, B, C, vérifiant la condition

$$\frac{d\mathrm{A}}{dx'} + \frac{d\mathrm{B}}{dy'} + \frac{d\mathrm{B}}{dz'} = 0$$

Or nous verrons plus loin que le mode de décomposition simultanée de trois fonctions données sous les formes indiquées n'est possible que d'une seule manière.

Ici les fonctions sont des fonctions linéaires de x', y', z'.

Interprétation de la déformation fondamentale (Beltrami).

L'indicatrice est une *quadrique* que l'on peut rapporter à ses axes, en ce cas

$$2\,\varphi = \frac{x'^2}{\mathrm{A}} + \frac{y'^2}{\mathrm{B}} + \frac{z'^2}{\mathrm{C}} = \mathrm{K}$$

Considérons alors les points physiques situés sur la surface de cette indicatrice.

Les coordonnées $x'\ y'\ z'$ de l'un de ces points deviendront au bout du temps dt en vertu du mouvement de déformation d'Helmholtz

$$
\left.
\begin{aligned}
x'_1 &= x' + \frac{x'}{\mathrm{A}}\,dt \\[2ex]
y'_1 &= y' + \frac{y'}{\mathrm{B}}\,dt \\[2ex]
z'_1 &= z' + \frac{z'}{\mathrm{C}}\,dt
\end{aligned}
\right\}
\quad \text{d'où} \quad
\left\{
\begin{aligned}
x' &= \frac{x'_1}{1 + \dfrac{dt}{\mathrm{A}}} \\[2ex]
y' &= \frac{y'_1}{1 + \dfrac{dt}{\mathrm{B}}} \\[2ex]
z' &= \frac{z'_1}{1 + \dfrac{dt}{\mathrm{C}}}
\end{aligned}
\right.
$$

la surface indicatrice envisagée comme surface physique se transforme donc en la surface qui a pour équation

$$\frac{x_1'^2}{A\left(1+\frac{dt}{A}\right)^2} + \frac{y_1'^2}{B\left(1+\frac{dt}{B}\right)^2} + \frac{z_1'^2}{C\left(1+\frac{dt}{C}\right)^2} = K$$

ou, puisque dt est infiniment petit :

$$\frac{x_1'^2}{A+2dt} + \frac{y_1'^2}{B+2dt} + \frac{z_1'^2}{C+2dt} = K$$

l'indicatrice se transforme donc en une surface du second degré homothétique d'une surface homofocale de la surface primitive.

Menons par le point A 3 diamètres conjugués de l'indicatrice : AA_1, AA_2, AA_3.

Soient p_1, p_2, p_3, les distances du point P $(x'y'z')$ aux plans respectifs $(AA_2 A_3)$, $(AA_3 A_1)$, $(AA_1 A_2)$ et $(\lambda_1 \mu_1 \nu_1)$, $(\lambda_2 \mu_2 \nu_2)$, $(\lambda_3 \mu_3 \nu_3)$ les cosinus directeurs des distances p_1, p_2, p_3, relativement aux axes, on aura d'après le théorème des projections :

$$p_1 = \lambda_1 x' + \mu_1 y' + \nu_1 z'$$
$$p_2 = \lambda_2 x' + \mu_2 y' + \nu_2 z'$$
$$p_3 = \lambda_3 x' + \mu_3 y' + \nu_3 z'$$

L'équation de la surface rapportée aux plans conjugués peut s'écrire :

$$2\varphi = K_1 p_1^2 + K_2 p_2^2 + K_3 p_3^2$$

les valeurs de $K_1 K_2 K_3$ peuvent être calculées aisément, car en désignant par θ_1 la vitesse de dilatation linéaire suivant AA_1, on a :

$$k_1 p_1^2 = \varepsilon^2 \theta_1$$

mais en nommant ω_1, ω_2, ω_3, les angles de la droite AB avec les distances p_1, p_2, p_3

$$p_1 = \varepsilon \cos \omega_1$$
$$p_2 = \varepsilon \cos \omega_2$$
$$p_3 = \varepsilon \cos \omega_3$$

on trouvera ainsi :

$$K^1 = \frac{\theta_1}{\cos^2 \omega_1}, \quad K^2 = \frac{\theta_2}{\cos^2 \omega_2}, \quad K_3 = \frac{\theta_3}{\cos^2 \omega_3}$$

on aura donc finalement :

$$\frac{d\varphi}{dx'} = \frac{\theta_1}{\cos^2 \omega_1} p_1 \lambda_1 + \frac{\theta_2}{\cos^2 \omega_2} p_2 \lambda_2 + \frac{\theta_3}{\cos^2 \omega_3} p_2 \lambda_3$$

$$\frac{d\varphi}{dy'} = \frac{\theta_1}{\cos^2 \omega_1} p_1 \mu_1 + \frac{\theta_2}{\cos^2 \omega_2} p_2 \mu_2 + \frac{\theta_3}{\cos^2 \omega_3} p_3 \mu_3$$

$$\frac{d\varphi}{dz'} = \frac{\theta_1}{\cos^2 \omega_1} p_1 \nu_1 + \frac{\theta_2}{\cos^2 \omega_2} p_2 \nu_2 + \frac{\theta_3}{\cos^2 \omega_3} p_3 \nu_3$$

d'où ce théorème : en chaque point P voisin de A, la déformation fondamentale est la résultante géométrique des trois dilatations :

$$\frac{\theta_1}{\cos^2 \omega_1} p_1, \quad \frac{\theta_2}{\cos^2 \omega_2} p_2, \quad \frac{\theta_3}{\cos^2 \omega_3} p_3$$

dirigées respectivement suivant les perpendiculaires aux plans conjugués.

Contractions angulaires ou glissements transversaux. Soient AB et AB_1 deux droites issues de A dont les cosinus directeurs sont respectivement $(a\, b\, c)$; $(a_1\, b_1\, c_1)$, l'angle γ de ces deux droites sera donné par :

$$\cos \gamma = aa_1 + bb_1 + cc_1$$

en différenciant on aura, par les formules (2) :

$$\frac{d\cos\gamma}{dt} = -2(\varphi+\varphi_1)\cos\gamma + 2\left(a_1\frac{d\varphi}{da} + b_1\frac{d\varphi}{db} + c_1\frac{d\varphi}{dc}\right)$$

si les deux directions sont rectangulaires, on trouve

$$\frac{d\cos\frac{\pi}{2}}{dt} = 2\left(a_1\frac{d\varphi}{da} + b_1\frac{d\varphi}{db} + c_1\frac{d\varphi}{dc}\right) = 2\left(a\frac{d\varphi}{da_1} + b\frac{d\varphi}{db_1} + c\frac{d\varphi}{dc_1}\right)$$

faisons, par exemple :

$$a = 0 \qquad b = 1 \qquad c = 0$$
$$a_1 = 0 \qquad b_1 = 0 \qquad c_1 = 1$$

les deux droites sont les axes de y' et de z' envisagés comme axes physiques, et on trouve ainsi :

$$-\frac{d.(\widehat{Y'Z'})}{dt} = \left(\frac{dw}{dy} + \frac{dv}{dz}\right)$$

nous poserons désormais :

$$(6)\quad\begin{cases} \alpha_1 = \dfrac{du}{dx} & \beta_1 = \dfrac{dw}{dy} + \dfrac{dv}{dz} \\[2ex] \alpha_2 = \dfrac{dv}{dy} & \beta_2 = \dfrac{du}{dz} + \dfrac{dw}{dx} \\[2ex] \alpha_3 = \dfrac{dw}{dz} & \beta_3 = \dfrac{dv}{dx} + \dfrac{pu}{dy} \end{cases}$$

$\alpha_1, \alpha_2, \alpha_3$ sont les vitesses de dilatation axiales $\beta_1, \beta_2, \beta_3$ sont les vitesses de contraction angulaire axiales.

Propriétés
de la rotation
moyenne.

Autour de A, imaginons une sphère concentrique, de rayon ε, et remplie d'une matière homogène de densité μ; imaginons que chaque particule de cette sphère soit animée d'une vitesse égale à la vitesse du point du milieu qui coïncide avec lui, le produit de la masse de chaque particule par sa vitesse est ce qu'on appelle la quantité de mouvement de cette masse. On peut assimiler ces vecteurs à des forces, et effectuer la réduction ordinaire de la statique. Si on considère au point A des vecteurs parallèles égaux et contraires aux premiers, ils forment avec ceux-ci des couples; le couple résultant de ces couples est le moment du système des forces par rapport au point O, et la composante de l'axe de ce couple estimé suivant l'un des axes de coordonnées sera égale à la somme des moments des quantités de mouvement considérées par rapport au même axe.

Nous allons démontrer que ces moments sont, à un facteur constant près, les composantes p, q, r de la rotation moyenne Ω.

Le moment par rapport à l'axe de x d'une force F, dont les projections sur les axes sont X, Y, Z et qui est appliquée à un point (x, y, z), est $Zy - Yz$.

la somme des moments cherchée sera donc :

$$\Sigma\mu\,(w_1\,y' - v_1\,z')$$

c'est-à-dire

$$\Sigma\mu\left[\left(w + \frac{dw}{dx}\,x' + \frac{dw}{dy}\,y' + \frac{dw}{dz}\,z'\right)y' - \left(v + \frac{dv}{dx}\,x' + \frac{dv}{dy}\,y' + \frac{dv}{dz}\,z'\right)z'\right]$$

or, l'homogénéité supposée de la sphère donne de suite

$$\Sigma\mu\, y' = 0 \quad \Sigma\mu\, z' = 0$$
$$\Sigma\mu\, x'\, y' = 0 \quad \Sigma\mu\, x'\, z' = 0 \quad \Sigma\mu\, y'\, z' = 0$$

La somme précédente, où les dérivées partielles sont regardées comme constantes, se réduit donc à

$$\frac{dw}{dy}\,\Sigma\mu\, y'^{2} - \frac{dv}{dz}\,\Sigma\mu\, z'^{2}$$

D'ailleurs si I est le moment d'inertie de la sphère par rapport à l'un quelconque de ses diamètres, l'expression précédente se réduit à

$$I\,\frac{\dfrac{dw}{dy} - \dfrac{dv}{dz}}{2} = Ip$$

Même raisonnement pour les moments par rapport aux deux autres axes; si ces moments sont L, M, N, on aura

$$L = Ip$$
$$M = Iq$$
$$N = Ir$$

— Comme le moment qui a pour composantes L, M, N, est un invariant, la rotation Ω définie par ses projections p, q, r jouira de la même propriété, comme on l'a déjà indiqué.

— Voici une autre propriété de la rotation moyenne, si on adopte comme axes les axes principaux de l'indicatrice, les quantités

$$\frac{du}{dy} + \frac{dv}{dx}, \quad \frac{dv}{dz} + \frac{dw}{dx}, \quad \frac{dw}{dx} + \frac{du}{dz}$$

sont nulles, mais nous avons vu qu'elles représentent les vitesses des contractions angulaires des angles des axes.

La figure formée par les axes de l'indicatrice se déplace donc sans se déformer d'une façon apparente puisque les déformations fondamentales d'un point de chaque axe se réduisent à des déplacements sur cet axe.

Le trièdre trirectangle tourne alors en bloc par la rotation Ω.

Il est bien entendu que nous ne considérons en parlant des déplacements de points appartenant aux arêtes du trièdre que les points infiniment voisins de A.

Si on voulait renoncer au langage si commode des infiniment petits on devrait dire :

Si on considère un trièdre trirectangle formé à l'époque t avec les axes de l'indicatrice, ce trièdre se change en un système de trois courbes et si on envisage les tangentes à ces trois courbes on forme un nouveau trièdre variable, la vitesse de variation des angles correspondants est nulle à l'époque t.

Les deux manières de parler sont équivalentes, mais la première a l'avantage de la concision et nous continuons à l'adopter.

II

Cinématique (*suite*).

L'ellipsoïde de déformation, les dilatations principales,
déplacement d'un élément de surface physique,
théorème de M. Bertrand. Emploi de coordonnées curvilignes.

Considérons à l'époque t l'ensemble des points physiques B $(x'\,y'\,z')$ qui sont sur la sphère :

$$x'^2 + y'^2 + z'^2 = \varepsilon^2$$

à l'époque $t + dt$ le point B aura pour coordonnées relatives $x''\,y''\,z''$;

et, en négligeant les termes en dt^2, on aura :

$$x'' = x' + (u_1 - u_2)\,dt$$
$$y'' = y' + (v_1 - v_2)\,dt$$
$$z'' = z' + (w_1 - w_2)\,dt$$

posons

$$u\,dt = \xi$$
$$v\,dt = \eta$$
$$w\,dt = \zeta$$

on aura :

$$\left(1 + \frac{d\xi}{dx}\right) x' + \frac{d\xi}{dy} y' + \frac{d\xi}{dz} z' = x''$$

$$\frac{d\eta}{dx} x' + \left(1 + \frac{d\eta}{dy}\right) y' + \frac{d\eta}{dz} z' = y''$$

$$\frac{d\zeta}{dx} x' + \frac{d\zeta}{dy} y' + \left(1 + \frac{d\zeta}{dz}\right) z' = z''$$

en résolvant ces équations en $x' y' z'$ on tire par exemple :

$$x' = \frac{\begin{vmatrix} x'' & \dfrac{d\xi}{dy} & \dfrac{d\xi}{dz} \\[2mm] y'' & 1 + \dfrac{d\eta}{dy} & \dfrac{d\eta}{dz} \\[2mm] z'' & \dfrac{d\zeta}{dy} & 1 + \dfrac{d\zeta}{dy} \end{vmatrix}}{\begin{vmatrix} 1 + \dfrac{d\xi}{dx} & \dfrac{d\xi}{dy} & \dfrac{d\xi}{dz} \\[2mm] \dfrac{d\eta}{dx} & 1 + \dfrac{d\eta}{dy} & \dfrac{d\eta}{dz} \\[2mm] \dfrac{d\zeta}{dz} & \dfrac{d\zeta}{dy} & 1 + \dfrac{d\xi}{dz} \end{vmatrix}}$$

ou en négligeant les termes en dt^2

$$x' = \left(1 - \frac{d\xi}{dx}\right) x'' - \frac{d\xi}{dy} y'' - \frac{d\xi}{dz} z''$$

on calculera de même y' et z', on obtient ainsi les formules

$$x' = \left(1 - \frac{d\xi}{dx}\right) x'' - \frac{d\xi}{dy} \, y'' - \frac{d\xi}{dz} z''$$

$$y' = -\frac{d\eta}{dx} x'' + \left(1 - \frac{d\eta}{dy}\right) y'' - \frac{d\eta}{dz} z''$$

$$z' = -\frac{d\zeta}{dx} x'' - \frac{d\zeta}{dy} y'' + \left(1 - \frac{d\zeta}{dz}\right) z''$$

et en portant dans l'équation de la sphère on aura, toujours en négligeant les termes en dt^2

$$(1) \quad \begin{aligned} & x''^2\left[1 - 2\frac{d\xi}{dx}\right] + y''^2\left[1 - 2\frac{d\eta}{dy}\right] + z''^2\left[1 - 2\frac{d\zeta}{dz}\right] \\ & - 2x''y''\left(\frac{d\xi}{dy} + \frac{d\eta}{dx}\right) - 2x''z''\left(\frac{d\xi}{dz} + \frac{d\zeta}{dx}\right) - 2y''z''\left(\frac{d\eta}{dz} + \frac{d\zeta}{dy}\right) = \varepsilon^2 \end{aligned}$$

cette surface est un ellipsoïde qui a mêmes axes que l'indicatrice.

Cherchons les vitesses de dilatation principales.

On sait que si on envisage une forme quadratique

$$F(x, y, z)$$

et qu'on lui associe la nouvelle forme, contenant l'indéterminé S

$$F(x,y,z) - S(x^2 + y^2 + z^2) = \varphi(x,y,z) = Ax^2 + A'y^2 + A''z^2 + 2Byz + 2B'zx + 2B''xy$$

les valeurs de S pour lesquelles les polynômes

$$\frac{1}{2}\varphi'x, \quad \frac{1}{2}\varphi'y, \quad \frac{1}{2}\varphi'z$$

cessent d'être linéairement indépendants *sont évidemment* indépendantes des changements de coordonnées que l'on peut faire sur les coordonnées $x,\ y,\ z$, pourvu qu'elles restent rectangulaires; ces valeurs de S sont fournies par l'équation :

$$\begin{vmatrix} A & B'' & B' \\ B'' & A' & B \\ B' & B & A'' \end{vmatrix} = 0$$

c'est-à-dire en faisant

$$F = ax^2 + a'y^2 + a''z^2 + 2byz + 2b'zx + 2b''xy$$

$$(2) \quad \begin{vmatrix} a - S & b'' & b' \\ b'' & a' - S & b \\ b' & b & a'' - S \end{vmatrix} = 0$$

or si l'équation de la quadrique est mis sous la forme :

$$S_1 x^2 + S_1 y^2 + S_3 z^2 = h$$

on voit que S_1, S_2, S_3 sont précisément racines de l'équation en S (2); les longueurs des axes a, b, c, sont d'ailleurs :

$$a^2 = \frac{h}{S_1}, \quad b^2 = \frac{h}{S_2}, \quad c^2 = \frac{h}{S_3}$$

Appliquons ceci à la quadrique (1) on aura

$$S_1 = \frac{\varepsilon^2}{a^2} \quad S_2 = \frac{\varepsilon^2}{b^2} \quad S_3 = \frac{\varepsilon^2}{c^2}$$

D'ailleurs si d_1, d_2, d_3, sont les vitesses de dilatations principales on aura

$$(3) \quad \begin{aligned} a &= \varepsilon(1 + \delta_1 dt) & S_1 &= \frac{1}{(1 + \delta_1 dt)^2} = 1 - 2\delta_1 dt \\ b &= \varepsilon(1 + \delta_2 dt) & S_2 & \phantom{=\frac{1}{1}} = 1 - 2\delta_2 dt \\ c &= \varepsilon(1 + d_3 dt) & S_3 & \phantom{=\frac{1}{1}} = 1 - 2\delta_3 dt \end{aligned}$$

l'équation en S appliquée à la quadrique (1) est d'ailleurs :

$$\begin{vmatrix} (1 - 2\alpha_1 dt - S) & -\beta_3 & -\beta_2 \\ -\beta_3 & (1 - 2\alpha_2 dt - S) & -\beta_1 \\ -\beta_2 & -\beta_1 & (1 - 2\alpha_3 dt - S) \end{vmatrix} = 0$$

en faisant $S = 1 - 2\delta \, dt$

cette équation devient, en divisant par dt^3,

$$(4) \quad \begin{vmatrix} (2\,\delta - 2\,\alpha_1) & -\,\beta_3 & -\,\beta_2 \\ -\,\beta_3 & (2\,\delta - 2\,\alpha_2) & -\,\beta_1 \\ -\,\beta_2 & -\,\beta_1 & (2\,\delta - 2\,\alpha_3) \end{vmatrix} = 0$$

Cette équation aura pour racines les vitesses des dilatations principales δ_1, δ_2, δ_3, comme le montrent les formules (3).

Si l'on pose

$$\begin{aligned} A_1 &= 2\,(\alpha_1 + \alpha_2 + \alpha_3) \\ A_2 &= 4\,\alpha_2\,\alpha_3 - \beta_1{}^2 + 4\,\alpha_3\,\alpha_1 - \beta_2{}^2 + 4\,\alpha_1\,\alpha_2 - \beta_3{}^2 \end{aligned}$$

$$(5) \quad A_3 = \begin{vmatrix} 2\,\alpha_1 & \beta_3 & \beta_2 \\ \beta_3 & 2\,\alpha_2 & \beta_1 \\ \beta_2 & \beta_1 & 2\,\alpha_3 \end{vmatrix}$$

l'équation (4) s'écrira

$$(6) \quad (2\,\delta)^3 - A_1\,(2\,\delta)^2 + A_2\,(2\,\delta) - A_3 = 0$$

Les racines de cette équation sont des invariants à l'égard des différents trièdres trirectangles de coordonnées. Donc les coefficients A_1, A_2, A_3 sont des invariants.

Cette remarque nous sera utile dans la théorie de l'élasticité.

L'expression $\dfrac{A_1}{2} = \alpha_1 + \alpha_2 + \alpha_3$ a une signification géométrique remarquable ; considérons un parallélipipède rectangle dont les arêtes sont parallèles à celles du trièdre de coordonnées et dont les petites dimensions sont égales à l_1, l_2, l_3 ; à l'instant dt, les arêtes du parallélipipède rectangle modifié sont devenues $l_1\,(1 + \alpha_1\,dt)$, $l_2\,(1 + \alpha_2\,dt)$,

$l_3 (1 + \alpha_3\, dt)$, et le volume s'est accru d'une quantité dont la partie principale est, en négligeant des quantités de l'ordre de dt^2 :

$$l_1\, l_2\, l_3\, (\alpha_1 + \alpha_2 + \alpha_3)\, dt$$

La vitesse de l'accroissement relatif de volume ou de la dilatation cubique autour du point A est donc

$$\alpha_1 + \alpha_2 + \alpha_3$$

Nous la désignerons par Θ.

Déplacement d'un élément de surface physique. Considérons un élément de surface physique dont les particules restent assemblées en vertu de la continuité.

Soient a, b, c, les cosinus directeurs de la normale à l'élément, cherchons comment ces éléments varient avec le temps dt.

Considérons dans l'élément une droite physique dont les cosinus directeurs sont α, β, γ, on aura la relation

$$(7) \qquad\qquad a\alpha + b\beta + c\gamma = 0$$

Différencions et ayons égard aux formules (2) et (3) du précédent chapitre. Nous aurons en dénommant par δ les variations de la normale à l'élément, qui est une droite géométrique, mais n'est plus une droite physique :

$$\alpha\, \frac{\delta a}{dt} + \beta\, \frac{\delta b}{dt} + \gamma\, \frac{\delta c}{dt} + a\left[-2\varphi(\alpha, \beta, \gamma)\alpha + \frac{d\varphi}{d\alpha} + (q\gamma - r\beta) \right]$$
$$+ b\left[-2\varphi(\alpha, \beta, \gamma)\beta + \frac{d\varphi}{d\beta} + (r\alpha - p\gamma) \right]$$
$$+ c\left[-2\varphi(\alpha, \beta, \gamma)\gamma + \frac{d\varphi}{d\gamma} + (p\beta - q\alpha) \right] = 0$$

Les termes en φ se détruisent, les termes :

$$a\frac{d\varphi}{d\alpha} + b\frac{d\varphi}{d\beta} + c\frac{d\varphi}{d\gamma}$$

peuvent être remplacés par la somme équivalente

$$\alpha\frac{d\varphi}{da} + \beta\frac{d\varphi}{db} + \gamma\frac{d\varphi}{dc}$$

on aura donc en ordonnant par rapport à α ; β ; γ.

$$\alpha\left[\frac{\delta a}{dt} + \frac{d\varphi}{da} + rb - qc\right] + \beta\left[\frac{\delta b}{dt} + \frac{d\varphi}{db} + pc - ra\right] + \gamma\left[\frac{\delta c}{dt} + \frac{d\varphi}{dc} + qa - pb\right] = 0$$

Or cette équation doit être en α, β, γ une relation identique à la relation 7 ; sans quoi elle ne pourrait avoir lieu pour toutes les directions situées dans l'élément de la surface physique considérée.

En identifiant les deux relations nous trouvons, m désignant une quantité encore inconnue :

$$\frac{\delta a}{dt} + \frac{d\varphi}{da} + rb - qc = ma$$

$$\frac{\delta b}{dt} + \frac{d\varphi}{db} + pc - ra = mb$$

$$\frac{\delta c}{dt} + \frac{d\varphi}{dc} + qa - pb = mc$$

pour déterminer m observons que l'on a identiquement :

$$a\,\delta a + b\,\delta b + c\,\delta c = 0$$

les équations précédentes et le théorème d'Euler sur les fonctions homogènes donnent alors

$$m = 2\varphi(a,b,c) \equiv 2\varphi$$

on a donc enfin pour les dérivées cherchées

$$(8)\begin{cases} \dfrac{\delta a}{dt} = 2\varphi a - \dfrac{d\varphi}{da} + qc - rb \\[2mm] \dfrac{\delta b}{dt} = 2\varphi b - \dfrac{d\varphi}{db} + ra - pc \\[2mm] \dfrac{\delta c}{dt} = 2\varphi c - \dfrac{d\varphi}{dc} + pb - qa \end{cases}$$

En comparant ces formules avec les formules (2) et (3) du chapitre I, on voit que la normale à l'élément de surface physique, éprouve *un déplacement de déformation égal et contraire* au déplacement de déformation de la droite physique qui coïncide avec cette normale.

On peut se proposer de trouver un élément de surface physique qui reste parallèle à lui-même, il suffit de faire

$$\frac{\delta a}{\delta t} = 0 \quad \frac{\delta b}{\delta t} = 0 \quad \frac{\delta c}{\delta t} = 0$$

en remplaçant p, q, r par leurs valeurs, on trouve ainsi

$$\left(-2\varphi + \frac{du}{dx}\right)a + \frac{dv}{dx}b + \frac{dw}{dx}c = 0$$

$$\frac{du}{dy}a + \left(-2\varphi + \frac{dv}{dy}\right)b + \frac{dw}{dy}c = 0$$

$$\frac{du}{dz}c + \frac{dv}{dz}b + \left(-2\varphi + \frac{dw}{dz}\right)c = 0$$

Ces équations homogènes ne seront compatibles que si l'on a :

$$\begin{vmatrix} -2\varphi + \dfrac{du}{dx} & \dfrac{dv}{dx} & \dfrac{dw}{dx} \\[2mm] \dfrac{du}{dy} & -2\varphi + \dfrac{dv}{dy} & \dfrac{dw}{dy} \\[2mm] \dfrac{du}{dz} & \dfrac{dv}{dz} & -2\varphi + \dfrac{dw}{dz} \end{vmatrix} = 0$$

Cette équation en φ est du 3° degré ; elle admet trois racines, dont une au moins est réelle ; il y a donc au point A au moins une direction de plan tel qu'un élément physique situé dans ce plan et entourant le point A ne change pas d'orientation entre les époques t et $t + dt$.

Si on adopte, au lieu des coordonnées x_1, x_2, x_3, des coordonnées curvilignes orthogonales : ρ_1, ρ_2, ρ_3, paramètres de trois familles distinctes de surfaces orthogonales définies par les relations

$$f_1 (x_1, x_2, x_3) = \rho_1$$
$$f_2 (x_1, x_2, x_3) = \rho_2$$
$$f_3 (x_1, x_2, x_3) = \rho_3$$

Expression des six éléments de la déformation autour d'un point, en coordonnées curvilignes.

dans lesquelles on suppose que les fonctions f_1, f_2, f_3 vérifient les relations d'orthogonalité

$$\frac{df_1}{dx_1}\,\frac{df_2}{dx_1} + \frac{df_1}{dx_2}\,\frac{df_2}{dx_2} + \frac{df_1}{dx_3}\,\frac{df_2}{dx_3} = 0$$

$$\frac{df_2}{dx_1}\,\frac{df_3}{dx_1} + \frac{df_2}{dx_2}\,\frac{df_3}{dx_2} + \frac{df_2}{dx_3}\,\frac{df_3}{dx_3} = 0$$

$$\frac{df_3}{dx_1}\,\frac{df_1}{dx_1} + \frac{df_3}{dx_2}\,\frac{df_1}{dx_2} + \frac{df_3}{dx_1}\,\frac{df_1}{dx_3} = 0$$

si on pose, en dénommant les fonctions indifféremment par f ou par ρ :

$$h_i^2 = \left(\frac{d\rho_i}{dx_1}\right)^2 + \left(\frac{d\rho_i}{dx_2}\right)^2 + \left(\frac{d\rho_i}{dx_3}\right)^2 \quad (i = 1, 2, 3)$$

la distance des deux points infiniment voisins est donnée par la formule très simple :

$$ds^2 = \frac{d\rho_1^2}{h_1^2} + \frac{d\rho_2^2}{h_2^2} + \frac{d\rho_3^3}{h_3^2}$$

Cette formule et d'autres utiles s'établissent comme il suit :

Considérons les intersections des surfaces orthogonales deux à deux.

Soit AR_1 la courbe où ρ_1 varie seul, AR_2 la courbe où ρ_2 varie seul, et AR_3 la courbe où ρ_3 varie seul; l'intersection des surfaces $\rho_2 = c^e$ et $\rho_3 = c^e$, c'est-à-dire la courbe AR_1 est normale à la surface $\rho_1 = c^{te}$, etc., etc.

Si donc AA_1, AA_2, AA_3 sont les tangentes t_1, t_2, t_3 aux courbes AR_1, AR_2, AR_3, qui forment un trièdre trirectangle, on a, comme on sait, en désignant par $\delta_i s$ l'élément d'arc de AR_i et par $\delta_i x_k$, sa projection sur l'axe x_k

$$\frac{\delta_i x_k}{\delta_i s_i} = \cos (t_i, x_k) = \frac{1}{h_i} \frac{d\rho_i}{dx_k}, \quad \text{d'ailleurs}$$

de l'égalité

$$\frac{\delta_i x_k}{\delta_i s_i} = \frac{1}{h_i} \frac{d\rho_i}{dx_k}$$

on déduit $\dfrac{\sum\limits_{k=1}^{k=3} \overline{\delta_i x_k}^2}{\delta_i s_i} = \dfrac{1}{h_i} \sum\limits_{k=1}^{k=3} \dfrac{d\rho_i}{dx_k} \, \delta_i x_k = \dfrac{1}{h_i} \, \delta_i \rho_i$

et comme évidemment $\quad \delta_i s_i^2 = \sum\limits_{k=1}^{k=3} \overline{\delta_i x_k}^2$

on aura

$$\delta_i s_i = \frac{1}{h_i}\,\delta_i \rho_i$$

en substituant cette valeur de $\delta_i s_i$ dans l'égalité

$$\frac{\delta_i x_k}{\delta_i s_i} = \frac{1}{h_i}\,\frac{d\rho_i}{dx_i}$$

on trouve

$$\frac{dx_k}{d\rho_i} = \frac{1}{h_i^2}\,\frac{d\rho_i}{dx_k}$$

si ρ_1, ρ_2, ρ_3 varient simultanément, la considération d'un parallélipipède rectangle infiniment petit, donne de suite

$$\delta s^2 = \overline{\delta_1 s_1}^2 + \overline{\delta_2 s_2}^2 + \overline{\delta_3 s_3}^2 = \frac{1}{h_1^2}\,d\rho_1{}^2 + \frac{1}{h_2^2}\,d\rho_2{}^2 + \frac{1}{h_3^2}\,d\rho_3{}^2$$

Ceci posé, considérons la vitesse du point A et soient u_1, u_2, u_3 ses composantes suivant les tangentes AA_1, AA_2, AA_3, on aura

$$u_i = \frac{d_i s_i}{dt} = \frac{1}{h_i}\,\frac{d\rho_i}{dt} \qquad \frac{d\rho_i}{dt} = h_i u_i$$

Supposons que le trièdre mobile de coordonnées cartésiennes x_1, x_2, x_3 coïncide avec le trièdre AA_1, AA_2, AA_3, et soient α_1, α_2, α_3, β_1, β_2, β_3 les dilatations et les glissements relatifs à ce trièdre; la dilatation θ relative à une direction dont les cosinus directeurs relatifs à ce trièdre sont λ_1, λ_2, λ_3, est, comme on l'a vu,

$$\theta = \alpha_1\,\lambda_1{}^2 + \alpha_2\,\lambda_2{}^2 + \alpha_3\,\lambda_3{}^2 + \beta_1\,\lambda_2\,\lambda_3 + \beta_2\,\lambda_1\,\lambda_3 + \beta_3\,\lambda_2\,\lambda_1$$

évaluons θ en coordonnées curvilignes.

La distance infiniment petite ε des deux points AB est, d'après la remarque faite tout à l'heure

$$\varepsilon^2 = \Sigma_i \frac{\Delta \rho_i^2}{h_i^2} \quad \text{formule exacte au } 3^{\text{o}} \text{ ordre près,}$$

en sorte que le point B se déplaçant sur la droite AB ou sur une ligne bien définie, on peut écrire :

$$\Sigma_i \frac{\Delta \rho_i^2}{h_i^2} = \varepsilon^2 (1 + m\varepsilon) \quad m \text{ étant une fonction bien définie de } \varepsilon$$

et de la direction de ε; en différentiant par rapport au temps on aura dans le second nombre

$$2\varepsilon \frac{d\varepsilon}{dt}(1 + m\varepsilon) + \varepsilon^3 \frac{dm}{dt} + m\varepsilon^2 \frac{d\varepsilon}{dt}$$

dont la partie principale est $2\varepsilon \dfrac{d\varepsilon}{dt}$, si $\dfrac{d\varepsilon}{dt}$ n'est pas nul, *ce que nous pouvons supposer.*

Nous trouverons ainsi en conservant la partie principale de $\dfrac{d}{dt}\varepsilon^2(1 + m\varepsilon)$

$$\varepsilon \frac{d\varepsilon}{dt} = \Sigma_i \left[-\frac{1}{h_i^3} \frac{dh_i}{dt} \Delta \rho_i^2 + \frac{1}{h_i^2} \Delta \rho_i \frac{d\Delta \rho_i}{dt} \right]$$

or

$$\frac{dh_i}{dt} = \frac{dh_i}{d\rho_1}\frac{d\rho_1}{dt} + \frac{dh_i}{d\rho_2}\frac{d\rho_2}{dt} + \frac{dh_i}{d\rho_3}\frac{d\rho_3}{dt} = \frac{dh_i}{d\rho_1}(h_1 u_1) + \frac{dh_i}{d\rho_2}(h_2 u_2) + \frac{dh_i}{d\rho_3} h_3 u_3$$

$$\frac{d\Delta \rho_i}{dt} = \Delta \frac{d\rho_i}{dt} = \Delta (h_i u_i) = \frac{d(h_i u_i)}{d\rho_1}\Delta \rho_1 + \frac{d(h_i u_i)}{d\rho_2}\Delta \rho_2 + \frac{d(h_i u_i)}{d\rho_3}\Delta \rho_3$$

on aura donc

$$\varepsilon \frac{d\varepsilon}{dt} = \Sigma_i \left[-\frac{\Delta \rho_i^2}{h_i^3}\left(u_1 h_1 \frac{dh_i}{d\rho_1} + u_2 h_2 \frac{dh_i}{d\rho_2} + u_3 h_3 \frac{dh_i}{d\rho_3} \right) + \frac{\Delta \rho_i}{h_i^2}\left(\Delta \rho_i \frac{d(h_i u_i)}{d\rho_1} \right) \right.$$
$$\left. + \Delta \rho_2 \left(\frac{d(h_i u_i)}{d\rho_2} + \Delta \rho_3 \frac{d(h_i u_i)}{d\rho^3} \right) \right]$$

d'ailleurs dans le système d'axes $(x_1,\ x_2,\ x_3)$

on a
$$dt\, x'_i = \varepsilon\lambda_i = \frac{\Delta\rho_i}{h_i}$$

en substituant ces $\Delta\rho_i$ dans la relation précédente, il viendra en divisant par ε^2

$$0 = \frac{1}{\varepsilon}\frac{d\varepsilon}{dt} = \Sigma_i\left[-\frac{\lambda_i^2}{h_i}\left(u_1 h_1\frac{dh_i}{d\rho_1} + u_2 h_2\frac{dh_i}{d\rho_2} + u_3 h_3\frac{dh_i}{d\rho_3}\right) \right.$$
$$\left. + \frac{\lambda_i}{h_i}\left(h_1\lambda_1\frac{d(h_i u_i)}{d\rho_1} + h_2\lambda_2\frac{d(h_i u_i)}{d\rho_2} + h_3\lambda_3\frac{d(h_i u_i)}{d\rho_3}\right)\right]$$

en identifiant cette forme quadratique en λ_1, λ_2, λ_3 avec celle déjà obtenue, nous aurons les relations qu'on se proposait de trouver :

$$\alpha_1 = \frac{d\,(h_1 u_1)}{d\rho_1} - \frac{1}{h_1}\left(u_1 h_1\frac{dh_1}{d\rho_1} + u_2 h_2\frac{dh_1}{d\rho_2} + u_3 h_3\frac{dh_1}{d\rho_3}\right)$$
$$\alpha_2 = \frac{d\,(h_2 u_2)}{d\rho_2} - \frac{1}{h_2}\left(u_1 h_1\frac{dh_2}{d\rho_1} + u_2 h_2\frac{dh_2}{d\rho_2} + u_3 h_3\frac{dh_2}{d\rho_3}\right)$$
$$\alpha_3 = \frac{d\,(h_3 u_3)}{d\rho_3} - \frac{1}{h^3}\left(u_1 h_1\frac{dh_3}{d\rho_1} + u_2 h_2\frac{dh_3}{d\rho_2} + u_3 h_3\frac{dh_3}{d\rho_3}\right)$$

$$\beta_1 = \frac{h_3}{h_2}\frac{d\,(h_2 u_2)}{d\rho_3} + \frac{h_2}{h_3}\frac{d\,(h_3 u_3)}{d\rho_2}$$
$$\beta_2 = \frac{h_1}{h_3}\frac{d\,(h_3 u_3)}{d\rho_1} + \frac{h_3}{h_1}\frac{d\,(h_1 u_1)}{d\rho_3}$$
$$\beta_3 = \frac{h_2}{h_1}\frac{d\,(h_1 u_1)}{d\rho_2} + \frac{h_1}{h_2}\frac{d\,(h_2 u_2)}{d\rho_1}$$

La dilatation cubique $\Theta = \alpha_1 + \alpha_2 + \alpha_3$ s'exprimera donc ici par la formule :

$$\Theta = h_1 h_2 h_3\left[\frac{d\,\frac{u_1}{h_2 h_3}}{d\rho_1} + \frac{d\,\frac{u_2}{h_3 h_1}}{d\rho_2} + \frac{d\,\frac{u_3}{h_1 h_2}}{d\rho_3}\right]$$

Voici une application analytique de cette formule concernant la transformation de l'expression :

$$\Delta F \equiv \frac{d^2 F}{dx^2} + \frac{d^2 F}{dy^2} + \frac{d^2 F}{dz^2} \qquad \text{(où } x,\, y,\, z \text{ sont des coordonnées cartésiennes rectangles)}$$

en coordonnées curvilignes orthogonales ; si la vitesse u est définie par les composantes cartésiennes :

$$u_x = \frac{dF}{dx}$$

$$u_y = \frac{dF}{dy}$$

$$u_z = \frac{dF}{dz}$$

on aura :

$$u_1 = \frac{dF}{d\rho_1} \frac{d\rho_1}{dx_1} = \frac{dF}{d\rho_1} h_1$$

$$u_2 = \frac{dF}{d\rho_2} h_2$$

$$u_3 = \frac{dF}{d\rho_3} h_3$$

la dilatation cubique est ici ΔF.

On aura donc cette formule

$$\Delta F = h_1 h_2 h_3 \left[\frac{d\,\dfrac{h_1}{h_2 h_3}\dfrac{dF}{d\rho_1}}{d\rho_1} + \frac{d\,\dfrac{h_2}{h_1 h_3}\dfrac{dF}{d\rho_2}}{d\rho_2} + \frac{d\,\dfrac{h_3}{h_1 h_2}\dfrac{dF}{d\rho_3}}{d\rho_3} \right]$$

Des calculs analogues donneraient la rotation moyenne en coordonnées curvilignes ; mais celle-ci résultera plus simplement des propriétés nouvelles qui seront étudiées dans la prochaine leçon.

III

Propriétés relatives à la distribution des vitesses dans le milieu. — Théorèmes de Stokes et d'Helmholtz.

Soient $A(x, y, z)$ et $F(x, y, z)$ deux fonctions continues admettant des dérivées continues ; considérons l'intégrale de volume étendue au domaine E des points limité par une surface fermée S : Rappel de
quelques for-
mules simples
de
calcul intégral.

$$\int A \frac{dF}{dx}\, d\tau$$

Pour calculer cette intégrale de volume, adoptons un mode de découpage de l'espace en un réseau de parallélipipèdes rectangles à trois dimensions infiniment petites et parallèles aux axes des coordonnées cartésiennes x, y, z ; en ce cas, $d\tau = dx\, dy\, dz$; pour calculer l'intégale :

$$\iiint A \frac{dF}{dx}\, dx\, dy\, dz$$

associons ensemble une file de parallélipipèdes du réseau ayant même section droite $dy\, dz$; pour tous les points x, y, z de cette file intérieure au domaine D et situés sur une même parallèle à l'axe des x, y et z sont les mêmes, et la variable x varie seule.

La partie principale de l'intégrale relative à cette file est :

$$dy\,dz.\int A\,\frac{dF}{dx}\,dx$$

or, on a, d'après le théorème de l'intégration par parties,

$$\int A\,\frac{dF}{dx}\,dx = AF - \int F\,\frac{dA}{dx}\,dx$$

reste à préciser les limites.

La parallèle D à l'axe des x qui est comme l'axe de la file envisagée rencontre, nous le supposons, la surface S en un nombre fini de points, on pourra considérer dans ce nombre total de points un nombre pair d'entre eux qui jouiront des propriétés suivantes :

La droite D étant censée parcourue dans le sens parallèle à celui de la direction positive de l'axe des x rencontre la surface S aux points

$$M_1\,M_2\,M_3\,M_4\ldots\ldots\ M_{2p-1}\,M_{2p}.$$

et les portions

$$M_1\,M_2,\,M_3\,M_4,\ldots\ldots,\ M_{2p-1}\,M_{2p}$$

de la droite D sont intérieures au domaine E
tandis que les portions

$$M_2\,M_3,\,M_4\,M_5,\ldots\ldots,\ M_{2p-2}\,M_{2p-1}$$

sont extérieures au domaine E.

Si on désigne par $x_1, x_2, \ldots\ldots x_{2p-1}, x_{2p}$ les valeurs croissantes de x qui correspondent respectivement aux points

$$M_1\,M_2\ldots\ldots\ M_{2p}.$$

l'intégrale à calculer est

$$\int_{x_1}^{x_2} \mathrm{A}\,\frac{d\mathrm{F}}{dx}\,dx \quad +\int_{x_3}^{x_4} \mathrm{A}\,\frac{d\mathrm{F}}{dx}\,dx\ldots\ldots \quad +\int_{x_{2p-1}}^{x_{2p}} \mathrm{A}\,\frac{d\mathrm{F}}{dx}\,dx$$

mais en posant pour abréger

$$\mathrm{A}(x_i,y_i,z_i)\,\mathrm{F}(x_i,y_i,z) = (\mathrm{AF})_i$$

la somme précédente se ramène par l'intégration par parties à

$$[(\mathrm{AF})_2 - (\mathrm{AF})_1] + [(\mathrm{AF})_4 - (\mathrm{AF})_3] \quad + [(\mathrm{AF})_{2p} - (\mathrm{AF})_{2p-1}]$$
$$-\int \mathrm{F}\,\frac{d\mathrm{A}}{dx}\,dx$$

D'ailleurs le parallélépipède de section droite $dy\,dz$ découpe sur la surface S autour des points $\mathrm{M}_1, \mathrm{M}_2,\ldots\ldots \mathrm{M}_{2p}$, des éléments de surface

$$d\omega_1,\ d\omega_2,\ d\omega_3,\ d\omega_4,\ldots\ldots d\omega_{2p-1},\ d\omega_{2p}$$

et en désignant par $n_1,\ n_2,\ldots\ldots n_{2p-1},\ n_{2p}$ les directions des normales à ces divers éléments menées *vers l'extérieur* de la surface, on aura

$$dy\,dz = +\,(d\omega)_{2i}\cos\,(n_{2i},x) = -\,(d\omega)_{2i-1}\cos\,(n_{2i-1},x)$$

cette remarque ramène immédiatement l'intégrale de volume

$$\int \mathrm{A}\,\frac{d\mathrm{F}}{dx}\,d\tau \text{ à l'intégrale de volume } -\int \mathrm{F}\,\frac{d\mathrm{A}}{dx}\,d\tau \text{ et à}$$

l'intégrale de surface $\int (FA) \cos (n.x)\, d\omega$ étendue à la surface S; en d'autres termes :

$$\int A\, \frac{dF}{dx}\, d\tau = \int (AF) \cos (n.x)\, d\omega - \int F\, \frac{dA}{dx}\, d\tau$$

tel est le théorème qu'on appelle quelquefois *théorème de l'intégration géométrique par parties.*

En faisant varier le rôle joué par chaque axe de coordonnées, et appliquant trois fois ce théorème au cas de $A = 1$, on établira immédiatement la formule suivante :

$$\int \left(\frac{dF}{dx} + \frac{d\Phi}{dy} + \frac{d\Psi}{dz} \right) d\tau = \int [F \cos (n.x) + \Phi \cos (n.y) + \Psi \cos (n.z)]\, d\omega$$

si le vecteur (F, Φ, Ψ) vérifie la distribution solénoïdale, c'est-à-dire si

$$\frac{dF}{dx} + \frac{d\Phi}{dy} + \frac{d\Psi}{dz} = 0$$

l'intégrale de surface

$$\int [F \cos (n.x) + \Phi \cos (n.y) + \Psi \cos (n.z)]\, d\omega$$

sera nulle; on peut d'ailleurs, en désignant par R le vecteur qui a pour projections sur les axes F, Φ, Ψ et par R_n la projection de ce vecteur sur la normale à l'élément $d\omega$ dirigée vers l'extérieur de la surface, l'écrire :

$$\int R_n\, d\omega$$

Si l'on fait :

$$2\,p = \frac{dw}{dy} - \frac{dv}{dz} = \mathrm{F}$$

$$2\,q = \frac{du}{dz} - \frac{dw}{dx} = \Phi$$

$$2\,r = \frac{dv}{dx} - \frac{du}{dy} = \Psi$$

la condition :

$$\frac{d\mathrm{F}}{dx} + \frac{d\Phi}{dy} + \frac{d\Psi}{dz} = 0$$

est satisfaite identiquement.

Si donc Ω désigne la rotation moyenne aux composantes $p,\,p,\,r$ on aura :

$$\int \Omega_n\,d\omega = 0$$

Application à la rotation moyenne.

— **Corollaire.** — Considérons dans le milieu physique en mouvement la double infinité de courbes qui satisfont chacune *aux équations différentielles :*

$$\frac{\delta x}{p} = \frac{\delta y}{q} = \frac{\delta z}{r}$$

et qu'on appelle depuis Helmholtz des *lignes tourbillonnaires*, puis considérons l'ensemble de ces lignes qui s'appuient sur le contour d'une aire plane ayant deux dimensions infiniment petites, nous formons ainsi un *tube tourbillon* ou *tube tourbillonnaire*, limitons ce tube à deux sections planes par exemple, l'intégrale

$$\int \Omega_n\,d\omega$$

étendue à toute la surface ainsi limitée est nulle, mais en tout point *de la surface latérale* de ce canal $\Omega_n = 0$.

Si donc n se rapporte au côté de la base du tube qui convient à un sens déterminé de parcours d'un filet du tube tourbillonnaire on aura

$$\int \Omega_n \, d\omega = \text{constante}$$

sur les deux bases du tube.

En particulier si la base du tube est normale à un filet l'intégrale diffère infiniment peu du produit $d\omega \, \Omega$, *on l'appelle intensité rotatoire du tourbillon.*

Remarque. — Le théorème précédent montre que si on considère deux surfaces, jetées en pont sur une même courbe fermée et dont la réunion forme un domaine E sans pénétration réciproque, l'intégrale $\int \Omega_n \, d\omega$ aura même valeur sur les deux surfaces.

Il est donc naturel de prévoir que l'intégrale considérée est réductible *à une intégrale curviligne* relative à la courbe fermée C.

C'est ce que va confirmer le théorème suivant.

Théorème d'Hankel, quelquefois nommé théorème de Stokes.

Considérons une courbe fermée G, gauche ou plane, sur laquelle *s'appuie* une certaine surface, supposons qu'on adopte un sens de parcours de la courbe G; on peut associer alors à ce sens de parcours un sens de la normale à un élément *abcd* de surface; en effet, si par une déformation continue, on passe de la courbe G au contour *abcd*, on définit un sens de parcours de ce dernier; le sens de la normale à l'élément, associé à ce sens, sera tel qu'un observateur reposant sur le plan tangent à l'élément, en un point intérieur à celui-ci, voit le sens de parcours *abcd* parcouru par rapport à sa droite et à sa gauche dans un sens qui est en harmonie avec l'orientation du trièdre de coordonnées.

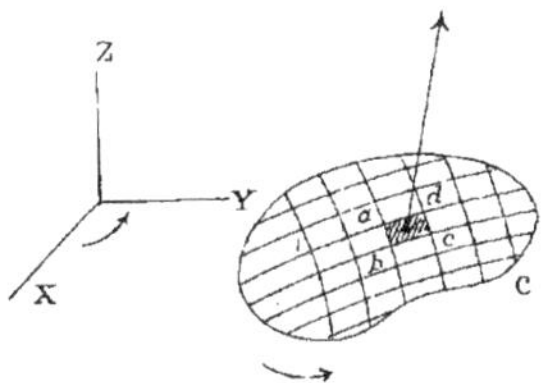

Nous pourrons alors tracer sur la surface deux familles de courbes telles que

$$\alpha_1 \alpha_2, \ldots \ldots \text{ où le paramètre } \alpha \text{ varie seul}$$
$$\beta_1 \beta_2, \ldots \ldots \text{ où le paramètre } \beta \text{ varie seul}$$

ces paramètres α et β peuvent servir à définir sans ambiguité un point de la surface.

Nous supposerons que α croît dans le sens $\overrightarrow{12}$ et que β croît dans le sens $\overrightarrow{23}$. Ceci posé, envisageons l'intégrale de surface :

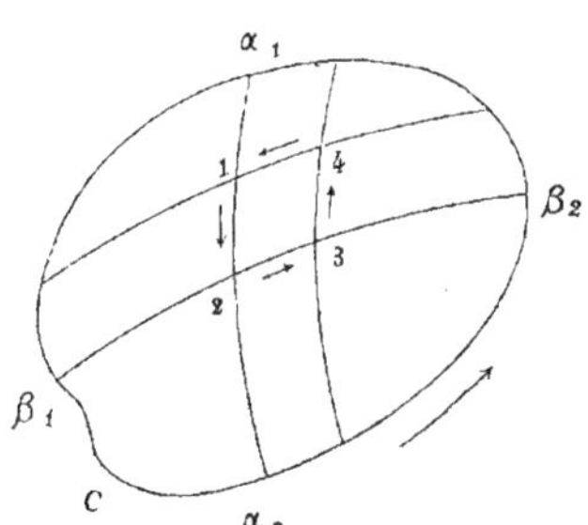

$$J = 2 \int \Omega_n \, d\omega$$

étendue à la portion de surface limitée par la courbe C, Ω_n désignant la projection de la rotation moyenne Ω sur la normale orientée à l'élément $d\omega$.

On a donc par définition

$$J = \int \left(\frac{dw}{dy} - \frac{dv}{dz} \right) \cos(n.x)\, d\omega$$

$$+ \int \left(\frac{du}{dz} - \frac{dw}{dx} \right) \cos(n.y)\, d\omega$$

$$+ \int \left(\frac{dv}{dx} - \frac{du}{dy} \right) \cos(n.z)\, d\omega$$

Or on vérifie sans peine que $d\alpha$ et $d\beta$ étant positifs comme $d\omega$, on aura :

$$d\omega \cos(n.z) = \left(\frac{dx}{d\alpha}\frac{dy}{d\beta} - \frac{dx}{d\beta}\frac{dy}{d\alpha} \right) d\alpha\, d\beta$$

$$d\omega \cos(n.x) = \left(\frac{dy}{d\alpha}\frac{dz}{d\beta} - \frac{dy}{d\beta}\frac{dz}{d\alpha} \right) d\alpha\, d\beta$$

$$d\omega \cos(n.y) = \left(\frac{dz}{d\alpha}\frac{dx}{d\beta} - \frac{dz}{d\beta}\frac{dx}{d\alpha} \right) d\alpha\, d\beta$$

On déduit de là, en ordonnant par rapport aux dérivées des fonctions respectives u, v, w.

$$J = \int\!\!\int \left\{ \left[\frac{du}{dz}\left(\frac{dz}{d\alpha}\frac{dx}{d\beta} - \frac{dz}{d\beta}\frac{dx}{d\alpha} \right) - \frac{du}{dy}\left(\frac{dx}{dz}\frac{dy}{d\beta} - \frac{dx}{d\beta}\frac{dy}{d\alpha} \right) \right] d\alpha\, d\beta \right.$$

$$+ \int\!\!\int \left[\frac{dv}{dx}\left(\frac{dx}{d\alpha}\frac{dy}{d\beta} - \frac{dx}{d\beta}\frac{dy}{d\alpha} \right) - \frac{dv}{dz}\left(\frac{dy}{d\alpha}\frac{dz}{d\beta} - \frac{dy}{d\beta}\frac{dz}{d\alpha} \right) \right] d\alpha\, d\beta$$

$$+ \int\!\!\int \left[\frac{dw}{dy}\left(\frac{dy}{d\alpha}\frac{dz}{d\beta} - \frac{dy}{d\beta}\frac{dz}{d\alpha} \right) - \frac{dw}{d\alpha}\left(\frac{dz}{d\alpha}\frac{dx}{d\beta} - \frac{dz}{d\beta}\frac{dx}{d\alpha} \right) \right] d\alpha\, d\beta$$

Les termes en $\dfrac{du}{dz}$ et $\dfrac{du}{dy}$ de la première intégrale du second membre peuvent s'écrire

$$\frac{dx}{d\beta}\left[\frac{du}{dz}\frac{dz}{d\alpha} + \frac{du}{dx}\frac{dy}{d\alpha} \right] - \frac{dx}{d\alpha}\left[\frac{du}{dz}\frac{dz}{d\beta} + \frac{du}{dy}\frac{dy}{d\beta} \right]$$

ou encore

$$\frac{dx}{d\beta}\left[\frac{du}{dx}\frac{dx}{d\alpha} + \frac{du}{dy}\frac{dy}{d\alpha} + \frac{du}{dz}\frac{dz}{d\alpha}\right] - \frac{dx}{d\alpha}\left[\frac{du}{dx}\frac{dx}{d\beta} + \frac{du}{dy}\frac{dy}{d\beta} + \frac{du}{dz}\frac{dz}{d\beta}\right]$$

ou enfin

$$\frac{dx}{d\beta}\frac{du}{d\alpha} - \frac{dx}{d\alpha}\frac{du}{d\beta}$$

cette différence peut d'ailleurs encore s'écrire

$$\frac{d}{d\alpha}\left[u\,\frac{dx}{d\beta}\right] - \frac{d}{d\beta}\left[u\,\frac{dx}{d\alpha}\right]$$

or l'intégration par parties donne

$$\int\int \frac{d}{d\alpha}\left[u\,\frac{dx}{d\beta}\right] d\alpha\,d\beta = \int_{\beta_3}^{\beta_4} \left[\left(u\,\frac{dx}{d\beta}\right)_2 - \left(u\,\frac{dx}{d\beta}\right)_1\right] d\beta$$

β_3, β_4 désigne les valeurs des paramètres des courbes tangentes à la courbe C, sur lesquelles β varie seul.

Mais l'intégrale du second membre peut évidemment être remplacée par l'intégrale curviligne

$$\int_C u\,\frac{dx}{d\beta}\,d\beta$$

prise le long de la courbe C.

Un calcul analogue donnera :

$$-\int\int \frac{d}{d\beta}\left[u\,\frac{dx}{d\alpha}\right] d\alpha\,d\beta = \int_C u\,\frac{dx}{d\alpha}\,d\alpha$$

la portion considérée de l'intégrale J sera donc

$$\int_C u \left(\frac{dx}{d\alpha}\, d\alpha + \frac{dx}{d\beta}\, d\beta \right) = \int_C u\, dx$$

on calculera de la même manière les deux autres intégrales doubles, et l'on aura :

$$2\,\mathrm{J} = \int_C (u\, dx + v\, dy + w\, dz)$$

l'intégrale $\int_L (u\, dx + v\, dy + w\, dz)$ relative à une courbe L
quelconque porte le nom de *flux* relatif à cette ligne.

Le flux relatif à une courbe fermée C porte le nom de
circulation.

Remarque. — Si l'on a identiquement $\Omega = 0$, on aura
aussi $\Omega_n = 0$. En ce cas, l'intégrale

$$\int_L u\, dx + v\, dy + w\, dz$$

ne dépend que des extrémités du chemin L et non des
points intermédiaires. Pour deux courbes L et L', terminées aux mêmes extrémités, on aura

$$\int_L (u\, dx + v\, dy + w\, dz) = \int_{L'} (u\, dx + v\, dy + w\, dz)$$

Ceci suppose que les courbes L et L' réunies forment une
courbe fermée sur laquelle on puisse jeter une surface,
toute entière située dans le milieu en mouvement.

Cette condition, par exemple, cesserait d'être remplie
pour un milieu qui n'occuperait que le volume d'un tore.

Nous supposerons dans la question suivante que les
courbes L et L' restent dans une région telle que la condition précédente soit naturellement remplie.

On peut alors se poser la question suivante :

Sur quelle surface doit-on *virtuellement* déplacer le point géométrique (x, y, z) pour que, sur cette surface, l'expression $udx + vdy + wdz$ devienne une différentielle exacte d'une fonction de deux variables indépendantes.

Soient α et β les paramètres qui fixent la position du point $M (x, y, z)$ sur cette surface; la condition, pour qu'il en soit ainsi, sera évidemment :

$$\frac{d}{d\beta}\left[u\frac{dx}{d\alpha}+v\frac{dy}{d\alpha}+w\frac{dz}{d\alpha}\right]=\frac{d}{d\alpha}\left[u\frac{dx}{d\beta}+v\frac{dy}{d\beta}+w\frac{dz}{d\beta}\right]$$

Le calcul du théorème précédent fait dans l'ordre inverse montre alors qu'on aura :

$$\left(\frac{dw}{dy}-\frac{dv}{dz}\right)\left(\frac{dy}{d\alpha}\frac{dz}{d\beta}-\frac{dy}{d\beta}\frac{dz}{d\alpha}\right)+\left(\frac{du}{dz}-\frac{dw}{dx}\right)\left(\frac{dz}{d\alpha}\frac{dx}{d\beta}-\frac{dz}{d\beta}\frac{dx}{d\alpha}\right)$$
$$+\left(\frac{dv}{dx}-\frac{du}{dy}\right)\left(\frac{dx}{d\alpha}\frac{dy}{d\beta}-\frac{dx}{d\beta}\frac{dy}{d\alpha}\right)=0$$

et cette équation exprime que la rotation moyenne Ω est dans le plan tangent à la surface considérée; en d'autres termes cette surface est un lieu de courbes tourbillonnaires; nous l'appellerons une *surface tourbillonnaire*.

Soient u, v, w trois fonctions quelconques des trois variables x, y, z : représentant, nous pouvons le supposer, les composantes d'une vitesse d'un point d'un milieu; soient $\psi = const^e$, une famille de surfaces tourbillonnaires, et $\alpha = const^e$, $\beta = const^e$, deux autres familles de surfaces, telles que α, β, ψ, puissent être envisagées comme coordonnées curvilignes du point $M (x, y, z)$.

x, y, z étant exprimés en α, β, ψ.

$udx + vdy + wdz$ devient une expression de la forme

$$A d\alpha + B d\beta + C d\psi$$

Par hypothèse, si on fait $\psi = const^c$, $Ad\alpha + Bd\beta$ devient la différentielle exacte d'une fonction φ où ψ joue le rôle de paramètre.

On pourra donc écrire :

$$Ad\alpha + Bd\beta = d\varphi - \frac{d\varphi}{d\psi}\, d\psi$$

On aura donc :

$$udx + vdy + wdz = d\varphi + \left(C - \frac{d\varphi}{d\varphi}\right)d\psi$$

en posant $C - \dfrac{d\varphi}{d\psi} = m$

On aura enfin :

$$udx + vdy + wdz = d\varphi + md\psi$$

$\psi = const^e$ et $m = const^e$ seront alors deux familles de surfaces tourbillonnaires, d'après la remarque précédente.

Cette remarque a été utilisée par Clebsch pour diriger l'intégration des équations de l'hydrodynamique comme on le verra plus loin.

<table><tr><td>Variation
du flux
dans le temps.</td><td>Considérons le milieu P_o en mouvement et occupant aux époques t_o et t_1 les positions P_o, P_1; soient L_o et L_1 les deux positions d'une ligne physique L envisagée aux deux époques.</td></tr></table>

Considérons le flux $F_L\ (t)$ relatif à la courbe L et à l'époque t, c'est-à-dire l'intégrale curviligne :

$$F_L\ (t) = \int_{L_1}(u\delta x + v\delta y + w\delta z)$$

δ désignant des variations relatives au milieu envisagé à une même époque t nous désignerons par d les variations relatives à des quantités attachées à un même point physique.

La dérivée du flux sera dès lors :

$$\frac{dF_L(t)}{dt} = \int_{L_1} \left(\frac{du}{dt}\delta x + \frac{dv}{dt}\delta y + \frac{dw}{dt}\delta z \right) + \int_{L_1} \left(u\delta\frac{dx}{dt} + v\delta\frac{dy}{dt} + w\delta\frac{dz}{dt} \right)$$

Les quantités $\dfrac{du}{dt}$, $\dfrac{dv}{dt}$, $\dfrac{dw}{dt}$ sont les composantes de l'accélération j; posons alors

$$\frac{du}{dt} = j_x$$

$$\frac{dv}{dt} = j^y$$

$$\frac{dw}{dt} = j_z$$

$$T = \frac{1}{2}(u^2 + v^2 + w^2)$$

Et la relation obtenue s'écrira :

$$\frac{dF_L(t)}{dt} = \int_{L_1} (j_x\,\delta x + j_y\,\delta y + j_z\,\delta z) + T_1 - T_0$$

T_1 et T_0 se rapportant aux extrémités de la courbe L_1.

Supposons que la courbe L devienne une courbe fermée C, toute entière située dans le milieu, et telle que la courbe C soit réductible à un point par déformation continue sans quitter le milieu. Lorsque le volume occupé par le milieu jouit de cette propriété pour toutes les courbes C fermées qu'on y peut tracer, on dit que le volume considéré est *simplement connexe*.

En ce cas on aura $T_1 = T_0$.

Posons maintenant :

$$2\,\Omega'_x = \frac{dj_z}{dy} - \frac{dj_y}{dz}$$

$$2\,\Omega'_y = \frac{dj_x}{dz} - \frac{dj_z}{dx}$$

$$2\,\Omega'_z = \frac{dj_y}{dx} - \frac{dj_x}{dy}$$

Les quantités Ω'_x, Ω'_y, Ω'_z seront les projections d'un vecteur Ω' que nous appellerons *l'accélération rotatoire*.

L'intégrale curviligne relative à la courbe fermée peut alors être remplacée par l'intégrale de surface :

$$2 \int_{K} \Omega'\, d\omega$$

l'intégrale étant relative à une surface fermée s'appuyant sur le contour C.

$$\text{Si } \Omega' = 0 \qquad \frac{dF\,(t)}{dt} = 0$$

Cette circonstance se présente notamment lorsque H désignant une fonction bien déterminée on a :

$$j_x = \frac{dH}{dx}$$

$$j_y = \frac{dH}{dy}$$

$$j_z = \frac{dH}{dz}$$

On dit en ce cas qu'il existe une fonction des accélérations.

Nous supposons, dans ce qui va suivre, *que cette condition soit réalisée.*

D'ailleurs, dans le cas général, on peut jeter sur la courbe C une surface donnée; en considérant cette surface physique on a :

$$\frac{d}{dt}\int_{N}(\Omega\, d\omega) = \int_{N}\Omega'\, d\omega$$

c'est-à-dire :

La dérivée par rapport au temps de l'intensité tourbillonnaire relative à une aire physique fermée est égale à l'intensité de l'accélération rotatoire relative à la même surface; dans l'hypothèse particulière d'une fonction des accélérations cette dernière est nulle.

On a donc ainsi en ce cas :

$$\frac{d}{dt}\int_{N}\Omega\, d\omega = 0$$

et par suite :

$$\int_{N}\Omega\, d\omega = \text{constante}$$

Voici plusieurs conséquences remarquables.

Supposons que l'on ait à une époque initiale t_0

Théorème de Lagrange.

$$(\Omega_N)_0 = 0$$

on aura constamment :

$$\int \Omega_n\, d\omega = 0$$

et comme ceci a lieu quelle que soit l'étendue de la surface on conclut :

$$\Omega^N = 0$$

et comme l'orientation de la surface est arbitraire on concluera

$$\Omega = 0 \quad \text{à toute époque}$$

donc, enfin, si

$$u_0\, \delta x_0 + v_0\, \delta q_0 + w_0\, \delta x_0$$

est une différentielle exacte à l'époque t_0

$$u\delta x + v\delta y + w\delta z$$

sera différentielle exacte à toute époque : c'est le théorème de Lagrange.

Théorème de Lagrange généralisé. Considérons une courbe C tracée sur une surface tourbillonnaire à l'origine; on a à l'origine $\left(\frac{\Omega}{N}\right)_0 = 0$ sur toute cette surface.

On aura donc dans tout le champ à toute époque t

$$\int \frac{\Omega}{N}\, d\omega = 0$$

et le champ étant arbitraire

$$\frac{\Omega}{N} = 0$$

Donc si une surface physique est tourbillonnaire à l'origine elle restera toujours tourbillonnaire.

Corollaire. Les lignes tourbillonnaires intersections de deux surfaces physiques seront aussi des lignes physiques.

Ce théorème est dû à Helmholtz, la démonstration qui en est donnée ici appartient à Thomson.

L'intensité rotatoire d'un tube tourbillonnaire est indépendante du temps.

Si on considère un tube tourbillonnaire et une surface qui le coupe, l'intégrale

$$\int_n \Omega \, d\omega$$

relative à celle-ci est constante tout le long du tube; elle est aussi, comme on l'a vu plus haut, indépendante du temps.

Remarque. — Ces théorèmes d'Helmholtz sont une conséquence de l'existence d'une fonction des accélérations.

La réciproque est-elle vraie?

Supposons d'abord que le premier théorème d'Helmholtz soit vrai, c'est-à-dire que les lignes tourbillonnaires soient des lignes physiques; reprenons l'égalité applicable à tous les cas, obtenue plus haut, savoir :

$$\frac{d}{dt} \int \Omega_N \, d\omega = \int \Omega'_N \, d\omega$$

il existe une famille de surfaces physiques (les surfaces tourbillonnaires) pour lesquelles on a constamment $\Omega_N = 0$. L'égalité précédente montre que sur les mêmes surfaces on aura

$$\Omega'_N = 0$$

L'hypothèse $\underset{N}{\Omega} = 0$ entraîne donc, dans le cas où le premier théorème d'Helmholtz est applicable, l'hypothèse $\Omega'_N = 0$; donc la conservation des lignes et par suite des surfaces tourbillonnaires *exige seulement que l'accélération rotatoire soit parallèle* à la rotation moyenne.

Mais la simultanéité des deux théorèmes d'Helmholtz exige que l'on ait PARTOUT

$$\Omega'_N = 0$$

et par conséquent

$$\Omega' = 0$$

donc en ce cas il y a nécessairement une fonction des accélérations.

Application du théorème d'Hankel aux coordonnées curvilignes.
Le théorème d'Hankel permet très simplement d'exprimer la rotation moyenne en coordonnées curvilignes.

Considérons sur la surface : $\rho_3 = C^{te}$, le quadrilatère curviligne $AM_1A'M_2$.

AM_1 courbe où ρ_1 varie seul
AM_2 courbe où ρ_2 varie seul
M_1A' courbe où ρ_2 varie seul
$A'M_2$ courbe où ρ_1 varie seul

Soient Ω_1, Ω_2, Ω_3 les composantes de la rotation moyenne suivant les droites AA_1, AA_2, AA_3 déjà envisagées, normales aux surfaces respectives :

$$f_1(x, y, z) = \rho_1$$
$$f_2(x, y, z) = \rho_2$$
$$f_3(x, y, z) = \rho_3$$

formant un système triple orthogonal.

La partie principale de l'intégrale $2 \int \frac{\Omega}{N} d\omega$ relative à l'aire de la surface $\rho_3 = c^e$ limitée par le quadrilatère curviligne sus-mentionné sera :

$$2\,\Omega_3\, \frac{d\rho_1}{h_1}\, \frac{d\rho_2}{h_2}$$

l'intégrale curviligne équivalente sera :

$$\int_A^{M_1} u_1 \delta s_1 + \int_{M_1}^{A'} u_1 \delta s_2 - \int_{M_2}^{A'} u_1 \delta s_1 - \int_A^{M_2} u_1 \delta s_2$$

et aura pour partie principale :

$$\left[\frac{d}{d\rho_2}\left(\frac{u_1}{h_1}\right) - \frac{d}{d\rho_1}\left(\frac{u_2}{h_2}\right)\right] d\rho_1\, d\rho_2$$

le théorème de Stokes donnera alors au point A les trois formules :

$$2\,\Omega_3 = h_1 h_2 \left[\frac{d}{d\rho_2}\left(\frac{u_1}{h_1}\right) - \frac{d}{d\rho_1}\left(\frac{u_2}{h_2}\right)\right]$$

$$2\,\Omega_1 = h_2 h_3 \left[\frac{d}{d\rho_3}\left(\frac{u_2}{h_2}\right) - \frac{d}{d\rho_2}\left(\frac{u_3}{h_3}\right)\right]$$

$$2\,\Omega_2 = h_3 h_1 \left[\frac{d}{d\rho_1}\left(\frac{u_3}{h_3}\right) - \frac{d}{d\rho_3}\left(\frac{u_1}{h_1}\right)\right]$$

IV

Théorie de l'élasticité.
La fonction des forces moléculaires.

Soit O un point donné, traçons une sphère ayant O pour centre et un rayon E très petit physiquement parlant, mais assez grand pour contenir un très grand nombre de particules.

Celles-ci sont de dimensions très petites par rapport à leurs distances mutuelles et exercent les unes sur les autres des actions concentrées en leurs centres de gravité et fonctions de la position mutuelle de ces centres.

Cette dernière hypothèse est *l'hypothèse moléculaire.*

Nous admettrons que les forces dérivent d'une fonction des forces qui ne dépend que des distances mutuelles des centres de gravité des particules ; ce qui, remarquons-le bien, n'exige pas que les *forces soient mutuelles.*

Nous regarderons, d'ailleurs, les molécules comme formant un *système libre.* L'hypothèse des liaisons n'a pas plus de généralité, et au point de vue analytique, sinon au point de vue concret, il est commode de s'en passer.

L'équilibre d'un système de particules isolées s'exprime très aisément, comme nous le verrons, au moins théoriquement.

Mais la conception de fonctions de points isolés, et surtout la conception de leurs dérivées demande quelques éclaircissements. Il s'agit en somme de la distinction du continu mathématique et du continu physique.

En Analyse, le mot infiniment petit s'applique à une grandeur variable qui tend vers zéro ; il semble donc qu'une fonction $u(x, y, z)$ des coordonnées d'un point faisant partie d'un ensemble discontinu ne puisse admettre de dérivées partielles par rapport à ces variables. Et pourtant, nous considérerons par la suite les projections ξ, η, ζ, du *déplacement* élastique d'une particule de coordonnées x, y, z, et nous considérerons comme dans le cas d'un milieu continu des dérivées :

$$\frac{d\xi}{dx}, \quad \dots \frac{d\zeta}{dz};$$

Que faut-il entendre par là ?

Nous serons amenés par la suite à considérer un domaine de *petites* dimensions physiques (la sphère d'activité moléculaire) renfermant un grand nombre de points physiques, et nous admettrons qu'à l'intérieur de ce domaine on a :

$$u(x', y', z') - u(x, y, z) = A(x' - x) + B(y' - y) C(z' - z)$$

Les quantités A, B, C, désignant des quantités sinon constantes dans ce domaine, du moins des quantités dont les variations dans ce domaine sont de *l'ordre physique* de l'étendue linéaire de ce domaine. Les quantités A, B, C, ou leurs valeurs moyennes pourront jouer alors le *rôle de premières dérivées physiques* de la fonction u.

Si A_0, B_0, C_0 désignent des fonctions de x_0, y_0, z_0, analytiquement continues ;

Et si, dans l'intérieur du petit domaine, on a :

$$u(x, y, z) - u(x_0, y_0, z_0) = A_0(x - x_0) + B_0(y - y_0) + C_0(z - z_0) + \Phi$$

Φ désignant une forme quadratique approchée des $x - x_o$, $y - y_o$, $z - z_o$.

Les coefficients de Φ seront, sinon des constantes, du moins des quantités dont les variations sont de *l'ordre physique* de l'étendue du domaine considéré, les quantités A_o, B_o, C_o seront les *dérivées premières précisées* si l'expression $A_o dx + B_o dy + C_o dz$ est intégrable.

Ces considérations manquent évidemment de rigueur et il y a, sans doute, une infinité de dérivées précisées possibles ; quoi qu'il en soit NOUS SUPPOSERONS que si u désigne l'une des composantes d'un déplacement élastique l'on puisse poser *approximativement* :

$$u(x', y', z') - u(x, y, z) = A_o(x' - x) + B_o(y' - y) + C_o(z' - z)$$

A_o, B_o, C_o étant des fonctions analytiques, admettant des dérivées et satisfaisant aux conditions ;

$$\frac{dA_o}{dy} = \frac{dB_o}{dx}, \quad \frac{dA_o}{dz} = \frac{dC_o}{dx}, \quad \frac{dB_o}{dz} = \frac{dC_o}{dy},$$

en ce cas nous pourrons représenter les coefficients A_o, B_o, C_o par les notations :

$$\frac{du}{dx}, \quad \frac{du}{dx}, \quad \frac{du}{dy}$$

L'équilibre élastique.

Soient x_i, y_i, z_i les coordonnées cartésiennes du centre de gravité d'une particule M_i du corps envisagé dans un premier état d'équilibre que nous appellerons *équilibre naturel*. Nous désignerons par A_i, B_i, C_i les projections de la résultante des forces *intérieures* exercées par les molécules du

corps sur la molécule M_i; soient P_i, Q_i, R_i les projections
d'une force *extérieure*,

Les équations de l'équilibre naturel seront :

$$A_i + P_i = 0$$
$$B_i + Q_i = 0$$
$$C_i + R_i = 0$$

Supposons maintenant que des forces extérieures nouvelles viennent à agir, une nouvelle position d'équilibre du
système va naître.

Les coordonnées de la particule $x_i y_i z_i$ deviennent

$$x_i + \xi_i,\; y_i + \eta_i,\; z_i + \zeta_i;$$

les valeurs des actions moléculaires intérieures sont chan-
gées, car A_i, B_i, C_i sont des fonctions des coordonnées
x_i, y_i, z_i de M_i et des diverses coordonnées $x_k y_k z_k$ des autres
particules M_k. Désignons par (A_i), (B_i), (C_i) leurs nouvelles
valeurs et faisons :

$$A_i = F\,(x_i, y_i, z_i;\; x_k, y_k, z_k;\; \dots)$$

Faisons ensuite :

$$(A_i) = F\,(x_i + \xi_i,\, y_i + \eta_i,\, z_i + \zeta_i;\; x_k + \xi_k,\, y_k + \eta_k,\, z_k + \zeta_k)$$

et, soient X_i, Y_i, Z_i les variations de la force extérieure
appliquée en M_i, nous aurons pour l'équation de l'équilibre
contraint :

$$(A_i) + P_i + X_i = 0$$
$$(B_i) + Q_i + Y_i = 0$$
$$(C_i) + R_i + Z_i = 0$$

Soit U la fonction des forces moléculaires, nous la supposons développable en série de Taylor par rapport aux puissances des ξ, η, ζ; désignons par U_λ le terme homogène de degré λ de ce développement, on aura :

$$U = U_0 + U_1 + U_2 + \ldots$$

$$A_i = \frac{dU_1}{d\xi_i} \qquad B_i = \frac{dU_1}{d\eta_i} \qquad C_i = \frac{dU_1}{d\zeta_i}$$

$$(A_i) = \frac{dU_1}{d\xi_i} + \frac{dU_2}{d\xi_i} + \ldots$$

$$(B_i) = \frac{dU_1}{d\eta_i} + \frac{dU_2}{d\eta_i} + \ldots$$

$$(C_i) = \frac{dU_1}{d\zeta_i} + \frac{dU_2}{d\zeta_i} + \ldots$$

Si on néglige les puissances supérieures ξ, η, ζ supérieures à la première et si on substitue ces valeurs dans les équations de l'équilibre contraint, on trouvera :

$$\frac{dU_2}{d\xi_i} + X = 0$$

$$\frac{dU_2}{d\eta} + Y_i = 0$$

$$\frac{dU_2}{d\zeta_i} + Z_i = 0$$

Ces équations sont du 1er degré en $\xi_i \eta_i \zeta_i$, $\xi_k \eta_k \zeta_k$, et s'il y a n molécules, on aura $3n$ équations linéaires à $3n$ inconnues.

Comme les molécules ne sauraient être données individuellement, la méthode précédente est purement formelle.

Nous supposerons d'abord que la fonction des forces ne dépende que de la configuration du système, c'est-à-dire des distances mutuelles des molécules prises deux à deux.

Si x, y, z sont dans le premier état d'équilibre les coordonnées d'une molécule générale m_1, nous désignerons les coordonnées d'une molécule voisine par $x + Dx$, $y + Dy$, $z + Dz$.

Nous désignerons par R le *carré* de leur distance dans le premier état :

$$R = D_x{}^2 + D_y{}^2 + D_z{}^2 \,;$$

Soient ξ, η, ζ, les projections du déplacement de m_1, $\xi + D\xi$, $\eta + D\eta$, $\zeta + D\zeta$ les projections du déplacement de m_2. R deviendra $R + \rho$ et l'on aura

$$(R + \rho) = (Dx + D\xi)^2 + (Dy + D\eta)^2 + (Dz + D\zeta)^2$$

en développant la fonction U de R, R'...

$$U (R + \rho, \quad R' + \rho'...),$$

suivant les puissances de ρ, ρ' on aura *en négligeant les termes du troisième ordre*

$$(1) \quad \begin{cases} U = U_0 + U_1 + U_2 \\ U_0 = U(R.R'..) \\ U_1 = \Sigma \dfrac{dF}{dR} \rho \\ U_2 = \dfrac{1}{2} \Sigma \dfrac{d^2F}{dR^2} \rho^2 + \Sigma \dfrac{d^2F}{dR\,dR'} \rho \rho' \end{cases}$$

La comparaison des valeurs de R et $R + \rho$ donne d'ailleurs

$$\rho = 2 (Dx\,D\xi + Dy\,D\eta + Dz\,D\zeta) + D\xi^2 + D\eta^2 + D\zeta^2$$

ou, en faisant :

$$(2) \quad \begin{cases} \rho_1 = 2\,(Dx\,D\xi = Dy\,D\eta + Dz\,D\zeta) \\ \rho_2 = \overline{D\xi}^2 + \overline{D\eta}^2 + \overline{D\zeta}^2 \\ \rho = \rho_1 + \rho_2 \end{cases}$$

En substituant et négligeant toujours les termes du troisième ordre, l'expression de U deviendra :

$$(2^{bis}) \quad U = U_0 + \Sigma \frac{dF}{dR}\rho_1 + \Sigma \frac{dF}{dR}\rho_2 + \frac{1}{2}\Sigma\frac{d^2F}{dR^2}\rho_1{}^2 + \Sigma\frac{d^2}{dR\,dR'}\rho_1\rho_1{}'$$

Hypothèse relative à la sphère d'activité moléculaire.

Les actions moléculaires ne s'exercent qu'à une distance δ très petite (rayon d'activité moléculaire). U n'acquiert de valeurs sensibles que pour les couples de points moins éloignés que δ et de plus chaque quantité $\frac{d^2F}{dR\,dR'}$ n'est appréciable que si les quatre points relatifs aux distances R et R' sont dans une sphère de l'ordre de δ.

Considérons dès lors le volume V limité par une surface fermée, décomposé en deux régions V' et V".

Nous pouvons partager les distances mutuelles en trois groupes :

1° Celles qui ne mettent en jeu dans U que les distances de points tous situées dans V', soit U' la partie correspondante de U.

2° Celles qui ne mettent en jeu dans U que les distances de points situés dans V".

3° Celles qui font intervenir dans U et des points de V' et des points de V".

Si les volumes considérés sont grands par rapport au rayon d'activité moléculaire, l'importance du troisième groupe est négligeable devant celle des deux autres.

Dans ces conditions nous admettons que l'on a ;

$$U = U' + U''$$

et il en sera encore de même lorsque nous diviserons le volume en éléments physiques petits $\Delta\tau$, mais grands encore par rapport à la sphère d'activité moléculaire.

Nous admettrons que l'on pourra poser encore

$$U = \Sigma \, W \, \Delta\tau$$

W désignant une fonction des distances mutuelles des points uniquement situés dans le volume $\Delta\tau$.

Nous admettons que l'on aura à l'intérieur de $\Delta\tau$

$$(3) \begin{cases} D\xi = \dfrac{d\xi}{dx}\,Dx + \dfrac{d\xi}{dy}\,Dy + \dfrac{d\xi}{dz}\,Dz \\[2mm] D\eta = \dfrac{d\eta}{dx}\,Dx + \dfrac{d\eta}{dy}\,Dy + \dfrac{d\eta}{dz}\,Dz \quad \text{sensiblement.} \\[2mm] D\zeta = \dfrac{d\zeta}{dx}\,Dx + \dfrac{d\zeta}{dy}\,Dy + \dfrac{d\zeta}{dz}\,Dz \end{cases}$$

Les *dérivées partielles* physiques gardant de plus une valeur sensiblement constante à l'intérieur de $\Delta\tau$.

La fonction des forces de l'élément $\Delta\tau$ sera donnée par une expression analogue à (2 *bis*), mais dans laquelle ne figurent que des distances mutuelles de points situés dans $\Delta\tau$; posons :

$$(4) \begin{cases} \alpha_1 = \dfrac{d\xi}{dx} & \beta_1 = \dfrac{d\zeta}{dy} + \dfrac{d\eta}{dz} \\[2mm] \alpha_2 = \dfrac{d\eta}{dy} & \beta_2 = \dfrac{d\xi}{dz} + \dfrac{d\zeta}{dx} \\[2mm] \alpha_3 = \dfrac{d\zeta}{dz} & \beta_3 = \dfrac{d\eta}{dx} + \dfrac{d\xi}{dy} \end{cases}$$

On aura en se reportant aux valeurs de ρ_1, ρ_2 et en vertu de (3)

$$\rho_1 = 2\alpha_1 Dx^2 + 2\alpha_2 Dy^2 + 2\alpha_3 Dz^2 + 2\beta_3 Dx\,Dy + 2\beta_1 Dy\,Dz + 2\beta_2 Dz\,Dx$$

$$\rho_2 = \Pi_{xx} Dx^2 + \Pi_{yy} Dy^2 + \Pi_{zz} Dz^2 + \Pi_{xy} 2Dx\,Dy + \Pi_{zx} 2D_x\,Dz + \Pi_{yz} 2Dy\,Dz$$

après avoir fait :

$$(5) \quad \begin{cases}
\Pi_{xx} = \left(\dfrac{d\xi}{dx}\right)^2 + \left(\dfrac{d\eta}{dx}\right)^2 + \left(\dfrac{d\zeta}{dx}\right)^2 \\[2mm]
\Pi_{yy} = \left(\dfrac{d\xi}{dy}\right)^2 + \left(\dfrac{d\eta}{dy}\right)^2 + \left(\dfrac{d\zeta}{dy}\right)^2 \\[2mm]
\Pi_{zz} = \left(\dfrac{d\xi}{dz}\right)^2 + \left(\dfrac{d\eta}{dz}\right)^2 + \left(\dfrac{d\zeta}{dz}\right)^2 \\[2mm]
\Pi_{xy} = \dfrac{d\xi}{dx}\dfrac{d\xi}{dy} + \dfrac{d\eta}{dx}\dfrac{d\eta}{dy} + \dfrac{d\zeta}{dx}\dfrac{d\zeta}{dy} \\[2mm]
\Pi_{yz} = \dfrac{d\xi}{dy}\dfrac{d\xi}{dz} + \dfrac{d\eta}{dy}\dfrac{d\eta}{dz} + \dfrac{d\zeta}{dy}\dfrac{d\zeta}{dz} \\[2mm]
\Pi_{zx} = \dfrac{d\xi}{dz}\dfrac{d\xi}{dx} + \dfrac{d\eta}{dz}\dfrac{d\eta}{dx} + \dfrac{d\zeta}{dz}\dfrac{d\zeta}{dx}
\end{cases}$$

en substituant dans la formule (2) on voit que la partie $\Sigma\,\dfrac{dF}{dR}\,\rho_1$ de $W\Delta\tau$ est une *forme* linéaire des α et β dont les coefficients sont :

$$2\Sigma\,\frac{dF}{dR}\,Dx^2,\ 2\Sigma\,\frac{dF}{dR}\,Dy^2,\ 2\Sigma\,\frac{dF}{dR}\,Dz^2,\ 2\Sigma\,\frac{dF}{dR}\,Dx\,Dy,\ 2\Sigma\,\frac{dF}{dR}\,Dy\,Dz,\ 2\Sigma\,\frac{dF}{dR}\,Dz\,Dx;$$

Il est à remarquer que ces coefficients sont nuls lorsque les forces extérieures sont nulles dans le premier état d'équilibre.

Les équations de l'équilibre naturel sont en effet, comme on l'a vu plus haut, au premier point de vue :

$$\frac{dU_1}{d\xi_i} + P_i = 0$$

$$\frac{dU_1}{d\eta_i} + Q_i = 0$$

$$\frac{dU_1}{d\zeta_i} + R_i = 0$$

Si donc $P_i = Q_i = R_i = 0$ on aura :

$$\frac{dU_1}{d\xi_i} = \frac{dU_1}{d\eta_i} = \frac{dU_1}{d\zeta_i} = 0$$

Mais U_1 est une forme homogène et linéaire, donc

$$U_1 = \Sigma \left(\frac{dU_1}{d\xi_i} \xi_i + \frac{dU_1}{d\eta_i} \eta_i + \frac{dU_1}{d\zeta_i} \zeta_i \right) = 0$$

quels que soient les ξ, η, ζ.

Donc, dans ce cas, l'on aura :

$$0 = \Sigma \frac{dF}{dR} Dx^2 = \Sigma \frac{dF}{dR} Dy^2 = \Sigma \frac{dF}{dR} Dz^2 = \Sigma \frac{dF}{dR} Dx\, Dy = \Sigma \frac{dF}{dR} Dy\, Dz$$

$$= \Sigma \frac{dF}{dR} Dz\, Dx$$

ρ_1^2 et $\rho_1 \rho_1'$ seront deux formes quadratiques par rapport aux α et β; cette forme à 6 variables aura

$$\frac{6 \times 7}{2} = 21 \text{ coefficients.}$$

L'expression U qui dépend de ρ_3 sera une combinaison linéaire des six polynômes II.

L'ensemble des 3 derniers termes de la formule (2) relative à l'élément $\Delta\tau$ dépendra donc de 27 coefficients; les 6 coefficients de la combinaison linéaire des polynômes II sont d'ailleurs les mêmes au facteur $\frac{1}{2}$ près que ceux de la forme linéaire des α et β; les 27 coefficients se réduiront donc à 21 quand les forces extérieures sont nulles dans le premier état d'équilibre.

Cette hypothèse n'est pas toujours admissible (exemple : cas d'un gaz). L'hypothèse des forces centrales adoptée par Cauchy et Poisson réduit encore le nombre de 21 coefficients des α et β dans la forme quadratique de ces quantités qui coïncide avec les deux derniers termes de la formule (2) appliquée à l'élément $\Delta\tau$.

En effet, dans le cas des forces centrales mutuelles, la fonction F est évidemment de la forme

$$\varphi(R) + \varphi_1(R_1) + \dots$$

et par suite

$$\frac{d^2F}{dR\,dR'} = 0$$

Nous n'avons alors à considérer que la somme

$$\frac{1}{2} \Sigma \frac{d_2F}{dR_2} \rho^2$$

relative au volume $\Delta\tau$.

ρ_1 est une forme linéaire (5) des α et β; les coefficients de cette forme ne dépendent que des trois quantités Dx, Dy, Dz.

ρ_1^2 sera donc une forme quadratique des α et β dont 21 des coefficients seront unis par $21 - 3 = 18$ relations.

Celles de ces relations qui sont linéaires et homogènes persisteront dans la forme quadratique (par rapport aux α et β).

$$\frac{1}{2} \Sigma \frac{d^2F}{dR^2} \rho_1^2$$

Or, dans ρ_1^2, on aura évidemment

$$(6) \begin{cases} \text{coefficient de } 2\,\alpha_1\,\alpha_2 = \text{coefficient de } \beta_3^2 \\ \text{coefficient de } 2\,\beta_1\,\beta_2 = \text{coefficient de } 2\,\alpha_3\,\beta_3 \\ \text{etc.} \end{cases}$$

Les relations de ce type sont au nombre de 6, elles sont linéaires *et on peut démontrer qu'il n'y en a point d'autres linéaires*.

Les 21 coefficients de la forme considérée sont donc réductibles à 15 d'entre eux.

En résumé, la somme étendue au volume $\Delta\tau$

$$\Sigma\, \frac{dF}{dR}\, \rho_1 + \frac{1}{2}\, \Sigma\, \frac{d^2F}{dR^2}\, \rho_1^2 + \Sigma\, \frac{d^2F}{dR\,dR'}\, \rho_1\,\rho_1$$

est privée de son premier terme (combinaisons linéaires des II) lorsque les forces extérieures sont nulles dans l'état d'équilibre naturel.

Elle est privée de son troisième terme lorsque les forces sont centrales.

Et enfin le terme moyen qui subsiste seul, quand les deux hypothèses précédentes sont réunies, dépend de 15 coefficients arbitraires.

Les 27 coefficients généraux se réduisent donc à 21 dans deux hypothèses distinctes et à 15 lorsque ces hypothèses sont associées.

Si en chaque point d'un corps quelconque, il n'existe pas de différence entre les diverses directions émanant de ce point, au point de vue des propriétés physiques, le corps considéré est dit isotrope. *Corps isotropes.*

Pour voir comment se simplifie la fonction U pour les corps isotropes nous résoudrons d'abord la question suivante :

Quels sont les polynômes homogènes du second degré par rapport aux neuf dérivées partielles $\frac{d}{dx}$, $\frac{d}{dy}$, $\frac{d}{dz}$, *des trois* fonctions ξ, η, ζ, qui jouissent de la propriété d'être *invariants* à l'égard de *l'orientation du trièdre de coordonnées*.

Nous avons déjà vu dans la cinématique des déformations que les *dilatations principales* δ_1 δ_2 δ_3 sont les racines de l'équation

$$\begin{vmatrix} 2\delta - 2\alpha_1 & -\beta_3 & -\beta_2 \\ -\beta_3 & 2\delta - 2\alpha_2 & -\beta^1 \\ -\beta_2 & -\beta_1 & 2\delta - 2\alpha_3 \end{vmatrix} = 0$$

d'où l'on déduit que les coefficients des puissances 2, 1 et 0 de δ dans l'équation précédente développée sont des invariants; ces coefficients alternativement chargés de signe sont

$$A_1 = 2(\alpha_1 + \alpha_2 + \alpha_3) = \Theta \quad = \text{dilatation cubique}$$
$$A_2 = \Sigma(4\,\alpha_1\,\alpha_2 - \beta_3{}^2)$$
$$A^3 = \begin{vmatrix} 2\alpha_1 & \beta_3 & \beta_2 \\ \beta_3 & 2\alpha_2 & \beta_1 \\ \beta_2 & \beta_1 & 2\alpha_3 \end{vmatrix}$$

la considération de A_1 et A_2 nous donne de suite deux polynômes isotropes du second degré.

Savoir :

1°
$$\Theta^2 = \left(\frac{d\xi}{dx} + \frac{d\eta}{dy} + \frac{d\zeta}{dz}\right)^2$$

2°
$$A_2 = \Sigma\left[4\frac{d\xi}{dx}\frac{d\eta}{dy} - \left(\frac{d\xi}{dy} + \frac{d\eta}{dx}\right)^2\right]$$

un troisième nous sera donné par le carré de la rotation moyenne $p^2 + q^2 + r^2 = B$

$$4B = \Sigma\left(\frac{d\zeta}{dy} - \frac{d\eta}{dx}\right)^2$$

toutes ces sommes Σ qu'on vient d'écrire sont des sommes de trois termes dont un seul est écrit, les deux autres termes dérivent de celui-ci par la permutation circulaire effectuée simultanément sur les groupes de lettres correspondantes

$$\begin{matrix} \xi & \eta & \zeta \\ x & y & z \end{matrix}$$

Aux polynômes isotropes précédents on peut associer le polynôme C déduit des précédents.

$$C = \frac{A_2 - 4B}{4} = \Sigma \left[\frac{d\xi}{dx}\frac{d\eta}{dy} - \frac{d\xi}{dy}\frac{d\eta}{dx} \right]$$

Existe-t-il d'autres polynômes isotropes non réductibles aux trois précédents ?

A cet effet observons d'abord que si on change le sens des axes, ξ, η, ζ, x, y, z changent de signe, ce qui ne modifie aucune des dérivées.

Si l'on fait faire au système d'axes un demi-tour autour de l'axe z, x, y, ξ, η deviennent négatifs, ni z ni ζ se changent.

On peut dans cette remarque permuter les lettres.

D'où on voit que tout polynôme homogène isotrope du second degré contiendra des termes des types suivants

$$\left(\frac{d\xi}{dx}\right)^2, \quad \text{et les termes dérivés par permutation}$$

$$\frac{d\xi}{dx}\frac{d\eta}{dy}, \quad \text{et les termes dérivés,}$$

$$\frac{d\xi}{dy}\frac{d\eta}{dx} \quad —$$

$$\left(\frac{d\xi}{dy}\right)^2 \quad —$$

Le rôle des axes pouvant être échangé, on voit que tous les termes d'un même groupe auront même coefficient.

Tous les polynômes isotropes seront donc des combinaisons linéaires des polynômes symétriques

$$(6) \qquad \Sigma \left(\frac{d\xi}{dx}\right)^2, \qquad \Sigma \left[\left(\frac{d\xi}{dy}\right)^2 + \left(\frac{d\eta}{dx}\right)^2\right], \qquad \Sigma \frac{d\xi}{dx}\frac{d\eta}{dy}, \qquad \Sigma \frac{d\xi}{dy}\frac{d\eta}{dx}$$

S'il existait plus de trois polynômes isotropes linéairement indépendants, les quatre sommes (6) seraient des polynômes isotropes.

Or une rotation de $\frac{\pi}{4}$ contour de l'axe de z montre nettement que la somme

$$\Sigma \left(\frac{d\xi}{dx}\right)^2$$

ne se transforme pas en elle-même par ce déplacement des axes.

Il n'y a donc que 3 polynômes isotropes distincts :

$$\Theta^2, \qquad A_2, \qquad 4\,B.$$

On a déjà formé au moyen de ceux-ci la combinaison linéaire

$$C = \frac{A_2 + 4\,B}{4} = \Sigma \left(\frac{d\xi}{dx}\frac{d\eta}{dy} - \frac{d\xi}{dy}\frac{d\eta}{dx}\right)$$

En voici deux autres remarquablement simples aussi; d'abord celle-ci :

$$\Theta^2 - A_2 + 2\,C \equiv \Pi_{xx} + \Pi_{yy} + \Pi_{zz}$$

puis une autre qu'on obtient en partant de l'identité

$$\beta_1{}^2 + \beta_2{}^2 + \beta_3{}^2 = \Sigma \left(\frac{d\zeta}{dy} + \frac{d\eta}{dz}\right)^2$$

On tire de la définition de B

$$4B + \beta_1^2 + \beta_2^2 + \beta_3^2 = \Pi_{xx} + \Pi_{yy} + \Pi_{zz}$$
$$+ 2(\alpha_1^2 + \alpha_2^2 + \alpha_3^2)$$

d'où on voit que le polynôme

$$H = \alpha_1^2 + \alpha_2^2 + \alpha_3^2 + \frac{\beta_1^2 + \beta_2^2 + \beta_3^2}{2}$$

est isotrope.

Nous prendrons pour polynômes isotropes indépendants :

$$\Theta^2, H, \text{ et } \Pi_{xx} + \Pi_{yy} + \Pi_{zz}$$

La fonction des forces moléculaires relative à l'élément de volume $\Delta\tau$ sera donc nécessairement pour un corps isotrope de la forme :

$$(7) \quad \Delta\tau\left[\gamma\Theta - \lambda\frac{\Theta^2}{2} - \mu H + \nu(\Pi_{xx} + \Pi_{yy} + \Pi_{zz})\right]$$
$$\begin{cases} \Theta = \alpha_1 + \alpha_2 + \alpha_3 \\ H = \alpha_1^2 + \alpha_2^2 + \alpha_3^2 + \dfrac{\beta_1^2 + \beta_2^2 + \beta_3^2}{2} \end{cases}$$

les Π étant définis plus haut (équation 5).
Θ est en effet le seul polynôme isotrope du 1er degré.

Avant d'étudier les coefficients γ, λ, μ, ν, démontrons quelques théorèmes généraux.

Théorème I. — Si les α et les β sont nuls dans toute la masse du corps, il n'y a pas de déformation proprement dite, mais le corps se déplace à la manière d'un solide invariable.

Supposons en effet que l'on ait :

$$\alpha_1 = \alpha_2 = \alpha_3 = 0 \; ; \quad \beta_1 = \beta_2 = \beta_3 = 0.$$

$$\frac{d\xi}{dx} = 0 \quad \frac{d\eta}{dy} = 0 \quad \frac{d\zeta}{dz} = 0 \quad \frac{d\xi}{dy} + \frac{d\eta}{dx} = 0, \quad \frac{d\eta}{dz} + \frac{d\zeta}{dy} = 0, \quad \frac{d\zeta}{dx} + \frac{d\xi}{dz} = 0.$$

on tire de là :

$$\frac{d\beta_1}{dx} = \frac{d\beta_2}{dy} = \frac{d\beta_3}{dz} = 0$$

c'est-à-dire :

$$\frac{d^2\eta}{dz\,dx} + \frac{d^2\zeta}{dy\,dx} = 0$$

$$\frac{d^2\zeta}{dx\,dy} + \frac{d^2\xi}{dz\,dy} = 0$$

$$\frac{d^2\xi}{dz\,dy} + \frac{d^2\eta}{dx\,dz} = 0$$

ces équations donnent immédiatement

$$\frac{d^2\eta}{dx\,dz} = \frac{d^2\zeta}{dy\,dx} = \frac{d^2\xi}{dz\,dy} = 0$$

et par suite X_i, Y_i, Z_i, désignant des fonctions respectives de x seul, de y seul, de z seul on aura :

$$\xi = Y + Z$$
$$\eta = Z_1 + X_1$$
$$\zeta = X_2 + Y_2$$

en ayant égard maintenant aux relations $\alpha = 0 \quad \beta = 0$.

On trouve enfin :

$$(8) \quad \begin{cases} \xi = \xi_0 + q_0 z - r_0 y \\ \eta = \eta_0 + r_0 x - p_0 z \\ \zeta = \zeta_0 + p_0 y - q_0 x \end{cases} \qquad \begin{array}{l} \xi_0,\ \eta_0,\ \zeta_0,\ p_0,\ q_0,\ r_0 \\ \text{désignent des constantes.} \end{array}$$

Ces formules expriment que le corps s'est déplacé sans se déformer après avoir subi une translation $(\xi_0,\ \eta_0,\ \zeta_0)$ et une rotation $(p_0,\ q_0,\ r_0)$.

Théorème II. — *Une même forme quadratique* des neuf dérivées $\dfrac{d}{dx}$, $\dfrac{d}{dy}$, $\dfrac{d}{dz}$ des fonctions ξ, η, ζ, *ne peut se décomposer que d'une seule manière en une forme quadratique des* α *et des* β *et en une forme linéaire des six polynômes* Π *;* (équations 5, page 198).

Tout d'abord, s'il existait deux modes de décomposition non identiques, en les égalant on aurait une relation d'où les polynômes Π ne pourraient pas disparaître d'eux-mêmes, sans quoi on aurait une relation entre les α et β qui sont évidemment arbitraires.

Supposons donc pour un moment qu'il y ait une relation linéaire entre les Π et les α et les β; les $\dfrac{d}{dx}$ $\dfrac{d}{dy}$ $\dfrac{d}{dz}$ étant regardés commes des arbitraires, faisons les α et les β nuls, la relation en question subsisterait entre les Π particularisés, d'après la remarque précédente; mais les α et β étant nuls, ξ, η, ζ ont d'après le théorème précédent la forme (8), or on trouve dans ce cas

$$\Pi_{xx} = r_0^2 + q_0^2, \qquad \Pi_{yy} = p_0^2 + r_0^2, \qquad \Pi_{zz} = (q_0^2 + p_0^2)$$
$$\Pi_{xy} = -p_0 q_0, \qquad \Pi_{yz} = -q_0 r_0, \qquad \Pi_{zx} = -p_0 r_0$$

la relation entre les Π se traduirait par l'égalité à zéro d'une forme quadratique des p_o, q_o, r_o, mais ces quantités sont arbitraires et la conclusion serait absurde.

Donc, la forme quadratique des neuf dérivés considérés, ne comporte qu'un seul mode de décomposition en deux groupes de l'espèce indiquée. C. Q. F. D.

Relations et réductions des coefficients γ, λ, μ, ν.

Une comparaison déjà faite entre les coefficients des polynômes Π et ceux de la forme linéaire des α et β qui figurent dans le développement de la fonction des forces moléculaires donne

$$\nu = \frac{\gamma}{2}$$

quand les forces sont centrales, la forme quadratique des α et β doit présenter les particularités signalées plus haut, et l'on doit avoir six relations des types suivants :

$$\text{coefficient de } 2\,\alpha_1\,\alpha_2 = \text{coefficient de } \beta_3{}^2$$
$$\text{coefficient de } 2\,\beta_1\,\beta_2 = \text{coefficient de } 2\,\alpha_3\,\beta_3$$

Les relations du second type sont ici satisfaites d'elles-mêmes par des valeurs nulles des coefficients considérés.

Les relations du premier type se réduisent à la relation unique :

$$\lambda = \mu$$

Si les forces extérieures sont nulles dans l'état d'équilibre naturel, on aura en ce cas $\gamma = \nu = 0$.

Ainsi pour les corps isotropes les 27 coefficients se réduisent à trois λ, μ, ν ($\gamma = 2\nu$).

Si les forces extérieures sont nulles dans l'état d'équilibre naturel, les trois coefficients se réduisent à deux ($\nu = \gamma = 0$).

Si les forces sont centrales, les trois coefficients se réduisent encore à deux ($\lambda = \mu$).

Si les deux hypothèses sont faites simultanément, les trois coefficients se réduisent à un.

Si les corps isotropes considérés sont en outre homogènes, les coefficients considérés sont constants à l'intérieur du corps.

Corps homogènes.

$$V$$

Équations de l'équilibre élastique.

Regardons un corps élastique comme un assemblage de particules libres, et convenons d'assimiler la fonction des forces moléculaires $\Sigma W \Delta \tau$ à une *intégrale de volume* $\int W d\tau$.

Cette assimilation du continu physique et du continu mathématique prête le flanc à de très graves objections; mais nous passerons outre, et nous reviendrons de fait à la conception de la matière continue.

— Soit $d\tau$ un élément de volume, G son centre de gravité.

Les forces extérieures appliquées aux diverses parties de cet élément peuvent être réduites à une résultante de translation passant par le centre de gravité G et à un couple.

Cette composition des forces suppose rigidifiée la partie du corps située dans le volume $d\tau$, on rétablit la liaison moléculaire en imaginant que la partie extérieure du corps élastique réagit par des *pressions* sur la surface de l'élément de volume $d\tau$.

On peut parvenir à la considération de l'équilibre élastique par quelques hypothèses extrêmement générales faites sur ces réactions ou pressions.

Ce n'est pas la méthode que nous suivrons, mais je veux seulement présenter à ce sujet une remarque.

Les forces extérieures (pesanteur et forces analogues) se réduisent à une résultante de l'ordre de $d\tau$ ou du troisième ordre infinitésimal, passant par G, et à un couple du cinquième ordre ayant un axe passant par G; les pressions sont des forces qui s'exercent sur l'étendue de la surface de $d\tau$, et elles se groupent par forces du second ordre; pour que leur résultante de translation soit du troisième ordre seulement elles doivent remplir certaines conditions de continuité; tel est le point de départ de la méthode de la *rigidification* qui sert de base à la théorie élémentaire de l'hydrostatique et que je me contente d'indiquer.

— Pour former les équations de l'équilibre élastique nous allons appliquer à l'assemblage des *volumes libres $d\tau$* le théorème du travail virtuel.

Pour *la facilité du calcul,* nous nous donnerons les forces dans les deux états du corps d'une manière toute particulière et qu'il importe de bien préciser.

L'élément $d\tau$ est défini *comme tel* dans le premier état d'équilibre, celui que nous avons appelé équilibre naturel.

Nous désignons par $X_1 d\tau$, $Y_1 d\tau$, $Z_1 d\tau$ les composantes de la force EXTÉRIEURE appliquée à l'élément de volume dans le premier état.

Dans le second état d'équilibre, nous désignons la force extérieure rapportée toujours à l'élément de volume envisagé dans son premier état par

$$(X_1 + X_2)\, d\tau, \quad (Y_1 + Y_2)\, d\tau, \quad (Z_1 + Z_2)\, d\tau$$

ou

$$X d\tau, \quad Y d\tau, \quad Z d\tau$$

Nous considérerons aussi des *pressions* données exercées sur la surface limite du corps; chacune de ces pressions est rapportée à un élément $d\omega$ de la surface, envisagé dans le premier état.

$$P_{1x}\,d\omega \quad P_{1y}\,d\omega \quad P_{1z}\,d\omega$$

sont les composantes des pressions sur $d\omega$ dans le premier état.

$$(P_{1x} + P_{2x})\,d\omega, \ldots \quad \text{etc.}$$

sont les composantes des pressions exercées dans le second état sur l'élément *qui était primitivement* $d\omega$.

Nous poserons d'ailleurs

$$P_x = P_{1x} + P_{2x}, \text{ etc.}$$

L'équilibre contraint s'exprimera par le théorème du travail virtuel; δ désignant *les variations virtuelles*, et $\int W\,d\tau$ désignant toujours la fonction des forces moléculaires, on aura :

$$(8)^1 \quad \delta\left[\int W\,d\tau + \int(X\delta\xi + Y\delta\eta + Z\delta\zeta)\,d\tau + \int(P_x\delta\xi + P_y\delta\eta + P_z\delta\zeta)\,d\omega\right] = 0$$

On a, d'ailleurs, d'après les explications qui précèdent,

$$\delta d\tau = 0 \quad \delta d\omega = 0$$

W est la somme d'une forme linéaire des α et β et d'une forme quadratique spéciale des neuf dérivées partielles du premier ordre des 3 fonctions ξ, η, ζ.

_____

1. On a continué à numéroter les équations en prolongeant les numéros de la précédente leçon.

Posons

$$A = \frac{dW}{d\frac{d\xi}{dx}}, \quad B = \frac{dW}{d\frac{d\xi}{dy}}, \quad C = \frac{dW}{d\frac{d\xi}{dz}}$$

$$A' = \frac{dW}{d\frac{d\eta}{dx}}, \quad B' = \frac{dW}{d\frac{d\eta}{dy}}, \quad C' = \frac{dW}{d\frac{d\eta}{dz}}$$

$$A'' = \frac{dW}{d\frac{d\zeta}{dx}}, \quad B'' = \frac{dW}{d\frac{d\zeta}{dy}}, \quad C'' = \frac{dW}{d\frac{d\zeta}{dz}}$$

Nous aurons

$$\delta \int W\,d\tau = \int \left(A\,\delta\,\frac{d\xi}{dx} + B\,\delta\,\frac{d\xi}{dy} + C\,\delta\,\frac{d\xi}{dz} \right) d\tau$$

$$+ \int \left(A'\,\delta\,\frac{d\eta}{dx} + B'\,\delta\,\frac{d\eta}{dy} + C'\,\delta\,\frac{d\eta}{dz} \right) d\tau$$

$$+ \int \left(A''\,\delta\,\frac{d\zeta}{dx} + B''\,\delta\,\frac{d\zeta}{dy} + C''\,\delta\,\frac{d\zeta}{dz} \right) d\tau$$

D'après une formule d'intégration géométrique par parties déjà utilisée dans la cinématique des déformations, on aura en désignant par l, m, n les cosinus directeurs des angles que fait avec les axes de coordonnées la normale à l'élément $d\omega$ dirigée vers l'extérieur de la surface.

On a, en remarquant que $\delta\,\frac{d\xi}{dx} = d\,\frac{\delta\xi}{dx}$

$$\int \left(A\,\delta\,\frac{d\xi}{dx} + B\,\delta\,\frac{d\xi}{dy} + C\,\delta\,\frac{d\xi}{dz} \right) d\tau = \int \left(Al + Bm + Cn \right) \delta\xi\,d\omega - \int \left(\frac{dA}{dx} + \frac{dB}{dy} + \frac{dC}{dz} \right) \delta\xi\,d\tau$$

et deux autres formules analogues pour les fonctions η et ζ.

Les $\delta\xi$, $\delta\eta$, $\delta\zeta$ *étant arbitraires* nous égalerons à zéro les coefficients de $\delta\xi$, $\delta\eta$, $\delta\zeta$, sous les intégrales définies et nous aurons :

$$(9)\quad\begin{cases} X - \dfrac{d\,\mathrm{A}}{dx} - \dfrac{d\mathrm{B}}{dy} - \dfrac{d\mathrm{C}}{dz} = 0 \\[2mm] Y - \dfrac{d\,\mathrm{A}'}{dx} - \dfrac{d\mathrm{B}'}{dy} - \dfrac{d\mathrm{C}'}{dz} = 0 \\[2mm] Z - \dfrac{d\,\mathrm{A}''}{dx} - \dfrac{d\,\mathrm{B}''}{dy} - \dfrac{d\,\mathrm{C}''}{dz} = 0 \end{cases}$$

et à *la surface du corps*

$$(10)\quad\begin{cases} \mathrm{P}_x + \mathrm{A}\,l + \mathrm{B}\,m + \mathrm{C}\,n = 0 \\[1mm] \mathrm{P}_y + \mathrm{A}'\,l + \mathrm{B}'\,m + \mathrm{C}'\,n = 0 \\[1mm] \mathrm{P}_z + \mathrm{A}''\,l + \mathrm{B}''\,m + \mathrm{C}''\,n = 0 \end{cases}$$

La forme des équations (9) et (10) montre que si on isole à l'intérieur du corps une surface fermée et si on considère l'équilibre moléculaire de ce corps fictif, cette portion du corps serait encore en équilibre sous l'action des forces extérieures primitivement données pourvu que sur la nouvelle surface on exerçât des pressions élémentaires dont l'intensité, par unité de surface, aurait pour composantes suivant les axes les quantités respectives

$$- \mathrm{A}\,l - \mathrm{B}\,m - \mathrm{C}\,n$$
$$- \mathrm{A}'\,l - \mathrm{B}'\,m - \mathrm{C}'\,n$$
$$- \mathrm{A}''\,l - \mathrm{B}''\,m - \mathrm{C}''\,n$$

on est ainsi conduit par le calcul lui-même à la notion des *pressions intérieures.*

— Les équations (9) sont des équations aux dérivées partielles du premier ordre par rapport aux trois fonctions inconnues ξ, η, ζ, aux variables x, y, z. Lorsque les forces X, Y, Z sont connues dans toute la masse et que les pressions sont connues à la surface, l'intégration du système (9) avec les conditions aux limites (10) fera connaître les déformations.

Il est naturel de se demander 1° si la résolution des équations (9) et (10) est toujours possible ; 2° si elle est possible d'une seule manière.

Il est aisé de répondre à la seconde question, *du moins lorsqu'on suppose que la portion quadratique de* W *est une forme définie* dans toute la masse du corps, c'est-à-dire incapable de s'annuler pour des valeurs des variables différentes de zéro.

En effet, s'il existait deux solutions de l'équilibre élastique :

1re solution : ξ_1, η_1, ζ_1.

2° solution : ξ_2, η_2, ζ_2.

correspondant à un même système de forces intérieures et de pressions superficielles, la forme linéaire des équations (9) et (10) montre que ces équations seraient satisfaites en faisant :

$$X = Y = Z = 0 \text{ à l'intérieur}$$
$$P_x = P_y = P_z = 0 \text{ à la surface}$$
$$\xi = \xi_1 - \xi_2, \quad \eta = \eta_1 - \eta_2, \quad \zeta = \zeta_1 - \zeta_2$$

mais alors les équations correspondantes expriment que :

$$\delta \int W_2 \, d\tau = 0$$

W_2 désignant la partie quadratique de W.

Or, en faisant $\delta\xi$, $\delta\eta$, $\delta\zeta$, respectivement proportionnels à ξ, η, ζ, en trouve que $\delta\,W_2$ est proportionnel à $2\,W_2$ et l'intégrale nulle

$$\int \delta W_2\, d\tau$$

aurait tous ses éléments de même signe, ce qui est absurde à moins que ξ, η, ζ ne soient nuls, c'est-à-dire à moins que l'on ait

$$\xi_1 = \xi_2, \quad \eta_1 = \eta_2, \quad \zeta_1 = \zeta_2 \text{ dans tout le corps.}$$

Si la solution existe elle est donc unique. Quant à la première question, elle se présente sous diverses formes dans tous les problèmes de Physique Mathématique.

La question de l'existence des intégrales des équations aux dérivées partielles du second ordre d'où dépendent la distribution de la déformation élastique, la distribution électrique et celle de la chaleur n'intéresse les physiciens que dans la mesure où les théorèmes d'existence peuvent conduire à des calculs pratiques pour la détermination des fonctions physiques inconnues; car les physiciens ne mettent pas en doute l'existence de la solution.

Mais *ces théorèmes d'existence* intéressent les mathématiciens purs qui, suivant l'expression pittoresque de Jacobi, tiennent, *pour l'honneur de l'esprit humain*, à les établir en toute rigueur.

Ces théorèmes d'existence dont le fameux principe de Dirichlet est l'un des plus simples présentent des difficultés particulières; ils ont fait l'objet d'études de plusieurs géomètres, au premier rang desquels il faut citer : Schwarz, Neumann, Poincaré, Picard.

Envisagés du point de vue de la continuité physique, ces théorèmes paraissent presque évidents, mais l'évidence présumée s'évanouit dès qu'on quitte le domaine de la continuité physique et qu'on se cantonne dans le domaine de la continuité mathématique.

L'exposé des recherches modernes relatives aux théorèmes d'existence est tout à fait en dehors du cadre de ces leçons.

Je dirai seulement quelques mots de la manière dont la méthode des variations a permis de *pressentir*, mais non de démontrer *ces théorèmes d'existence*.

Prenons pour exemple le principe de Dirichlet.

Ce principe affirme l'existence d'une fonction V à l'intérieur d'un certain domaine continu à l'intérieur duquel elle satisfait identiquement à l'équation de Laplace :

$$\frac{d^2V}{dx^2} + \frac{d^2V}{dy^2} + \frac{d^2V}{dz^2} = 0$$

et la fonction V est définie dans tout le domaine dès qu'elle est définie aux divers points de la frontière de ce domaine.

Considérons *l'ensemble de toutes les fonctions* U assujetties à prendre des valeurs données aux divers points de la surface frontière du domaine D et considérons l'intégrale de volume J étendue au domaine D donné :

$$J = \int \left[\left(\frac{dU}{dx}\right)^2 + \left(\frac{dU}{dy}\right)^2 + \left(\frac{dU}{dz}\right)^2 \right] d\tau$$

les valeurs de ces intégrales forment un ensemble de nombres *positifs* N.

A cet ensemble, on peut associer, comme on sait, un nombre m nul ou positif, tel que l'on ait

$$m \leq J$$

mais tel aussi qu'à tout nombre ε, si petit soit-il, on pourra associer une intégrale J supérieure à $m + \varepsilon$.

Ce nombre ε porte le nom de limite inférieure, ou mieux encore, de *sous-minimum* des nombres N.

Si une intégrale particulière et par suite une fonction U_o existe, qui satisfasse à la condition ;

$$m = \int \left[\left(\frac{dU_o}{dx}\right)^2 + \left(\frac{dU_o}{dy}\right)^2 + \left(\frac{dU_o}{dz}\right)^2 \right] d\tau \equiv J_o$$

tout en respectant les conditions auxquelles les U sont assujetties, le sous-minimum *atteint* porte le nom de minimum. La variation de la fonction U_o étant δU_o est nulle par hypothèse sur la surface et l'intégration géométrique par parties de la variation de δJ_o donnant aisément

$$\delta J_o = -\int \left[\frac{d^2 U_o}{dx^2} + \frac{d^2 U_o}{dy^2} + \frac{d^2 U_o}{dz^2} \right] \delta U_o \, d\tau.$$

On voit que si l'on n'avait pas

$$(11) \qquad \frac{d^2 U_o}{dx^2} + \frac{d^2 U_o}{dy^2} + \frac{d^2 U_o}{dz^2} = 0$$

on pourrait choisir δU de manière à faire :

$$\delta J_o < 0$$

On conclut de là que la fonction U_0' doit satisfaire à l'équation (11) et par suite qu'elle est la fonction V cherchée.

Ce raisonnement, dont on s'est longtemps contenté, réclame le postulat que voici :

1° Le sous-minimum est supposé se réduire à un minimum.

Et, jusqu'à présent, la légitimité de ce postulat n'a pu être établie.

Aussi, jusqu'à nouvel ordre du moins, on semble avoir renoncé à exiger de la méthode des variations plus que ce simple aperçu, et l'on a demandé à diverses méthodes d'approximations successives la solution du problème de Dirichlet.

VI

Sur la distribution des pressions actuelles.

(Rapportées aux éléments **actuels**.)

Je désignerai par Π^ν la pression exercée sur l'élément actuel intérieur $d\omega$, provenant des actions transmises à cet élément par la partie du corps qui est située par rapport à l'élément du côté de la normale orientée ν; rien n'empêche de supposer que les deux états d'équilibre naturel et contraints coïncident.

Les équations (10)[1] donnent dans ce cas particulier :

$$\Pi_x^x = -A \qquad \Pi_x^y = -B \qquad \Pi_x^z = -C$$
$$\Pi_x^y = -A' \qquad \Pi_y^y = -B' \qquad \Pi_y^z = -C'$$
$$\Pi_x^z = -A'' \qquad \Pi_x^y = -B'' \qquad \Pi_z^z = -C''$$

et les équations (10) deviennent alors, en nommant α, β, γ les cosinus directeurs de la direction γ :

$$(12) \quad \begin{cases} \Pi_x^\nu = \alpha \Pi_x^x + \beta \Pi_x^y + \gamma \Pi_x^z \\ \Pi_y^\nu = \alpha \Pi_y^x + \beta \Pi_y^y + \gamma \Pi_y^z \\ \Pi_z^\nu = \alpha \Pi_z^x + \beta \Pi_z^y + \gamma \Pi_z^z \end{cases}$$

1. Même remarque que plus haut au sujet du numérotage des équations de cette leçon.

D'ailleurs, lorsque les ξ, η, ζ sont nuls, le déterminant

$$(13) \qquad \begin{vmatrix} A & B & C \\ A' & B' & C' \\ A'' & B'' & C'' \end{vmatrix}$$

est symétrique, c'est-à-dire :

$$B = A'$$
$$C = A''$$
$$C' = B''$$

et par suite on aura :

$$(14) \qquad \begin{cases} \Pi_x^y = \Pi_y^x \\ \Pi_y^z = \Pi_z^y \\ \Pi_z^x = \Pi_x^z \end{cases}$$

Les relations (12) et (14) peuvent d'ailleurs s'obtenir aisément par la considération de l'équilibre d'un parallélipipède ou d'un tétraèdre infiniment petit.

On pose habituellement, conformément aux notations de Lamé.

$$\begin{cases} \Pi_x^x = N_1 & \Pi_y^x = \Pi_x^y = T_3 \\ \Pi_y^y = N_2 & \Pi_z^y = \Pi_y^z = T_1 \\ \Pi_z^z = N_3 & \Pi_x^z = \Pi_z^x = T_2 \end{cases}$$

— Relations entre les A, B, C... *et les pressions rapportées aux éléments actuels dans le cas général.*

Soient a, b, c, les cosinus directeurs de la normale ν à l'élément $d\omega$ envisagé dans le premier état.

Si $\alpha_1\,\alpha_2\,\alpha_3$ sont les *dilatations* parallèles aux axes et $\beta_1\,\beta_2\,\beta_3$ les contractions angulaires correspondantes.

Si on fait, comme dans une leçon précédente

$$2\varphi = \alpha_1\,a^2 + \alpha_2\,b^2 + \alpha_3\,c^2 + \beta_1\,bc + \beta_2\,ca + \beta_3\,ab$$

les variations $\Delta'a,\ \Delta'b,\ \Delta'c,$ de $a,\ b,\ c,$ dues à la déformation seront (Cinématique des déformations).

$$\begin{cases} \Delta'a = 2a\,\varphi - \dfrac{d\varphi}{da} + qc - rb \\[2mm] \Delta'b = 2b\,\varphi - \dfrac{d\varphi}{db} + ra - pc \\[2mm] \Delta'c = 2c\,\varphi - \dfrac{d\varphi}{dc} + pb - qa \end{cases}$$

envisageons l'élément du corps qui, dans le premier état, était normal à l'axe des x on a

$$a = 1 \qquad b = 0 \qquad c = 0$$

et en négligeant des quantités du second ordre, les nouvelles valeurs de $a,\ b,\ c,$ seront

$$a' = a + \Delta'a = 1$$

$$b' = b + \Delta'b = -\beta_3 a + ra = -\frac{1}{2}\left(\frac{d\xi}{dy} + \frac{d\eta}{dx}\right) + \frac{1}{2}\left(\frac{d\eta}{dx} - \frac{d\xi}{dy}\right) = -\frac{d\xi}{dy}$$

$$c' = c + \Delta'c = -\beta_2 a - qa = -\frac{1}{2}\left(\frac{d\xi}{dz} + \frac{d\zeta}{d\xi}\right) - \frac{1}{2}\left(\frac{d\xi}{dz} - \frac{d\zeta}{dx}\right) = -\frac{d\xi}{dz}$$

Soit $d\omega_1$ l'étendue nouvelle de l'élément $d\omega$, et soient toujours $N_1,\ N_2,\ N_3,\ T_1,\ T_2,\ T_3,$ les composantes actuelles des pressions rapportées aux éléments actuels, on aura d'après les formules (10) et en négligeant toujours les quantités du second ordre :

$$(15) \begin{cases} - A = \Pi_x' \dfrac{d\omega^1}{d\omega} = N_1 \left(1 + \dfrac{d\eta}{dy} + \dfrac{d\zeta}{dz} \right) - T_3 \dfrac{d\xi}{dy} - T_1 \dfrac{d\zeta}{dz} \\[2ex] - A' = \Pi_x' \dfrac{d\omega_1}{d\omega} = T_3 \left(1 + \dfrac{d\eta}{dy} + \dfrac{d\zeta}{dz} \right) - N_2 \dfrac{d\zeta}{dy} - T_1 \dfrac{d\xi}{dz} \\[2ex] - A'' = \Pi_3' \dfrac{d\omega_1}{d\omega} = T_2 \left(1 + \dfrac{d\eta}{dy} + \dfrac{d\zeta}{dz} \right) - T_1 \dfrac{d\zeta}{dy} - N_3 \dfrac{d\zeta}{dz} \end{cases}$$

ces formules donnent lieu à deux autres groupes de formules dérivés de celui-ci par deux permutations circulaires *simultanées* effectuées sur les éléments de chaque
ligne horizontale du tableau suivant.

$$\begin{array}{ccc} x & y & z \\ \xi & \eta & \zeta \\ A & B & C \end{array}$$

accents
$$\begin{array}{ccc} {}_0 & {}' & {}'' \end{array}$$

Dans les applications de la théorie mathématique de
l'élasticité à la théorie de la lumière, et à l'étude statique
des gaz, on ne peut pas supposer que les forces extérieures
soient nulles dans l'état d'équilibre contraint.

Mais dans l'étude des solides naturels, la pression atmosphérique est négligeable et l'hypothèse précédente est
suffisamment approchée. En ce cas on peut regarder les
pressions comme des quantités petites de la grandeur des
déformations.

On peut alors simplifier les relations (15) et écrire très
approximativement :

$$\begin{aligned} - A &= N_1 \\ - A' &= T_1 \qquad \text{(etc.)} \\ - A'' &= T_2 \end{aligned}$$

— Lorsque les pressions sont rapportées aux éléments actuels les équations de l'équilibre élastique sont :

à l'intérieur
$$\begin{cases} \dfrac{dN_1}{dx} + \dfrac{dT_3}{dy} + \dfrac{dT_2}{dz} = -X \\[2mm] \dfrac{dT_3}{dx} + \dfrac{dN_2}{dy} + \dfrac{dT_1}{dz} = -Y \\[2mm] \dfrac{dT_2}{dx} + \dfrac{dT_1}{dy} + \dfrac{dN_3}{dz} = -Z \end{cases}$$

à la surface
$$\begin{cases} P_x = \quad l\,N_1 + m\,T_3 + n\,T_2 \\ P_y = \quad l\,T_3 + m\,N_2 + n\,T_1 \\ P_z = \quad l\,T_2 + m\,T_1 + n\,N_3 \end{cases}$$

D'ailleurs on fera les N et les T égaux et de signe contraire aux dérivées partielles de W ; *si le corps est isotrope* nous aurons :

$$W = -\frac{\lambda\,(\alpha_1 + \alpha_2 + \alpha_3)^2}{2} - \mu\left[\alpha_1^2 + \alpha_2^2 + \alpha_3^2 + \frac{\beta_1^2 + \beta_2^2 + \beta_3^2}{2}\right]$$

$$(16)\ \begin{cases} N_1 = \lambda\theta + 2\mu\alpha_1, \quad T_1 = \mu\beta_1 \\ N_2 = \lambda\theta + 2\mu\alpha_2, \quad T_2 = \mu\beta_2 \\ N_3 = \lambda\theta + 2\mu\alpha_3, \quad T_3 = \mu\beta_3 \end{cases}$$

En remplaçant α et β par leurs valeurs en fonctions des déplacements ξ, η, ζ on trouve alors pour les équations d'équilibre des corps isotropes :

à l'intérieur
$$(17)\ \begin{cases} (\lambda + \mu)\,\dfrac{d\theta}{dx} + \mu\,\Delta\xi = -X \\[2mm] (\lambda + \mu)\,\dfrac{d\theta}{dy} + \mu\,\Delta\eta = -Y \\[2mm] (\lambda + \mu)\,\dfrac{d\theta}{dz} + \mu\,\Delta\zeta = -Z \end{cases}$$

. et à la surface :

$$
\begin{cases}
P_x = l\lambda\theta + \mu\left(l\dfrac{d\xi}{dx} + m\dfrac{d\eta}{dx} + n\dfrac{d\zeta}{dx}\right) + \mu\left(l\dfrac{d\xi}{dx} + m\dfrac{d\xi}{dy} + n\dfrac{d\xi}{dz}\right) \\[2mm]
P_y = m\lambda\theta + \mu\left(l\dfrac{d\xi}{dy} + m\dfrac{d\eta}{dy} + n\dfrac{d\zeta}{dy}\right) + \mu\left(l\dfrac{d\eta}{dx} + m\dfrac{d\eta}{dy} + n\dfrac{d\eta}{dz}\right) \\[2mm]
P_z = n\lambda\theta + \mu\left(l\dfrac{d\xi}{dz} + m\dfrac{d\eta}{dz} + n\dfrac{d\zeta}{dz}\right) + \mu\left(l\dfrac{d\zeta}{dx} + m\dfrac{d\zeta}{dy} + n\dfrac{d\zeta}{dz}\right)
\end{cases}
$$

Si ρ désigne la densité, en un point du corps élastique (en revenant à la conception du corps continu), d'après le principe de d'Alembert, il suffit pour obtenir les équations des mouvements élastiques de remplacer

Vibrations d'un solide élastique, homogène et isotrope isolé.

$$
X \text{ par } X - \rho\,\frac{d^2\xi}{dt^2}
$$

$$
Y \text{ par } Y - \rho\,\frac{d^2\eta}{dt^2}
$$

$$
Z \text{ par } Z - \rho\,\frac{d^2\zeta}{dt^2}
$$

en particulier, si on considère un corps isotrope *isolé à l'intérieur comme à la surface* on aura :

à l'intérieur (I)
$$
\begin{cases}
(\lambda + \mu)\dfrac{d\theta}{dx} + \mu\,\Delta\xi = \rho\,\dfrac{d^2\xi}{dt^2} \\[2mm]
(\lambda + \mu)\dfrac{d\theta}{dy} + \mu\,\Delta\eta = \rho\,\dfrac{d^2\eta}{dt^2} \\[2mm]
(\lambda + \mu)\dfrac{d\theta}{dz} + \mu\,\Delta\zeta = \rho\,\dfrac{d^2\zeta}{dt^2}
\end{cases}
$$

à la surface (E)
$$
\begin{cases}
l\lambda\theta + \mu\left(l\dfrac{d\xi}{dx} + m\dfrac{d\eta}{dx} + n\dfrac{d\zeta}{dx}\right) + \mu\left(l\dfrac{d\xi}{dx} + m\dfrac{d\xi}{dy} + n\dfrac{d\xi}{dz}\right) = 0 \\[2mm]
m\lambda\theta + \mu\left(l\dfrac{d\xi}{dy} + m\dfrac{d\eta}{dy} + n\dfrac{d\zeta}{dy}\right) + \mu\left(l\dfrac{d\eta}{dx} + m\dfrac{d\eta}{dy} + n\dfrac{d\eta}{dz}\right) = 0 \\[2mm]
n\lambda\theta + \mu\left(l\dfrac{d\xi}{dz} + m\dfrac{d\eta}{dz} + n\dfrac{d\zeta}{dz}\right) + \mu\left(l\dfrac{d\zeta}{dx} + m\dfrac{d\zeta}{dy} + n\dfrac{d\zeta}{dz}\right) = 0
\end{cases}
$$

Essayons de satisfaire aux équations précédentes par des solutions de la forme :

$$\begin{cases} \xi = \xi_1 \cos k_1 t \\ \eta = \eta_1 \cos k_1 t \\ \zeta = \zeta_1 \cos k_1 t \end{cases} \qquad \begin{array}{l} \xi_1, \eta_1, \zeta_1 \text{ désignant des fonctions des} \\ \text{seules variables } x, y, z, \text{ et } k_1 \text{ désignant} \\ \text{une constante ;} \end{array}$$

les fonctions ξ_1, η_1, ζ_1 devront alors satisfaire aux équations :

$$(\text{J}) \quad \begin{cases} (\lambda + \mu)\dfrac{d\theta_1}{dx} + \mu\Delta\xi_1 = -\rho k_1^2 \xi_1 \\[2mm] (\lambda + \mu)\dfrac{d\eta_1}{dy} + \mu\Delta\eta_1 = -\rho k_1^2 \eta_1 \\[2mm] (\lambda + \mu)\dfrac{d\theta_1}{dz} + \mu\Delta\zeta_1 = -\rho k_1^2 \zeta_1 \end{cases} \qquad \begin{array}{l} \text{à l'intérieur} \\[2mm] (\lambda, \mu, \rho) \text{ constantes si} \\ \text{le corps est homo-} \\ \text{gène} \end{array}$$

et aux équations (E) à la surface, sauf le changement de ξ, η, ζ en ξ_1, η_1, ζ_1, respectivement.

Pour établir la discontinuité du nombre k_1, M. Poincaré établit d'abord le lemme suivant :

Lemme. — Désignons par $\xi \eta \zeta$ trois fonctions quelconques de x, y, z, et posons :

$$W_2 = -\frac{\lambda}{2}\left[\frac{d\xi}{dx} + \frac{d\eta}{dy} + \frac{d\zeta}{dz}\right]^2 - \mu\left[\left(\frac{d\xi}{dx}\right)^2 + \left(\frac{d\eta}{dy}\right)^2 + \left(\frac{d\zeta}{dz}\right)^2 + \frac{1}{2}\Sigma\left(\frac{d\xi}{dy} + \frac{d\eta}{dx}\right)^2\right]$$

et soient :

$$X, Y, Z$$
$$P_x, P_y, P_z$$

les quantités définies au moyen de W_2 par les équations de l'équilibre élastique, c'est-à-dire les forces et pressions qui correspondent à la déformation (ξ, η, ζ).

soient $\xi' \eta' \zeta'$, trois autres fonctions quelconques, et $X' Y' Z'$

P'_x P'_y P'_z les valeurs correspondantes de X, Y, Z P_x P_y P_z, on aura, d'après la définition des P et des X Y Z.....[1]

$$\int \Sigma\Sigma \frac{dW_2}{d\frac{d\xi}{dx}}\frac{d\delta\xi}{dx}d\tau + \int (X\delta\xi + Y\delta\eta + Z\delta\zeta)\,d\tau + \int (P_x\delta\xi + P_y\delta\eta + P_z\delta\zeta)\,d\omega = 0$$

les $\delta\xi$, $\delta\eta$, $\delta\zeta$ étant arbitraires, faisons $\delta\xi$, $\delta\eta$, $\delta\zeta$ proportionnels à $\xi'\ \eta'\ \zeta'$.

Nous aurons :

$$\int d\tau\, \Sigma\Sigma \frac{dW_2}{d\frac{d\xi}{dx}}\frac{d\xi'}{dx} + \int (X\xi' + Y\eta' + Z\zeta')\,d\tau + \int (P_x\xi' + P_y\eta' + P_z\zeta')\,d\omega = 0$$

et en échangeant le rôle des fonctions $\xi\ \eta\ \zeta$ et des $\xi'\ \eta'\ \zeta'$ on aura :

$$\int d\tau\, \Sigma\Sigma \frac{dW_2}{d\frac{d\xi'}{dx}}\frac{d\xi}{dx} + \int (X'\xi + Y'\eta + Z'\zeta)\,d\tau + \int (P'_x\xi + P'_y\eta + P'_z\zeta)\,d\omega = 0$$

Or d'après une propriété bien connue des formes quadratiques

$$\Sigma\Sigma \frac{dW_2}{d\frac{d\xi'}{dx}}\frac{d\xi}{dx} = \Sigma\Sigma \frac{dW_2}{d\frac{d\xi}{dx}}\frac{d\xi'}{dx}$$

on déduit alors des relations précédentes.

$$\int (X\xi' + Y\eta' + Z\zeta' - X'\xi - Y'\eta - Z'\zeta)\,d\tau$$

$$+ \int (P_x\xi' + P_y\eta' + P_z\zeta' - P'_x\xi - P'_y\eta - P'_z\zeta)\,d\omega = 0$$

tel est le lemme de M. Poincaré.

---

1. Dans cette formule le signe $\Sigma\Sigma$ se rapporte aux fonctions ξ, η, ζ, et aux variables x, y, z.

Il comprend comme cas très particulier le théorème de Green. Il suffit de faire

$$\eta_1 = \eta_1' = \zeta = \zeta' = 0$$
$$\lambda + \mu = 0$$

dans l'identité précédente pour avoir :

$$\int (\xi' \Delta\xi - \xi\Delta\xi')\, d\tau = \int \left(\xi' \frac{d\xi}{d\eta_1} - \xi \frac{d\xi'}{d\eta} \right) d\omega$$

Théorème.   *Les vibrations périodiques d'un solide élastique* ISOLÉ *ne peuvent former un ensemble continu.*

Dans l'équilibre de d'Alembert, les P sont nuls, et les seules forces extérieures sont les forces d'inertie.

On aura donc d'après le lemme précédent :

$$\int \left(\frac{d^2\xi}{dt^2}\xi' + \frac{d^2\eta}{dt^2}\eta' + \frac{d^2\zeta}{dt^2}\zeta' - \frac{d^2\xi'}{dt^2}\xi - \frac{d^2\eta'}{dt^2}\eta_1 - \frac{d^2\zeta'}{dt^2}\zeta \right) d\tau = 0$$

si l'on fait :

$$\xi = \xi_1 \cos k_1 t \qquad\qquad \xi' = \xi_2 \cos k_2 t$$
$$\eta = \eta_1 \cos k_1 t \qquad\qquad \eta' = \eta_2 \cos k_2 t$$
$$\zeta = \zeta_1 \cos k_2 t \qquad\qquad \zeta' = \zeta_2 \cos k_2 t$$

l'identité précédente devient :

$$\left(k_2^2 - k_1^2 \right) \int (\xi_1 \xi_2 + \eta_1 \eta_2 + \zeta_1 \zeta_2)\, d\tau = 0$$

Or si des vibrations périodiques distinctes formaient un ensemble continu $k - k_1^2$ serait distinct de zéro et son facteur nul se réduirait pour deux systèmes de vibrations infiniment voisins à

$$\int (\xi_1^2 + \eta_1^2 + \zeta_1^2)\, d\tau$$

et cette expression ne pourrait être nulle que si la déformation était nulle.

Nous utiliserons d'abord la remarque suivante :

Si au moyen de la forme quadratique W_2 définie plus haut, et à l'aide de deux vecteurs $\varepsilon, \varepsilon'$ définis par leurs projections respectives :

$$\varepsilon \,\big\} \,\xi_1\ \eta_1\ \zeta_1$$
$$\varepsilon' \,\big|\ \xi_2\ \eta_2\ \zeta_2$$

on forme l'expression :

$$\Sigma\,\Sigma\,\frac{dW_2}{d\,\dfrac{d\xi_1}{dx}}\,\frac{d\xi_2}{dx} \quad \text{que nous désignerons par } F\,(\varepsilon, \varepsilon')$$

nous aurons d'abord d'après les propriétés des fonctions homogènes du second degré :

$$F\,(\varepsilon, \varepsilon') = F\,(\varepsilon', \varepsilon)$$
$$F\,(\varepsilon, \varepsilon) = 2\,W_2$$

Nous représenterons d'ailleurs la fonction $W_2\,(\xi, \eta, \zeta)$ par $W_2\,(\varepsilon)$.

Ceci posé, envisageons le *problème de minimum suivant*.

Considérons tous les groupes de fonctions ξ, η, ζ, qui satisfont à la condition :

$$\int (\xi^2 + \eta^2 + \zeta^2)\, d\tau = 1$$

Les intégrales $-\int W_2\, d\tau$ forment un ensemble de quantités toutes positives et qui admettent *un sous-minimum*, comme on l'a vu plus haut. Admettons que ce *sous-minimum* soit un minimum proprement dit, la méthode des variations apprend que lorsque ce minimum est réalisé on aura, en désignant par m, un certain coefficient numérique et par ξ, η, ζ, les fonctions ξ, η, ζ qui réalisent ce minimum

$$\int \delta W_2\, d\tau + m \int \delta\, (\xi_1^2 + \eta_1^2 + \zeta_1^2)\, d\tau = 0$$

quelles que soient les variations $\delta\xi_1$, $\delta\eta_1$, $\delta\zeta_1$.

Soit ρ_1 le vecteur défini par les projections ξ_1, η_1, ζ_1 et $\delta\rho_1$ la fonction vectorielle définie par les projections $\delta\xi_1$, $\delta\eta_1$, $\delta\zeta^1$ on pourra écrire la condition de minimum

$$\int F\,(\rho_1,\, \delta\rho_1)\, d\tau + 2m \int (\xi_1\, \delta\xi_1 + \eta_1\, \delta\eta_1 + \zeta_1\, \delta\zeta_1)\, d\tau = 0$$

et supposons par exemple : $\begin{cases} \delta\xi_1 = \xi_1 \\ \delta\eta_1 = \eta_1 \\ \delta\zeta_1 = \zeta_1 \end{cases}$

on aura $\qquad 2\,m = -\,2 \int W_2\, d\tau > 0$

Il existe donc un nombre positif k_1^2 et des fonctions ξ_1, η_1, ζ_1 tels que l'on ait quels que soient les δ :

$$\int \delta W_2\, d\tau + k_1^2 \delta \int (\xi_1^2 + \eta_1^2 + \zeta_1^2)\, d\tau = 0$$

Le nombre k_1^2 est précisément le minimum de $-\int W_2 \, d\tau$
et les conditions différentielles du minimum sont précisément
la vérification des équations (J) et (E) par le nombre k_1
et les fonctions ξ_1, η_1, ζ_1.
Envisageons maintenant les fonctions ξ, η, ζ, assujetties à
vérifier les relations

$$\int (\xi^2 + \eta^2 + \zeta^2) \, d\tau = 1$$

$$\int (\xi \, \xi_1 + \eta \, \eta_1 + \zeta \, \zeta_1) \, d\tau = 0$$

l'ensemble des groupes $(\xi \, \eta \, \zeta)$ fournit immédiatement l'ensemble des intégrales *positives* :

$$-\int W_2 \, d\tau$$

ce nouvel ensemble admet un sous-minimum. Si ce minimum est un minimum propre il existe un nombre k_2^2 (on
va voir qu'il est effectivement positif) un nombre h et
des fonctions ξ_2, η_2, ζ_2 tels que l'on ait :

$$\int \delta W_2 \, d\tau + k_2^2 \delta \int (\xi_2^2 + \eta_2^2 + \zeta_2^2) \, d\tau + h\delta \int (\xi_2 \, \xi_1 + \eta_2 \, \eta_1 + \zeta_2 \, \zeta_1) \, d\tau = 0$$

faisons d'abord :

$$\delta \xi_2 = \xi_1 \qquad \delta \eta_2 = \eta_1 \qquad \delta \zeta_2 = \zeta_1$$

et désignons par ρ_2 le vecteur dont les projections sont
$\xi_2 \, \eta_2 \, \zeta_2$ on aura :

$$\int F_2 (\rho_2, \rho_1) \, d\tau + 2 k_2^2 \int (\xi_2 \, \xi_1 + \eta_2 \, \eta_1 + \zeta_2 \, \zeta_1) \, d\tau + h = 0$$

d'autre part, en faisant :

$$\delta \xi_1 = \xi_2 \qquad \delta \eta_{11} = \eta_2 \qquad \delta \zeta_2 = \zeta_2$$

dans les équations qui expriment le premier minimum considéré, on trouve

$$\int F(\rho_1, \rho_2)\, d\tau + 2\, k_1{}^2 \int (\xi_1 \xi_2 + \eta_{11} \eta_2 + \zeta_1 \zeta_2)\, d\tau = 0$$

donc

$$\int F_2(\rho_2 \rho_1)\, d\tau = 0$$

donc enfin :

$$h = 0$$

alors en faisant

$$\delta \zeta_2 = \xi_2 \qquad \delta \eta_2 = \eta_2 \qquad \delta \zeta_2 = \zeta_2$$

dans la relation générale aux δ on trouve que k_2^2 est le nouveau minimum et par suite qu'il est aussi positif, et ainsi de suite : on définira de proche en proche des nombres k_i et un groupe associé de fonctions ξ_i, η_{i}, ζ_i.

Les fonctions ξ_i, η_{i}, ζ_i sont choisies parmi celles qui, assujetties aux relations :

$$\int (\xi_i{}^2 + \eta_i{}^2 + \zeta_i)^2\, d\tau = 1$$

$$\int (\xi_i \xi_j + \eta_i \eta_j + \zeta_i \zeta_j)\, d\tau = 0 \qquad (j < i)$$

rendent *minima* l'intégrale :

$$\int W_2(\rho_i)\, d\tau$$

Si k_i^2 est le minimum de cette intégrale le groupe k_i, ξ_i, η_i, ζ_i satisfait aux équations (J) et (E).

La démonstration indiquée s'étend de proche en proche; elle est soumise aussi aux objections qui ont été formulées plus haut à propos de l'application de la méthode des variations au principe de Dirichlet.

La méthode des variations est une puissante méthode de recherches, mais elle est jusqu'à nouvel ordre insuffisante au point de vue de la parfaite rigueur.

Les considérations qui précèdent ne constituent donc qu'une prévision de l'existence des harmoniques, ou des vibrations périodiques des corps homogènes et isotropes, isolés.

L'existence de ces harmoniques, dans le cas des *membranes*, a été démontrée rigoureusement par M. Poincaré dans les Comptes Rendus de l'Académie des Sciences et dans le journal mathématique de Palerme, les « Rendiconti ».

Pour compléter les considérations précédentes nous démontrerons le théorème suivant :

— Les divers mouvements vibratoires simples dont Théorème. l'existence vient d'être indiquée sont tous linéairement indépendants.

Supposons en effet que l'on ait pour une certaine valeur de i

$$\xi_i = \sum_{j=1}^{j=i-1} A_j\, \xi_j$$

$$\eta_i = \sum_{j=1}^{j=i-1} A_j\, \eta_j$$

$$\zeta_i = \sum_{j=1}^{j=i-1} A_j\, \zeta_j$$

On va voir que les A_j sont tous nuls; en effet, soit k un nombre entier particulier compris dans la suite

$$1, 2, \dots\ i - 1$$

nous aurons, puisque

$$\int (\xi_i\,\xi_k + \eta_i\,\eta_{ik} + \zeta_i\,\zeta_k)\,d\tau = 0$$

or $\quad\quad \Sigma_j\,A_j \int (\xi_j\,\xi_k + \eta_{ij}\,\eta_{ik} + \zeta_j\,\zeta_k)\,d\tau = 0 \quad\quad$ pour $j \leqq k$

et $\quad\quad\quad\quad \int (\xi_k^2 + \eta_{ik}^2 + \zeta_k)^2\,d\tau = 1$

donc $\quad\quad\quad\quad\quad\quad A_k = 0$

Corollaire. — Les quantités k à partir de k_7 sont toutes différentes de zéro.

En effet si $k_i = 0$, on aurait :

$$\int W_2\,(\rho_i)\,d\tau = 0$$

Comme W_2 est une forme négative définie des α et des β, les α et les β sont nuls.

Le solide se déplace sans se déformer.

Mais si l'on a :

$$k_1 = o \quad k_2 = o \quad k_3 = o \quad k_4 = o \quad k_5 = o \quad k_6 = o$$

On aura pour les six premières solutions, six déplacements indépendants du solide rigide; si l'on avait encore $k_7 = o$, on aurait un septième déplacement de solide rigide, qui nécessairement serait une fonction linéaire des six premiers déplacements, mais ceci est contraire au théorème précédent. Donc les nombres k_i forment *une suite non décroissante* à partir de k_7 qui n'est pas nul.

La forme linéaire des équations (I) et (E) semble indiquer que la solution la plus générale des équations précédentes sera une combinaison linéaire des mouvements vibratoires simples.

Forme probable de la solution générale des petits mouvements vibratoires.

On ne possède pas encore de démonstration rigoureuse de ce théorème bien probable.

— Une première application de la mécanique des corps déformables est l'étude des mouvements vibratoires dans divers milieux et la théorie mathématique de la lumière.

Ces applications ne rentrent pas dans le cadre de ces leçons.

Une seconde application concerne la dynamique des fluides. Nous l'indiquerons ci après et nous y placerons la théorie dynamique des tourbillons dont la théorie cinématique a déjà été faite.

Enfin une troisième application devrait être la théorie de la résistance des matériaux et les applications aux problèmes réels.

Jusqu'à présent la solution générale de ces problèmes, même dans les cas simples, ne peut être dégagée simplement des théories précédentes.

Un premier pas dans cette voie a été fait par Saint-Venant; dans la troisième partie de cet ouvrage nous indiquerons les hypothèses complémentaires qui permettent de s'attaquer aux problèmes réels des constructions et nous les développerons pour quelques cas simples choisis.

VI

Les fluides

On peut définir les fluides : des systèmes qui ne transmettent que des pressions normales et ne peuvent être tenus en équilibre que par des compressions superficielles ; la loi de répartition des pressions montre que cette pression normale a une valeur constante p indépendante de l'orientation de l'élément sur lequel elle s'exerce.

Cette définition n'est pas la plus générale, mais elle nous suffira.

Considérons un parallélipipède rectangle parallèle aux axes, dont deux sommets opposés ont pour coordonnées x, y, z et $x + dx, y + dy, z + dz$, et dont le volume $d\tau$ est $dx\, dy\, dz$.

Exprimons que le parallélipipède solidifié est en équilibre sous l'action d'une force de translation *extérieure* donnée $\rho\, F\, dx\, dy\, dz$, de composantes : $\rho X d\tau$, $\rho Y d\tau$, $\rho Z d\tau$.

Considérons les forces parallèles à l'axe des x et qui sont :

1° La force $X d\tau$.

2° La pression $p\, dy\, dz$ sur la face antérieure normale à ox.

3° La pression $-\left(p + \dfrac{dp}{dx}\, dx\right) dy\, dz$ sur la face postérieure parallèle à la face antérieure.

On aura donc :

$$\rho X \, d\tau + p \, dy \, dz - \left(p + \frac{dp}{dx} \, dx\right) dy \, dz = 0$$

ou simplement

$$\rho X - \frac{dp}{dx} = 0$$

et de même :

$$\rho Y - \frac{dp}{dx} = 0$$

$$\rho Z - \frac{dp}{dz} = 0$$

Le principe de d'Alembert nous donnera immédiatement les équations du mouvement d'un fluide; si j_x, j_y, j_z sont les projections sur les axes de l'accélération de la particule on aura :

$$(1) \begin{cases} j_x = X - \dfrac{1}{\rho} \dfrac{dp}{dx} \\[2mm] j_y = Y - \dfrac{1}{\rho} \dfrac{dp}{dy} \\[2mm] j_z = Z - \dfrac{1}{\rho} \dfrac{dp}{dz} \end{cases}$$

On a, d'ailleurs, en considérant les projections u, v, w, de la vitesse, comme des fonctions des coordonnés actuelles de la particule et du temps,

$$(2) \begin{cases} j_x = \dfrac{du}{dt} + u \dfrac{du}{dx} + v \dfrac{du}{dy} + w \dfrac{du}{dz} \\[2mm] j_y = \dfrac{dv}{dt} + u \dfrac{dv}{dx} + v \dfrac{dv}{dy} + w \dfrac{dv}{dz} \\[2mm] j_z = \dfrac{dw}{dt} + u \dfrac{dw}{dx} + v \dfrac{dw}{dy} + w \dfrac{dw}{dz} \end{cases} \qquad \text{Avec les variables d'Euler.}$$

On a donc en (1) 3 équations aux 5 fonctions inconnues : u, v, w, ρ, p.

Une quatrième équation est fournie par la notion de la continuité.

La rapidité de la variation *relative* du volume d'une particule de volume $\Delta\tau$ ou $\dfrac{1}{\Delta\tau}\dfrac{d\Delta\tau}{dt}$ a pour expression :

$$\frac{du}{dx} + \frac{dv}{dy} + \frac{dw}{dz}$$

En exprimant que la masse $\rho\Delta\tau$ est invariable on aura :

$$\frac{d\rho}{dt} + \frac{d(\rho u)}{dx} + \frac{d(\rho v)}{dy} + \frac{d(\rho w)}{dz} = 0$$

La cinquième équation doit être empruntée aux propriétés thermiques du fluide.

On peut supposer ou bien que le fluide garde partout une température constante, ou bien, s'il est mauvais conducteur de la chaleur, que les variations de chaleur liées au changement de pression de chaque particule sont nulles.

Dans les deux cas, la *thermodynamique* fournit une relation entre p et ρ.

Il est essentiel de remarquer que dans ces hypothèses, et si les forces accélératrices (par unité de masse) résultent d'une fonction des forces U, nous aurons une fonction U' des accélérations :

$$U' = U - \int \frac{dp}{\rho}$$

Donc les théorèmes d'Helmholtz sur les tourbillons sont applicables.

Les équations du mouvement doivent être complétées par les conditions aux limites, parmi lesquelles on peut distinguer :

1° Les conditions relatives aux parois fixes ou mobiles;

2° Les conditions relatives à la surface libre.

Les premières se traduisent ainsi, soit :

$$f(x, y, z, t) = 0$$

l'équation d'une paroi dont le mouvement est connu ; à cette équation on adjoint la suivante :

$$\frac{df}{dt} + u\,\frac{df}{dx} + v\,\frac{df}{dy} + w\,\frac{df}{dz} = 0$$

qui exprime l'adhérence avec glissement des particules fluides en contact avec les parois. Quant aux conditions relatives à la surface libre, elles consistent généralement en ce que cette surface est soumise à une pression constante p_o.

On admet généralement que les mêmes particules forment la surface libre. On aura donc ainsi à la surface :

$$p = p_o$$
$$\frac{dp}{dt} + \frac{dp}{dx}\,u + \frac{dp}{dy}\,v + \frac{dp}{dz}\,w = 0$$

Telles sont les *conditions aux limites* qu'il faut adjoindre aux équations (1) et (2) pour la recherche des fonctions

$$u,\ v,\ w,\ p,\ \rho.$$

Lorsque les fonctions u, v, w ont été obtenues, il reste à intégrer le système simultané :

$$(3) \quad \frac{dt}{1} = \frac{dx}{u} = \frac{dy}{v} = \frac{dz}{w}$$

Les théorèmes d'Helmholtz peuvent simplifier l'intégration. On peut chercher les surfaces tourbillonnaires (2 familles) et pour cela intégrer le système :

$$(4) \quad \frac{dx}{p} = \frac{dy}{q} = \frac{dz}{r} \qquad \text{où on a fait} \quad \begin{cases} p = \frac{1}{2}\left(\frac{dw}{dy} - \frac{dv}{dz}\right) \\ q = \frac{1}{2}\left(\frac{du}{dz} - \frac{dw}{dx}\right) \\ r = \frac{1}{2}\left(\frac{dv}{dx} - \frac{du}{dy}\right) \end{cases}$$

Une famille de surfaces tourbillonnaires suffit, car les 3 fonctions satisfaisant à la relation

$$\frac{dp}{dx} + \frac{dq}{dy} + \frac{dr}{dz} = 0$$

la théorie du dernier multiplicateur permet de déduire d'une première famille une seconde famille et cela par de simples quadratures.

On connaît alors deux intégrales du système (3) et le système (3) peut s'écrire

$$(5) \quad \frac{dt}{\rho} = \frac{dx}{\rho u} = \frac{dy}{\rho v} = \frac{dz}{\rho w}$$

or, en vertu de l'équation de continuité déjà obtenue :

$$\frac{d\rho}{dt} + \frac{d(\rho w)}{dx} + \frac{d(\rho v)}{dy} + \frac{d(\rho w)}{dz} = 0$$

la méthode du dernier multiplicateur fournira une nouvelle intégrale du système 5.

On voit donc que la difficulté de l'intégration des problèmes de la dynamique des fluides comporte deux phases :

1° L'obtention des fonctions u, v, w ;

2° La recherche d'une intégrale de l'équation aux dérivées partielles :

$$\frac{d\rho}{dx}\, p + \frac{d\rho}{dy}\, q + \frac{d\rho}{dz}\, r = 0.$$

Quand il existe une fonction des forces, les équations intérieures de l'hydrodynamique admettent des intégrales premières qui ont été données en 1811 par Cauchy.

Envisageons, pour définir une particule à l'époque t, non pas ses coordonnées actuelles x, y, z, mais ses coordonnées initiales x_o, y_o, z_o, ou trois fonctions a, b, c, de celles-ci; en posant $U' = U - \int \frac{dp}{\rho}$, nous pouvons déduire des équations d'Euler celle-ci :

Les
intégrales
intermédiaires
de Cauchy.

$$(5^{bis})\ \begin{cases} \dfrac{d^2x}{dt^2}\dfrac{dx}{da} + \dfrac{d^2y}{dt^2}\dfrac{dy}{da} + \dfrac{d^2z}{dt^2}\dfrac{dz}{da} = \dfrac{dU'}{da} \\[2ex] \dfrac{d^2x}{dt^2}\dfrac{dx}{db} + \dfrac{d^2y}{dt^2}\dfrac{dy}{db} + \dfrac{d^2z}{dt^2}\dfrac{dz}{db} = \dfrac{dU'}{db} \\[2ex] \dfrac{d^2x}{dt^2}\dfrac{dx}{dc} + \dfrac{d^2y}{dt^2}\dfrac{dy}{dc} + \dfrac{d^2z}{dt^2}\dfrac{dz}{dc} = \dfrac{dU'}{dc} \end{cases}$$

équations aux variables de Lagrange

Nous ferons d'ailleurs :

$$\Delta = \frac{D(x,y,z)}{D(a,b,c)} = \frac{D(x,y,z)}{D(x_o y_o z_o)}\frac{D(x_o y_o z_o)}{D(a,b\ c)}$$

Éliminons des équations (5) la fonction U′ par les identités

$$\frac{d^2 U'}{db\,da} = \frac{d^2 U'}{da\,db} \qquad (a,\,b,\,c\ \text{permutés})$$

il vient (le signe S portant sur x, y, z)

$$S\left(\frac{d^3x}{db\,dt^2}\frac{dx}{da} - \frac{d^3x}{dt^2\,da}\frac{dx}{db}\right) = 0 \qquad (a,\,b,\,c\ \text{permutés})\ \text{ce qui peut s'écrire}$$

$$\frac{d}{dt}S\left(\frac{d^2x}{dt\,db}\frac{dx}{da} - \frac{d^2x}{dt\,da}\frac{dx}{db}\right) = 0 \qquad (a,\,b,\,c\ \text{permutés})$$

en faisant $a = x_o$, $b = y_o$, $c = z_o$, et posant comme d'habitude :

$$\frac{dw_o}{db} - \frac{dv_o}{dc} = 2p_o$$

$$\frac{du_o}{dc} - \frac{dw_o}{da} = 2q_o$$

$$\frac{dv_o}{da} - \frac{dw_o}{db} = 2r_o$$

on remplacera $\dfrac{dx}{dt}\ \dfrac{dy}{dt}\ \dfrac{dz}{dt}$ par u, v, w respectivement, et après une première intégration les équations obtenues s'écriront :

$$S\left(\frac{du}{da}\frac{dx}{db} - \frac{du}{db}\frac{dx}{da}\right) = 2r_o$$

$$S\left(\frac{du}{db}\frac{dx}{dc} - \frac{du}{dc}\frac{dx}{db}\right) = 2p_o$$

$$S\left(\frac{du}{dc}\frac{dx}{da} - \frac{du}{da}\frac{dx}{dc}\right) = 2q_o$$

revenons aux variables d'Euler on aura :

$$\frac{du}{db} = \frac{du}{dx}\frac{dx}{db} + \frac{du}{dy}\frac{dy}{db} + \frac{du}{dz}\frac{dz}{dc}$$

$$\frac{du}{dc} = \frac{du}{dx}\frac{dx}{dc} + \frac{du}{dy}\frac{dy}{dc} + \frac{du}{dz}\frac{dz}{dc}$$

etc., etc.;

moyennant lesquelles les équations précédentes s'écrivent en posant comme d'habitude :

$$2p - \frac{dw}{dy}\quad \frac{dv}{dz}, \quad 2q - \frac{du}{dz}\quad \frac{dw}{dx}, \quad 2r - \frac{dv}{dx}\quad \frac{du}{dy}$$

$$\begin{cases} p\left(\frac{dy}{db}\frac{dz}{dc} - \frac{dy}{dc}\frac{dz}{db}\right) + q\left(\frac{dz}{db}\frac{dx}{dc} - \frac{dz}{dc}\frac{dx}{db}\right) + r\left(\frac{dx}{db}\frac{dy}{dc} - \frac{dx}{dc}\frac{dy}{db}\right) = p_0 \\[2mm] p\left(\frac{dy}{dc}\frac{dz}{da} - \frac{dy}{da}\frac{dz}{dc}\right) + q\left(\frac{dz}{dc}\frac{dx}{da} - \frac{dz}{da}\frac{dx}{dc}\right) + r\left(\frac{dx}{dc}\frac{dy}{da} - \frac{dx}{da}\frac{dy}{dc}\right) = q_0 \\[2mm] p\left(\frac{dy}{da}\frac{dz}{db} - \frac{dy}{db}\frac{dz}{da}\right) + q\left(\frac{dz}{da}\frac{dx}{db} - \frac{dz}{db}\frac{dx}{da}\right) + r\left(\frac{dx}{da}\frac{dy}{db} - \frac{dx}{db}\frac{dy}{da}\right) = r_0 \end{cases}$$

et par conséquent en résolvant par rapport aux inconnues p, q, r

$$(6) \begin{cases} \Delta.\, p = \frac{dx}{da} p_0 + \frac{dx}{db} q_0 + \frac{dx}{dc} r_0 \\[2mm] \Delta.\, q = \frac{dy}{da} p_0 + \frac{dy}{db} q_0 + \frac{dy}{dc} r_0 \\[2mm] \Delta.\, r = \frac{dz}{da} p_0 + \frac{dz}{db} q_0 + \frac{dz}{dc} r_0 \end{cases}$$

Si l'on suppose :

$$p_0 = q_0 = r_0 = 0$$

on aura donc aussi :

$$p = q = r = 0$$

c'est le théorème de Lagrange, contenu comme on le voit dans les intégrales de Cauchy.

Les théorèmes d'Helmholtz sont aussi renfermés dans ces équations, mais Cauchy ne les a pas aperçus.

Considérons en effet les courbes qui dans la position initiale du fluide avaient pour équations différentielles :

$$\frac{p_0}{\delta a} = \frac{q_0}{\delta b} = \frac{r_0}{\delta c} = \frac{\Omega_0}{\delta s_0} \quad \left\{ \begin{array}{l} \Omega_0 = p_0 + q_0 + r_0 \\ \delta s_0 = \sqrt{\delta a^2 + \delta b^2 + \delta c^2} \end{array} \right.$$

nous pourrons écrire les équations (6) ainsi :

$$\Delta . p = \frac{\Omega_0}{\delta s_0} \delta x, \quad \Delta q = \frac{\Omega_0}{\delta s_0} \delta y, \quad \Delta r = \frac{\Omega_0}{\delta s_0} \delta z$$

on aura donc encore :

$$\Delta \frac{\delta s_0}{\Omega_0} = \frac{\delta x}{p} = \frac{\delta y}{q} = \frac{\delta z}{r} = \frac{\delta s}{\Omega} \quad \left\{ \begin{array}{l} \delta s = \sqrt{\delta x^2 + \delta y^2 + \delta z^2} \\ \Omega = p + q + r \end{array} \right.$$

Donc les courbes qui ont pour équations :

$$\frac{dx}{p} = \frac{dy}{q} = \frac{dz}{r}$$

sont à chaque instant formées des mêmes particules, en d'autres termes les lignes tourbillonnaires sont des lignes fluides.

De plus l'équation :

$$\frac{\Omega_0}{\Delta \delta s_0} = \frac{\Omega}{\delta s},$$

en vertu des équations de continuité, se transforme; car en désignant par $d\tau$ le volume transformé du volume primitif $da\, db\, dc$:

$$\rho \, d\tau = \rho_0 \, da \, db \, dc$$

$$d\tau = \frac{\mathrm{D} \, (x, y, z)}{\mathrm{D} \, (a, b, c)} \, da \, db \, dc = \Delta \, da \, db \, dc$$

on a d'ailleurs :

$$\rho \Delta = \rho_0$$

On aura donc

$$\frac{\Omega_0}{\rho_0 \, \delta s_0} = \frac{\Omega}{\rho \, \delta s}$$

soient, d'ailleurs, $\delta\sigma$ et $\delta\sigma_0$ les sections droites d'un même tube tourbillonnaire envisagé à deux époques, on aura :

$$\rho \delta s . \delta\sigma = \rho_0 \, \delta s_0 \, \delta\sigma_0$$

l'égalité obtenue s'écrira donc :

$$\Omega \, \delta\sigma = \Omega_0 \, \delta\sigma_0$$

C'est la conservation de l'intensité tourbillonnaire dans le temps.

— Chaque équation

$$S \frac{d^2 x}{dt^2} \frac{dx}{da} = \frac{dU'}{da}$$

peut s'écrire

$$\frac{d}{dt} \left[\frac{dx}{dt} \frac{dx}{da} + \frac{dy}{dt} \frac{dy}{da} + \frac{dz}{dt} \frac{dz}{da} \right] = \frac{d}{da} (U' + T) \quad \text{où l'on fait}$$

$$T = \frac{1}{2} \left[\left(\frac{dx}{dt} \right)^2 + \left(\frac{dy}{dt} \right)^2 + \left(\frac{dz}{dt} \right)^2 \right]$$

Transformations de Weber et de Clebsch.

Donc en posant :

$$\int_0^1 (\mathrm{U}' + \mathrm{T})\, dt = \mathrm{S}$$

et intégrant en supposant toujours $(a = x_0,\ b = y_0,\ c = z_0)$ on aura :

$$\left\{ \begin{aligned} u\frac{dx}{da} + v\frac{dy}{da} + w\frac{dz}{da} &= u_0 + \frac{d\mathrm{S}}{da} \\ u\frac{dx}{db} + v\frac{dy}{db} + w\frac{dz}{db} &= v_0 + \frac{d\mathrm{S}}{db} \\ u\frac{dx}{dc} + v\frac{dy}{dc} + w\frac{dz}{dc} &= w_0 + \frac{d\mathrm{S}}{dc} \end{aligned} \right\} \quad \begin{aligned} u &= \frac{dx}{dt} \\ v &= \frac{dy}{dt} \\ w &= \frac{dz}{dt} \end{aligned}$$

$$\rho\Delta = \rho_0.$$

Ces équations démontrent encore une fois le théorème de Lagrange.

Voici pour le cas d'un fluide icompressible une nouvelle transformation de Clebsch.

D'après un théorème démontré dans la cinématique des déformations on pourra poser :

$$u_0\, \delta a + v_0\, \delta b + w_0\, \delta c = \delta\varphi_0 + m_0\, \delta\psi_0$$

les équations de Weber donnent alors .

$$u\,\delta x + v\,\delta y + w\,\delta z = \delta\,(\mathrm{S} + \varphi_0) + m_0\, \delta\psi_0$$

Nous savions déjà que nous pouvions avoir identiquement

$$u\,dx + v\,dy + w\,dz = \delta\varphi + m\,d\psi$$

Mais nous avons ici quelque chose de plus : m et ψ peuvent être supposés indépendants de t, seule la fonction $\varphi = \mathrm{S} + \varphi_0$ peut renfermer t.

m_0 et ψ_0 sont d'ailleurs, nous le savons, deux intégrales de surfaces tourbillonnaires ; en écrivant que m et ψ sont deux surfaces fluides, nous aurons donc :

$$\frac{dm}{dt} + u\frac{dm}{dx} + v\frac{dm}{dy} + w\frac{dm}{dz} = 0 \qquad \left\{ \begin{aligned} u &= \frac{d\varphi}{dx} + m\frac{d\psi}{dx} \\ v &= \frac{d\varphi}{dy} + m\frac{d\psi}{dy} \\ w &= \frac{d\varphi}{dz} + m\frac{d\psi}{dz} \end{aligned} \right.$$

$$\frac{d\psi}{dt} + u\frac{d\psi}{dx} + v\frac{d\psi}{dy} + w\frac{d\psi}{dz} = 0$$

ces équations jointes à l'équation du second ordre en φ, m, et ψ

$$\frac{du}{dx} + \frac{dv}{dy} + \frac{dw}{dz} = 0$$

sont les équations de Clebsch aux trois fonctions inconnues φ, m, ψ.

VII

Propriétés dynamiques des tourbillons.

Rappel de formules connues de Green.

Si x, y, z désignent les coordonnées cartésiennes rectangles d'un point d'un volume D, l'intégration géométrique par parties nous a donné entre les deux intégrales de volume (étendues au domaine D),

$$\int U \frac{dV}{dx}\, d\tau, \quad \int V \frac{dU}{dx}\, d\tau,$$

et l'intégrale de surface (étendue à la surface limite du domaine D) :

$$\int UV \cos (n,\, x)\, d\omega$$

(n désignant la direction de la normale, dirigée vers l'extérieur) la relation suivante déjà utilisée dans la démonstration d'un théorème de Stokes :

$$\int U \frac{dV}{dx}\, d\tau = -\int V \frac{dU}{dx}\, d\tau + \int UV \cos (n,\, x)\, d\omega$$

Ces formules supposent l'existence des dérivées partielles de U et de V et la continuité de U et V.

On peut évidemment les étendre au cas de fonctions U et V discontinues le long de certaines surfaces comprises dans le domaine D, il suffit alors d'envisager les deux faces de cette surface et d'ajouter à l'intégrale $\int U V \cos (n\ x)\ d\omega$ relative à la limite du corps, l'intégrale de même forme relative aux surfaces de discontinuités de l'une ou l'autre des fonctions V et U. Nous désignons plus habituellement par n_i *le sens intérieur* de la normale, comme cas particulier de la formule précédente nous aurons aussi celles-ci :

$$-\int \frac{dU}{dx}\frac{dV}{dx}\,d\omega = \int V\,\frac{d^2U}{dx^2}\,d\tau + \int V\,\frac{dU}{dx}\cos(n_i,\ x)\ d\omega$$

U remplace $\frac{dU}{dx}$ de la formule précédente. Cette formule exige la continuité de V et des dérivées de U des premiers ordres.

On déduit aisément de là la formule Green :

$$-\int \left(\frac{dU}{dx}\frac{dV}{dx} + \frac{dU}{dy}\frac{dV}{dy} + \frac{dU}{dz}\frac{dV}{dz}\right) d\tau = \int V\Delta U\,d\tau + \int V\frac{dU}{dn_i}d\omega$$

où ΔU a la définition :

$$\Delta U = \frac{d^2U}{dx^2} + \frac{d^2U}{dy^2} + \frac{d^2U}{dz^2}$$

Il peut arriver que la fonction V tout en ayant ses dérivées uniformes ne soit pas uniforme elle-même.

Considérons, par exemple, un domaine D en forme de tore et un fluide en circulation dans ce tore, supposons d'ailleurs qu'il existe une fonction des vitesses, cette fonction peut ne pas être uniforme.

La circulation $\int(u\,dx + v\,dy + w\,dz)$ nulle pour toute courbe fermée, située dans une portion assez réduite du tore, peut ne plus être nulle par une courbe entourant le tore; mais que l'on trace une coupure transversale dans le tore et que l'on s'astreigne à ne jamais la traverser, la fonction

$$V = \int_{x_0\,y_0\,z_0}^{x\,y\,z}(u\,dx + v\,dy + w\,dz)$$

devient une fonction continue dans la région connexe artificiellement obtenue par la coupure, mais sur les deux faces de la coupure la fonction V a deux valeurs dont la différence est constante, soient $n_1\,n_2$ les deux normales à la coupure, intérieures à chacune des régions considérées, soit V_1 la valeur de V au bord intérieur 1 et V_2 la valeur de V au bord intérieur 2.

Soit $V_2 - V_1 = K$, l'équation de Green devra s'écrire

$$-\int\left(\frac{dU}{dx}\frac{dV}{dx} + \frac{dU}{dy}\frac{dV}{dy} + \frac{dU}{dz}\frac{dV}{dz}\right)d\tau = \int V\Delta U d\tau + \int V\frac{dU}{dn_1}d\sigma + K\int\frac{dU}{dn_2}d\omega$$

et comprend une intégrale de surface relative à la coupure.

Cas particulier de la formule de Green. — Si on fait $U = V$, la formule de Green devient

$$(\text{G}) \quad -\int\left[\left(\frac{dU}{dx}\right)^2 + \left(\frac{dU}{dy}\right)^2 + \left(\frac{dU}{dz}\right)^2\right]d\tau =$$

$$\int (U\Delta U)\,d\tau + \int U\frac{dU}{dn}d\omega$$

et elle a une conséquence analytique intéressante qui

trouve son application dans bien des questions de Physique mathématique.

Si on considère 2 fonctions U_1 et U_2 satisfaisant l'une et l'autre à l'équation de Laplace

$$\Delta U_1 = 0 \atop \Delta U_2 = 0 \quad \text{dans le domaine D}$$

et si de plus ces fonctions prennent des valeurs égales sur la surface limite de ce domaine D, on peut être sûr que ces fonctions coïncident, non seulement sur la frontière de D, mais encore en tous les points situés à l'intérieur de D.

En effet, la fonction $\omega = U_1 - U_2$ satisfait à l'équation $\Delta \omega = 0$ et l'on a sur la surface $\omega = 0$.

Donc, d'après la formule de Green, on aurait :

$$\int \left[\left(\frac{d\omega}{dx}\right)^2 + \left(\frac{d\omega}{dy}\right)^2 + \left(\frac{d\omega}{dz}\right)^2 \right] d\tau = 0$$

donc dans tout le domaine D on aura :

$$\frac{d\omega}{dx} = \frac{d\omega}{dy} = \frac{d\omega}{dz} = 0$$

ω serait donc constant en D et nul comme à la frontière.

La recherche d'une fonction U satisfaisant à l'équation de Laplace, (on la dit *harmonique*), à l'intérieur de D et prenant des valeurs données à l'avance (U) sur la frontière de D constitue le fameux problème de Dirichlet dont nous avons déjà parlé plus haut.

Désignons par $x'y'z'$ les coordonnées d'un point P actuellement donné, à l'intérieur de D, mais non sur la surface frontière.

Soit :

$$R = \sqrt{(x' - x)^2 + (y' - y)^2 + (z' - z)^2}$$

fonction de x, y, z, dont l'*inverse* satisfait, comme on sait, à l'équation de Laplace. On a :

$$\Delta \frac{1}{R} = 0 \qquad \text{sauf au point} \begin{cases} x = x' \\ y = y' \\ z = z' \end{cases}$$

Entourons le point P d'une surface sphérique Σ concentrique et de rayon ε destiné à tendre vers zéro, soit V une fonction continue à l'intérieur de D.

Appliquons le théorème de Green à tout le volume de D, qui est extérieur à la surface Σ, on aura :

$$\int UV\Delta d\tau + \int U \frac{dV}{dn_i} d\omega = \int V\Delta U d\tau + \int V \frac{dU}{dn_i} d\omega$$

Nous faisons $U = \frac{1}{R}$ et nous avons deux surfaces d'intégrations : la surface limite de D et la surface de la sphère; n_i désigne sur celle-ci le prolongement d'un rayon de la sphère.

L'intégrale $\int V\Delta U d\tau$ est identiquement nulle et

$$\frac{dU}{dn_i} = \frac{dR}{dr} = - \frac{1}{R^2}$$

Le second nombre a donc pour limite $- 4\pi V'$, V' désignant la valeur de la fonction V en D;

d'où cette formule :

$$V' = -\frac{1}{4\pi}\int \frac{\Delta V}{R}\,d\tau - \frac{1}{4\pi}\int \frac{dV}{dn}\frac{1}{R}\,d\sigma + \frac{1}{4\pi}\int V\frac{d\frac{1}{R}}{d n_i}\,d\omega$$

les intégrales de surface se rapportent à la seule surface limite du corps, la sphère auxiliaire ayant disparu complètement du résultat.

Stokes a découvert que l'on peut exprimer trois fonctions quelconques u, v, w, de x, y, z, sous la forme

$$u = \frac{d\varphi}{dx} + \frac{dZ}{dy} - \frac{dY}{dz}$$

$$v = \frac{d\varphi}{dy} + \frac{dX}{dz} - \frac{dZ}{dx}$$

$$w = \frac{d\varphi}{dx} + \frac{dY}{dx} - \frac{dX}{dy}$$

les trois fonctions X, Y, Z satisfaisant à l'identité :

$$\frac{dX}{dx} + \frac{dY}{dy} + \frac{dZ}{dz} = 0.$$

Récrivons la formule de Green en nommant x' y' z' le point générateur des champs d'intégration, et x, y, z les coordonnées de P, on a :

$$u = -\frac{1}{4\pi}\int \frac{\Delta u'}{R}\,d\tau' - \frac{1}{4\pi}\int \frac{1}{R}\frac{du'}{dn_i}\,d\omega + \frac{1}{4\pi}\int U'\frac{d\frac{1}{R}}{dn_i}\,d\omega$$

posons comme dans la cinématique des déformations

$$\Theta = \frac{du}{dx} + \frac{dv}{dy} + \frac{dw}{dz}$$

$$2p = \frac{dw}{dy} - \frac{dv}{dz}, \quad 2q = \frac{du}{dz} - \frac{dw}{dx}, \quad 2r = \frac{dv}{dx} - \frac{du}{dy}$$

on peut écrire identiquement :

$$\frac{d\Theta}{dx} = \frac{d^2u}{dx^2} + \left(\frac{d^2v}{dy\,dx} + \frac{d^2w}{dz\,dx} \right)$$

d'où
$$\Delta u = \frac{d\Theta}{dx} - \left(\frac{d^2v}{dy\,dx} + \frac{d^2w}{dz\,dx} \right) + \frac{d^2u}{dy^2} + \frac{d^2u}{dz^2}$$

$$\Delta u = \frac{d\Theta}{dx} - 2\frac{dr}{dy} + 2\frac{dq}{dz} \quad \text{et par suite}$$

$$\int \frac{\Delta u'}{R}\,d\tau' = \int \frac{d\tau'}{R}\left(\frac{d\Theta'}{dx'} - 2\frac{dr'}{dy'} + 2\frac{dq'}{dz'} \right)$$

or observons que
$$\frac{d\frac{1}{R}}{dx'} = - \frac{d\frac{1}{R}}{dx}$$

$$\int \frac{d\Theta'}{dx'} \frac{1}{R}\,d\tau' = \int \frac{d\frac{\Theta'}{R}}{dx'}\,d\tau' - \int \Theta' \frac{d\frac{1}{R}}{dx'}\,d\tau' = \frac{d}{dx}\int \frac{\Theta'}{R}\,d\tau' + \int \frac{d\frac{\Theta'}{R}}{dx'}\,d\tau'$$

ou d'après une formule déjà utilisée :

$$\int \frac{d\Theta'}{dx'} \frac{1}{R}\,d\tau' = \frac{d}{dx}\int \frac{\Theta'}{R}\,d\tau' - \int \Theta' \cos(n'.x) \frac{d\omega'}{R}$$

Les trois parties de l'intégrale

$$\frac{\Delta u'}{R}\,d\tau'$$

se transformeront de même et l'on aura :

$$\int \frac{\Delta u}{R}\, d\tau' = \frac{d}{dx} \int \frac{\Theta'}{R}\, d\tau' - \int 0'\cos(n'\,x)\frac{d\omega'}{R}$$

$$- \frac{2d}{dy} \int \frac{r'}{R}\, d\tau' + 2 \int r'\cos(n'\,y)\frac{d\omega'}{R}$$

$$+ \frac{2d}{dz} \int \frac{q'}{R}\, d\tau' - 2 \int q'\cos(n'\,z)\frac{d\omega'}{R}$$

introduisons alors les fonctions suivantes de la position du point M :

$$-\frac{1}{4\pi} \int \frac{\Theta'}{R}\, d\tau' = \Phi_M$$

$$\frac{1}{4\pi} \int \frac{2p'}{R}\, d\tau' = X_m$$

$$\frac{1}{4\pi} \int \frac{2q'}{R}\, d\tau' = Y_M$$

$$\frac{1}{4\pi} \int \frac{2r'}{R}\, d\tau' = Z_m$$

$$\alpha = \frac{1}{4\pi} \int u'\frac{d\frac{1}{R}}{dn_i}\, d\omega' - \frac{1}{4\pi} \int \left[\left(\frac{du'}{dx'} - \Theta'\right)\cos(n'\,x) \right.$$

$$\left. + \frac{dv'}{dx'}\cos(n'\,y) + \frac{dw'}{dx'}\cos(n'\,z) \right]$$

on aura :

$$u = \frac{d\Phi_m}{dx} + \frac{dZ_m}{dy} - \frac{dY_m}{dz} + \alpha$$

Pour transformer la valeur de α rappelons la formule de Hankel :

$$\int (P'\,dx' + Q'\,dy' + R'\,dz') = \int \left[\left(\frac{dR'}{dy'} - \frac{dQ'}{dz'}\right) \cos(n'\,x) \right.$$

$$\left. + \left(\frac{dP'}{dz'} - \frac{dR'}{dx'}\right) \cos(n'\,y) + \left(\frac{dQ'}{dx'} - \frac{dP'}{dy'}\right) \cos(n'\,z) + \right] d\omega'$$

Le premier membre étant nul si la surface d'intégration est fermée et simplement connexe. Si la surface n'enfermait pas un domaine simplement connexe on rendrait tel celui-ci par des coupures.

Remplaçons dans cette identité P' Q' R' par $\dfrac{A'}{R}$, $\dfrac{B'}{R}$, $\dfrac{C'}{R}$, on aura :

$$\int \frac{d\omega'}{R} \left[\left(\frac{dC'}{dy'} - \frac{dB'}{dz'}\right) \cos(n'x) + \left(\frac{dA'}{dz'} - \frac{dC'}{dx'}\right) \cos(n'y) + \left(\frac{dB'}{dx'} - \frac{dA'}{dy'}\right) \cos(n'z) \right]$$

$$= \frac{d}{dx} \int \frac{d\omega'}{R} \left[B' \cos(n'\,z) - C' \cos(n'\,y) \right]$$

$$+ \frac{d}{dy} \int \frac{d\omega'}{R} \left[C' \cos(n',\,x) - A' \cos(n',\,z) \right]$$

$$+ \frac{d}{dz} \int \frac{d\omega'}{R} \left[A' \cos(n'\,y) - B' \cos(n'\,x) \right]$$

faisons dans cette identité $B' = w'$, $C' = -v'$, $A' = 0$.

Le premier membre de l'identité actuelle coïncide *au signe près* avec le second terme de $4\pi\alpha$; celui-ci peut donc s'écrire :

$$\frac{d}{dx}\int\frac{d\omega'}{R}\left(w'\cos(n'z)+v'\cos(n'y)\right)-\frac{d}{dy}\int\frac{d\omega'}{R}v'\cos(n'x)$$

$$-\frac{d}{dz}\int\frac{d\omega'}{R}w'\cos(n'x)$$

ou encore en nommant V'_n la composante de la vitesse suivant la normale à $d\omega'$ dirigée vers l'intérieur·

$$\frac{d}{dx}\int\frac{d\omega'}{R}V'_n-\frac{d}{dx}\int u'\frac{d\omega'}{R}\cos(n'x)-\frac{d}{dy}\int v'\frac{d\omega'}{R}\cos(n'x)$$

$$-\frac{d}{dz}\int w'\frac{d\omega'}{R}\cos(n'x)$$

D'autre part le premier terme de $4\pi\alpha$ peut s'écrire :

$$\int u'\frac{d\frac{1}{R}}{dn'_i}d\omega'=-\frac{d}{dx}\int\frac{d\omega'}{R}u'\cos(n'x)-\frac{d}{dy}\int\frac{d\omega'}{R}u'\cos(n'y)$$

$$-\frac{d}{dz}\int\frac{d\omega'}{R}u'\cos(n'z)$$

on aura donc

$$\alpha=-\frac{1}{4\pi}\frac{d}{dx}\int\frac{V'_n\,d\omega'}{R}+\frac{1}{4\pi}\frac{d}{dy}\int(u'\cos(n'x)-u'\cos(n'y))\frac{d\omega}{R}$$

$$+\frac{1}{4\pi}\frac{d}{dz}\int\left[w'\cos(n'x)-u'\cos(n'z)\right]\frac{d\omega'}{R}$$

posons alors :

$$\Phi_s = -\frac{1}{4\pi} \int \frac{V'_n \, d\omega'}{R}$$

$$X_s = \frac{1}{4\pi} \int \left[w' \cos(n'y) - v' \cos(n'z) \right] \frac{d\omega'}{R}$$

$$Y_s = \frac{1}{4\pi} \int \left[u' \cos(n'z) - w' \cos(n'x) \right] \frac{d\omega'}{R}$$

$$Z_s = \frac{1}{4\pi} \int \left[v' \cos(n'x) - u' \cos(n'y) \frac{d\omega'}{R} \right]$$

on aura :

$$u = d\frac{(\varphi_m + \varphi_s)}{dx} + d\frac{(Z_m + Z_s)}{dy} - d\frac{(Y_m + Y_s)}{dz}$$

$$v = d\frac{(\varphi_m + \varphi_s)}{dy} + d\frac{(X_m + X_s)}{dz} - d\frac{(Z_m + Z_s)}{dx}$$

$$w = d\frac{(\varphi_m + \varphi_s)}{dz} + d\frac{(Y_m + Y_s)}{dx} - d\frac{(X_m + X_s)}{dy}$$

ce sont les formules de Stokes où l'on a fait :

$$\varphi = \Phi_m + \Phi_s$$
$$X = X_m + X_s$$
$$Y = Y_m + Y_s$$
$$Z = Z_m + Z_s$$

reste à vérifier l'identité

$$\frac{dX}{dx} + \frac{dY}{dy} + \frac{dZ}{dz} = 0.$$

or, on a

$$X = \frac{1}{4\pi} \int \frac{2\,p'}{R}\,d\tau' + \frac{1}{4\pi} \int \left[w'\cos(n'y) - v'\cos(n'z) \right] \frac{d\omega'}{R}$$

posons d'autre part :

$$\begin{cases} U = -\frac{1}{4\pi} \int \frac{u'\,d\tau'}{R} \\[2ex] V = -\frac{1}{4\pi} \int \frac{v'\,d\tau'}{R} \\[2ex] W = -\frac{1}{4\pi} \int \frac{w'\,d\tau'}{R} \end{cases}$$

on a :

$$\frac{dV}{dz} - \frac{dW}{dy} = \frac{1}{4\pi} \int u'\frac{d\frac{1}{R}}{dz'}\,d\tau' - \frac{1}{4\pi} \int w'\frac{d\frac{1}{R}}{dy'}\,d\tau'$$

$$= -\frac{1}{4\pi} \int v'\frac{d\omega'}{R}\cos(n'z) - \frac{1}{4\pi} \int \frac{dv'}{dz'}\frac{d\tau'}{R}$$

$$+ \frac{1}{4\pi} \int \frac{w'\,d\omega'}{R}\cos(n'y) + \frac{1}{4\pi} \int \frac{dw'}{dy'}\frac{d\tau'}{R} = X$$

on aura donc ainsi :

$$X = \frac{dU}{dz} - \frac{dW}{dy}$$

$$Y = \frac{dW}{dx} - \frac{dU}{dz}$$

$$Z = \frac{dU}{dy} - \frac{dV}{dx}$$

forme d'où résulte immédiatement l'identité :

$$\frac{d\mathrm{X}}{dx} + \frac{d\mathrm{Y}}{dy} + \frac{d\mathrm{Z}}{dz} = 0$$

Remarque. — On sait qu'un potentiel Π de volume satisfait dans l'intérieur du volume D attirant à la relation de Poisson

$$\Delta\Pi = \frac{d^2\Pi}{dx^2} + \frac{d^2\Pi}{dy^2} + \frac{d^2\Pi}{dz^2} = -4\pi\rho$$

ρ étant la densité au point $x\ y\ z$ de la matière attirante.

On déduit des valeurs de U, V, W

$$\Delta\mathrm{U} = u$$
$$\Delta\mathrm{V} = v$$
$$\Delta\mathrm{W} = w$$

et par conséquent

$$\Delta\mathrm{X} = \Delta\left(\frac{d\mathrm{V}}{dz} - \frac{d\mathrm{W}}{dy}\right) = \frac{d\Delta\mathrm{V}}{dz} - \frac{d\mathrm{W}}{dy} = \frac{dv}{dz} - \frac{dw}{dy} = -2p$$

on obtient ainsi les relations :

$$\Delta\mathrm{X} + 2p = 0$$
$$\Delta\mathrm{Y} + 2q = 0$$
$$\Delta\mathrm{Z} + 2r = 0$$

Des valeurs :

$$u = \frac{d\varphi}{dx} + \frac{d\mathrm{Z}}{dy} - \frac{d\mathrm{Y}}{dz}$$
$$v = \frac{d\varphi}{dy} + \frac{d\mathrm{X}}{dz} - \frac{d\mathrm{Z}}{dx}$$
$$w = \frac{d\varphi}{dz} + \frac{d\mathrm{Y}}{dx} - \frac{d\mathrm{X}}{dy}$$

on tire :

$$\frac{du}{dy} - \frac{dv}{dx} = \Delta Z - \frac{d}{dz}\left[\frac{dX}{dx} + \frac{dY}{dy} + \frac{dZ}{dz}\right] = \Delta Z$$

et par conséquent :

$$\Delta X + 2p = 0$$
$$\Delta Y + 2q = 0$$
$$\Delta Z + 2r = 0$$
$$\Delta \varphi = \Theta \equiv \frac{du}{dx} + \frac{dv}{dy} + \frac{dw}{dz}$$

Si on rapproche ces formules des formules de Green, on voit qu'il n'existe qu'une distribution des vitesses quand on connaît les distributions de Θ, p, q et r, et la composante normale à la surface limite du vecteur (X, Y, Z).

— Nous supposerons que le débit superficiel reste fini. Les intégrales de surface peuvent être négligées dans les expressions précédentes.

Cas d'un fluide indéfini.

— S'il n'y a pas de parois à distance finie on a l'infini $\varphi = o$ et comme $\Delta \varphi = o$ on aura partout $\varphi = o$ donc en ce cas :

Cas d'un fluide incompressible.

$$u = \frac{dZ}{dy} - \frac{dY}{dz} \qquad\qquad X = \frac{1}{2\pi}\int p' \frac{d\tau'}{R}$$

$$v = \frac{dX}{dz} - \frac{dZ}{dx} \qquad\qquad Y = \frac{1}{2\pi}\int q' \frac{d\tau'}{R}$$

$$w = \frac{dY}{dx} - \frac{dX}{dy} \qquad\qquad Z = \frac{1}{2\pi}\int r' \frac{d\tau'}{R}$$

donc

$$u = \frac{1}{2\pi} \int \frac{d\tau'}{R^3} [q'(z - z') - r'(y - y')]$$

$$v = \frac{1}{2\pi} \int \frac{d\tau'}{R^3} [r'(x - x') - p'(y - y')]$$

$$w = \frac{1}{2\pi} \int \frac{d\tau'}{R^3} [p'(y - y') - r(x - x')]$$

Chaque élément de volume où il y a tourbillon transmet donc à une particule éloignée une vitesse élémentaire suivant la même loi que celle qui régit la force transmise par un élément de courant électrique à un pôle d'aimant.

Supposons un mouvement parallèle au plan des x, y.

$$w = o \quad \frac{du}{dz} = \frac{dv}{dz} = o \qquad \text{on a } p = o,\ q = o,$$
$$X = o$$
$$Y = o$$
$$Z = \frac{1}{2\pi} \int \frac{r'\, d\tau'}{R}$$

Supposons le liquide compris entre les plans $z = -L$ et $z = +L$, on trouvera :

$$R_1 = \frac{1}{2\pi} \int \int r'\, dx'\, dy' \operatorname{Log} \frac{\sqrt{L^2 + R_1^2} + L}{\sqrt{L^2 + R_1^2} + L} \quad \left(R_1 = \sqrt{x^2 + y^2}\right)$$

et en négligeant R_1 devant L on pourra prendre :

$$Z = \frac{1}{\pi} \int \int r' \, (\text{Log } L - \text{Log } R_1) \, dx' \, dy'$$

et par suite :

$$u = \frac{dZ}{dy} = -\frac{1}{\pi} \int \int \frac{r'}{R_1{}^2} (y - y') \, dx' \, dy'$$

$$v = -\frac{dZ}{dx} = \frac{1}{\pi} \int \int \frac{r'}{R_1{}^2} (x - x') \, dx' \, dy'$$

chaque élément $dx' \, dy'$ produit sur le point P une vitesse infiniment petite tangentielle $= \frac{1}{\pi} r' \dfrac{dx \, dy'}{R_1}$

D'après les théorèmes d'Helmholtz, si le fluide est incompressible r ne varie pas avec le temps ; en variables de Lagrange $\frac{dr}{dt} = 0$ Cas d'un mouvement permanent.

en variables d'Euler :

$$\frac{dr}{dx} u + \frac{dr}{dy} v = 0$$

ou

$$u \frac{d}{dx}\left[\frac{dv}{dx} - \frac{du}{dy}\right] + \frac{d}{dy}\left[\frac{dv}{dx} - \frac{du}{dy}\right] v = 0$$

$$\frac{d\Delta Z}{dx} \frac{dZ}{dy} - \frac{d\Delta Z}{dy} \frac{dZ}{dx} = 0$$

ou $\Delta Z = F(Z)$. D'ailleurs $Z = C^c$ est l'équation des trajectoires.

Tourbillon liquide circulaire unique et permanent.

Prenons pour origine le centre du pied de l'axe du tourbillon, on aura à l'unité :

$1°$ A l'intérieur du cercle pour $R_1 < a$

$$\Delta Z' + 2 r' = o \quad (r' = \omega = \text{constante}) :$$

$2°$ A l'extérieur $\Delta Z'' = o$

$3°$ La vitesse est perpendiculaire au rayon R_1, cela exige que Z' et Z'' ne dépendent que de R_1.

Soit

$$Z' = V'(R_1)$$
$$Z'' = V''(R_1)$$

on aura par l'emploi des coordonnées polaires :

$$\frac{d^2 V'}{dR_1^2} + \frac{1}{R_1}\frac{dV'}{dR_1} + 2\,\omega = o$$

$$\frac{d^2 V''}{dR_1^2} + \frac{1}{R_1}\frac{dV''}{dR_1} = o$$

$$Z' = V = -\omega\frac{r_1^2}{2} + C \operatorname{Log} R_1 + D \qquad \text{pour } R_1 < a$$

$$Z'' = V'' = \quad\quad A \operatorname{Log} R_1 + B \qquad \text{pour } R_1 > a$$

On prendra $C = O$, sans quoi Z' serait infini à l'origine. D'ailleurs pour $R = a$

$$\left(\frac{dZ'}{dR_1}\right)_{R_1 = a} = -\omega a$$

$$\left(\frac{dZ''}{dR_1}\right)_{R_1} = \frac{A}{a}$$

la continuité des vitesses exige que $A = -\omega a^2$.

Les vitesses tangentielles sont alors,

dans le noyau :

$$\omega R_1 \qquad (R_1 < a_1)$$

hors le noyau :

$$\frac{\omega a^2}{R_1} \qquad (R_1 > a_1)$$

Les vortex simultanés devront se déformer.

Mais n'étudions leur action que sur un point extérieur à grande distance par rapport à leurs faibles dimensions.

On pourra prendre en appelant r_j la distance d'un point du milieu à un vortex numéroté j

$$Z = -\frac{1}{\pi} \sum_{j=1}^{j=n} m_j \, \mathrm{Log}\, r_j$$

d'où

$$\frac{dx}{dt} = u = -\frac{1}{\pi} \Sigma_j \, m_j \frac{(y - y_j)}{r_j^2}$$

$$\frac{dy}{dt} = v = \frac{1}{\pi} \Sigma_j \, m_j \frac{x - x_j}{r_j^2}$$

Équation valable pour le pied de chaque tube en supprimant le terme d'apparence critique.

$$\left. \begin{aligned} u_i &= \frac{dx_i}{dt} = -\frac{1}{\pi} \Sigma_j \, m_j \frac{y_i - y_j}{r_{ij}^2} \\ v_i &= \frac{dy_i}{dt} = \frac{1}{\pi} \Sigma_j \, m_j \frac{x_i - x_j}{r_{ij}^2} \end{aligned} \right\} \quad (j \lessgtr i)$$

Les $2\,n$ équations précédentes admettent $4\,n$ intégrales; en voici d'évidentes :

$$1° \qquad \Sigma_i\, m_i \frac{dx_i}{dt} = 0, \qquad\qquad \Sigma_i\, m_i \frac{dy_i}{dt} = 0$$

le centre de gravité des pieds des tubes est immobile;

$$2° \quad \text{on a} \qquad \frac{1}{2}\Sigma m_i \frac{d}{dt}\left(x_i^2 + y_i^2\right) = -\frac{1}{\pi}\Sigma_i \Sigma_j\, m_i m_j\, \frac{x_i y_j - x_j y_i}{r_{ij}} = 0$$

donc

$$\Sigma m_i \left(x_i^2 + y_i\right)^2 = \text{constante.}$$

Ce résultat, où l'origine est quelconque, contient les précédents. On peut déduire de ces intégrales précédentes une nouvelle forme. On a

$$\Sigma_i \Sigma_j\, m_i m_j \left(\frac{x_i - x_j}{r_{ij}}\right)\frac{dx_i}{dt} + \frac{m_i m_j}{r_{ij}}\left(y_i - y_j\right)\frac{dy_i}{dt} = 0$$

qu'on peut encore écrire en prenant comme indice le couple (ij) :

$$\Sigma_{(ij)}\, m_i m_j\, \frac{(x_i - x_j)\left(\dfrac{dx_i}{dt} - \dfrac{dx_j}{dt}\right) + (y_i - y_j)\left(\dfrac{dy_i}{dt} - \dfrac{dy_j}{dt}\right)}{r_{ij}^2} = 0$$

ou encore

$$\Sigma_{(ij)}\, m_i m_j \, \mathrm{Log}\, r_i r_j = \text{Constante}$$

Nous n'approfondirons pas davantage les propriétés des vortex, renvoyant le lecteur curieux aux leçons de M. Poincaré sur les tourbillons.

———————

TROISIÈME PARTIE

NOTIONS GÉNÉRALES SUR LES PROBLÈMES
DU CONSTRUCTEUR
HYPOTHÈSES SUPPLÉMENTAIRES DE LA THÉORIE
DE LA RÉSISTANCE DES MATÉRIAUX

I

Données expérimentales et Hypothèses supplémentaires.

— La théorie de l'élasticité qui a été esquissée dans la deuxième partie de cet ouvrage est la base de plusieurs théories importantes de Physique mathématique.

On peut aussi essayer de la prendre comme point de départ d'une théorie de la résistance des matériaux.

Je ne suivrai pas cette marche, difficile et minutieuse.

Dans ce qui suit, nous n'emprunterons à la théorie de l'élasticité que la notion des pressions intérieures, et nous définirons plus loin les pièces que l'on considère dans la théorie de la résistance des matériaux, et les hypothèses simplifiantes adoptées sur leurs déformations élastiques.

Coefficient d'élasticité. — Lorsqu'une *tige* de longueur l, de section droite A est soumise à une *tension* totale ou *pression* totale f, elle s'allonge ou se raccourcit d'une quantité λ ; lorsque le rapport $\frac{\lambda}{l}$ ne dépasse pas une certaine limite, et si l'on supprime la force f, la tige reprend progressivement son ancienne dimension.

Lorsque le rapport $\frac{\lambda}{l}$ dépasse une certaine limite, la déformation est à peu près permanente, et en réalité un nouveau corps a été formé ; on dit alors que la limite d'élasticité du premier corps a été dépassée.

Lorsque la limite d'élasticité du corps n'a pas été atteinte, la loi du phénomène de l'allongement élastique est *sensiblement* exprimée par la formule

$$\frac{f}{A} = E\,\frac{\lambda}{l}$$

dans laquelle E désigne une constante nommée *coefficient d'élasticité*, la quantité $\frac{f}{A}$ est la tension ou pression par unité de surface supportée par chaque section de la tige, lorsque celle-ci n'est soumise qu'à la force f.

Charge de rupture. — Lorsque le rapport $\frac{f}{A}$ atteint progressivement une certaine valeur ρ, la limite d'élasticité est d'abord dépassée, puis la rupture se produit sous la charge ρ qui porte le nom de charge ou module de rupture.

Pour déterminer les dimensions des *pièces*, on peut exiger qu'en aucun point de la pièce, la pression ou tension par unité de surface ne dépasse une certaine fraction empirique $\frac{1}{n}$ de la charge de rupture ρ.

La fraction $\frac{1}{n}$ $\left(\text{longtemps prise voisine de } \frac{1}{6}\right)$ est le coefficient de sécurité.

Cette manière d'opérer suppose que la matière n'est soumise qu'à des efforts constants; or l'expérience montre qu'une même charge répétée $\rho' < \rho$, peut produire, si on la répète suffisamment, la rupture du corps lorsque ρ' est compris entre ρ^1 et ρ

Loi de Wölher.

$$\rho_1 < \rho' < \rho$$

lorsque $\rho' < \rho_1$ la rupture, même par répétition de la charge ρ', ne se produit plus.

Cette limite ρ_1 est relative à la répétition d'efforts élastiques de même sens. Lorsque les efforts élastiques renouvelés varient de sens, la valeur de la charge de rupture par répétition s'abaisse encore de ρ_1 à ρ_2 et l'expérience indique par exemple pour le fer

$$\rho_2 < 0,5.\ \rho_1$$

ρ_1 et ρ_2 sont les modules d'élasticité.

Voici quelques nombres obtenus par Wöhler et que j'emprunte au bel ouvrage de M. Maurice Lévy[1] et qui sont relatifs à un essieu en fer :

1. *La Statique graphique appliquée aux constructions.*

Valeur de la tension maxima par millimètre carré d'une charge répétée.	Nombre de répétitions de la charge qui ont amené la rupture.
45 kilogr......................	170.000
35 —	450.000
30 —	860.000
25 —	1.500.000
22 —	48 millions d'épreuves n'ont pas produit la rupture.

Il résulte des expériences de Wöhler que l'on peut distinguer trois modules de sécurité théorique, lorsque les charges temporaires agissent avec les charges permanentes.

1° Lorsqu'une pièce est soumise à des efforts constants le module de sécurité théorique ρ est défini par cette condition que des tensions élastiques égales à $\rho - \varepsilon \, (\varepsilon > o)$ ne ne déterminent jamais la rupture de la pièce, tandis que des tensions élastiques $\rho + \varepsilon$ déterminent cette rupture immédiatement.

2° Si les formes élastiques nées de surcharges temporaires sont toutes de même sens, on appellera avec M. Maurice Lévy f_{max} et f_{min} la plus grande et la plus petite des valeurs absolues de ces forces élastiques rapportées à l'unité de surface.

3° Si les forces élastiques nées de surcharges accidentelles peuvent changer de sens on désignera par f_{max} le maximum en valeur absolue de la plus grande des deux espèces de forces et par φ_{min} le maximum en valeur absolue de l'autre. Dans chacun des deux derniers cas, on adoptera pour modules de sécurité théorique un effort élastique R_1 pour le second cas, R_2 pour le troisième cas tels que :

les hypothèses

$$f_{max} > R_1 \qquad \text{dans le second cas}$$
$$f_{max} > R_2 \qquad \text{dans le troisième cas}$$

entraînent la rupture après répétition suffisante des surcharges et que les hypothèses correspondantes

$$f_{max} < R_1 - \varepsilon$$
$$\varepsilon > 0$$
$$f_{max} < R_2 - \varepsilon$$

permettant, sans rupture, la répétition indéfinie des surcharges.

Launhardt a proposé, pour le cas où les forces élastiques développées ne changent pas de sens, la formule empirique :

Loi de Launhardt.

$$R_1 = \rho_1 + (\rho - \rho_1)\frac{f_{min}}{f_{max}}$$

cette formule coïncide avec la définition de ρ et ρ_1
lorsque $f_{max} = f_{min}$ et lorsque $f_{min} = o$
elle est d'accord avec les recherches de Wöhler pour les cas intermédiaires.

Pour le cas où il se produit des forces élastiques de sens variable, Weyrauch a proposé la formule empirique :

Loi de Weyrauch.

$$R_2 = \rho_1 - (\rho_1 - \rho_2)\frac{\varphi_{max}}{f_{max}}$$

qui est identiquement satisfaite pour $\varphi_{max} = O$ et pour $f_{max} = \varphi_{max}$ et qui paraît d'accord aussi avec les expériences de Wöhler pour les cas intermédiaires..

Module de sé-curité pratique. $\frac{1}{n}$ désignant une fraction, *choisie de sentiment,* on pose

$$R'_1 = \frac{1}{n} R_1 \qquad R'_2 = \frac{1}{n} R_2$$

et R'_1 et R'_2 se nomment charges de sécurité.

Modules de cisaillement et de torsion.   Si σ, σ_1, σ_2 sont les modules de rupture et les modules d'élasticité relatifs à la *torsion* ou au *cisaillement* les expériences de Wöhler, comme les théories de Navier, indiquent que l'on peut poser :

$$\sigma = \frac{4}{5} \rho \qquad \sigma_1 = \frac{4}{5} \rho_1 \qquad \sigma_2 = \frac{4}{5} \rho_2$$

d'où on déduira les coefficients de sécurité théorique et pratique par les formules correspondantes de Launhardt et de Weyrauch.

Ces formules sont utiles pour le calcul des dimensions des pièces. Mais nous devons aborder la définition de celles-ci, et l'examen des hypothèses simplifiantes de la théorie de la Résistance des matériaux.

Définition des pièces.   Nous considérerons une pièce engendrée par une aire plane A dont le centre de gravité G décrit une courbe plane L constamment normale à l'aire ; les dimensions de la section seront supposées petites non seulement par rapport à la longueur de L, mais encore par rapport aux divers rayons de courbure de l'arc L. La courbe L porte le nom de *fibre moyenne,* lorsque l'espace ainsi engendré par l'aire A est supposé rempli d'une matière homogène et élastique.

Il arrivera quelquefois que l'aire mobile A varie lentement, la variation de ses dimensions restant petite par rapport à l'arc décrit sur la ligne moyenne qui demeure le lieu des centres de gravité de l'aire A.

Le corps de la pièce peut n'être pas complètement homogène, mais sa densité et ses propriétés élastiques devront se distribuer symétriquement par rapport au plan de la courbe L; lorsqu'il en est ainsi, cette courbe L n'est plus définie comme le lieu du centre de gravité de l'aire géométrique A, mais bien comme le lieu du centre de gravité d'une aire fictive non homogène, dont la densité superficielle serait en chaque point proportionnelle à la valeur en ce point du coefficient d'élasticité (dans le sens des fibres normales au plan A).

Nous aurons à considérer par la suite l'ensemble des sections A comprises entre une section terminale A_0 et une section A_1 et les forces appliquées aux différents points de cette partie de la pièce; ces forces comprenant d'ailleurs les forces directement connues et aussi les réactions, généralement inconnues, des appuis; si toute cette partie de la pièce était supposée rigidifiée, on pourrait composer ces forces, suivant la méthode de Poinsot : 1° en une force R passant par le centre de gravité G_1, de la section A_1 et en couple M_1. Comme nous ne considérons que des forces symétriques par rapport au plan de la courbe L, la résultante R se décomposera en une force N_1 normale au plan de l'aire A et en une force T_1 située dans ce plan et dirigée suivant la normale à la courbe L.

Relativement aux signes de M_i, N_i, T_i on fait les conventions suivantes : on prend comme direction positive de N la tangente en G_i à la courbe L, dirigée dans le sens $G_i x$ des arcs croissants au delà de A_i lorsque la courbe es t parcourue de A_o à A_i, on complète avec une direction $G_i y$ de la normale et une direction $G_i z$ perpendiculaire au pla s de Z un trièdre $G_i x$, $G_i y$, $G_i z$, de coordonnées, superposable sur un trièdre fixe choisi une fois pour toutes.

Le moment M_i est $> o$ s'il tend à faire tourner en rapprochant dans un simple quadrant $G_i x$ de $G_i y$.

De même N_i et T_i porteront leurs signes.

M_i se nomme le *moment de flexion*.

N_i porte le nom de *compression* de la fibre moyenne.

R_i se nomme l'*effort tranchant*.

Nous désignerons les quantités analogues relatives au point G par M, N, T, sans indice.

Hypothèses
nouvelles. On regarde les pièces comme semi-élastiques et semi-rigides ; les sections A sont regardées comme *rigides*, les fibres primitivement normales aux sections A sont regardées comme *élastiques*.

La rigidité des sections A permet de composer ou de réduire conformément aux règles de la statique des corps rigides toutes les forces dont les points d'application véritables sont situés en une même section.

Dans la plupart des cas on admet que les sections A restent normales à la fibre neutre, cette hypothèse revient à négliger l'influence de l'effort tranchant, ce qui revient à admettre une rigidité de glissement.

Dans cette manière de voir les sections sont censées supportées par l'ensemble des fibres normales parallèles à la fibre neutre.

Les efforts élastiques exercés sur la section A′ par la partie antérieure de la pièce agissant sur la partie postérieure forment un système de forces défini par les quantités M′, N′, T′ relatives à cette section ; le couple M′ tend, nous l'admettons, à fléchir les fibres, la force N′ tend à les comprimer ; quant à la force T′ l'hypothèse précédente revient à la regarder comme impuissante à produire des déplacements élastiques appréciables.

Quelquefois on abandonne l'hypothèse de la conservation de l'orthogonalité des sections sur la fibre neutre et on tient compte de l'effort tranchant d'une manière qui sera indiquée un peu plus loin, et qui, on le verra, est assez arbitraire.

Considérons la pièce en sa position primitive fictive, alors qu'aucune force, pas même la pesanteur, n'agit sur elle.

Et soient A et A′ deux sections infiniment voisines de la pièce dont les centres de gravité sont séparés par l'arc ds de la fibre neutre.

Forces élastiques et déformations élastiques correspondantes dans le voisinage d'une section.

Considérons la portion du corps engendré par l'élément $d\omega$ de la section A, venu dans la génération de la pièce occuper un élément égal $d\omega'$ de la section A′ ; vu les faibles dimensions transverses de la pièce vis-à-vis de la courbure de L on peut supposer que les deux éléments $d\omega$, $d\omega'$ sont distants de ds, après déformation l'élément d'arc ds s'est accru de — δds par la compression. La pression par unité de surface, n, sera donc *en admettant que la fibre considérée travaille comme si elle était seule*

$$n \, E \, \frac{\delta ds}{ds}$$

l'élément $d\omega$ transmettra donc de la partie antérieure à la partie postérieure du corps la force élastique

$$n \, d\omega$$

normalement à la section.

Si u est la distance de l'élément $d\omega$ à une droite passant par G et perpendiculaire au plan du tableau (distance comptée positive dans le sens $\overrightarrow{Gy}$) le moment de cette force élastique sera

$$- n\, d\omega . u$$

On aura donc

$$(1) \qquad \begin{cases} \mathrm{M} = -\displaystyle\int nu.d\omega \\[2em] \mathrm{N} = \displaystyle\int n\,d\omega \end{cases}$$

ces intégrales de surface étant prises dans toute l'étendue S de la section A.

Pour calculer ces intégrales, il nous faut évaluer δds qui est une fonction linéaire de u; en effet la section A' tourne par rapport à la section A et si on appelle ω la quantité dont elle tourne dans le sens positif des moments, on aura pour le raccourcissement δds

$$(2) \qquad \delta ds = (\delta ds)_0 + \omega u$$

$(\delta ds)_0$ désignant le raccourcissement de la fibre moyenne.

Remplaçons n par sa valeur $\mathrm{E}\,\dfrac{\delta ds}{ds}$ et δds par sa valeur (2), les relations (1) deviendront

$$\mathrm{N}ds = (\delta ds)_0 \int \mathrm{E}\,d\omega + \omega \int \mathrm{E}u\,d\omega$$

$$\mathrm{M}ds = -(\delta ds)_0 \int \mathrm{E}u\,d\omega - \omega \int \mathrm{E}u^2\,d\omega$$

Or que E soit variable ou non, posons :

$$\int E\,d\omega = S'$$

$$\int E u^2 d\omega = I'$$

et observons que par la définition de la fibre moyenne et par une propriété bien connue du centre de gravité on a :

$$\int E u\,d\omega = 0$$

Nous aurons donc :

$$(3) \qquad \begin{cases} N ds = (\partial\,ds)_0\, S' \\ M ds = \omega\, I' \end{cases}$$

Si E est constant dans chaque section S dont le moment d'inertie géométrique est I on aura

$$S' = ES$$
$$I' = EI$$

et les formules (3) se réduisent à celles-ci :

$$(4) \qquad \begin{cases} (\partial\,ds)_0 = \dfrac{N\,ds}{ES} \\[2mm] \omega = -\dfrac{M\,ds}{EI} \end{cases}$$

on en déduit pour la compression n d'une fibre générale qui s'est raccourcie de

$$(\hat{o}\, ds_0 + \omega u = \hat{o}\, ds$$

$$n = E\, \frac{\hat{o}\, ds}{ds}$$

ou en ayant égard aux formules (4)

$$n = E\left(\frac{N}{S'} - \frac{Mu}{I'}\right) \quad \text{dans le cas général}$$

$$n = \frac{N}{S} - \frac{Mu}{I} \quad \text{dans le cas de E constant dans toutes}$$

les sections.

Fibre neutre
et centre
des pressions.

La formule

$$(\hat{o}\, ds) = (\hat{o}\, ds) + \omega u$$

et les formules (4) montre qu'autour des points pour lesquels

$$u = -\frac{(\hat{o}\, ds)_0}{\omega} = \frac{NI}{MS}$$

les fibres n'éprouvent ni allongement, ni raccourcissement, ce sont les fibres neutres; la fibre neutre principale est dans le plan de la courbe L.

Ces points peuvent d'ailleurs être fictifs et hors de la pièce.

Le théorème des moments permet de rechercher la résultante des compressions élastiques de la section A.

On trouve ainsi que ce centre est dans le plan de la courbe L à une distance u' de G égale à

$$u' = -\frac{M}{N}$$

la comparaison des valeurs de u et u' montre que

$$u\,u' = -\frac{I}{S} = -\rho^2$$

ρ est le rayon de gyration de la section relativement à un axe perpendiculaire au plan de symétrie et passant par G.

Nous supposons encore essentiellement que l'on regarde comme exacte la conservation de l'orthogonalité de la fibre moyenne aux sections.

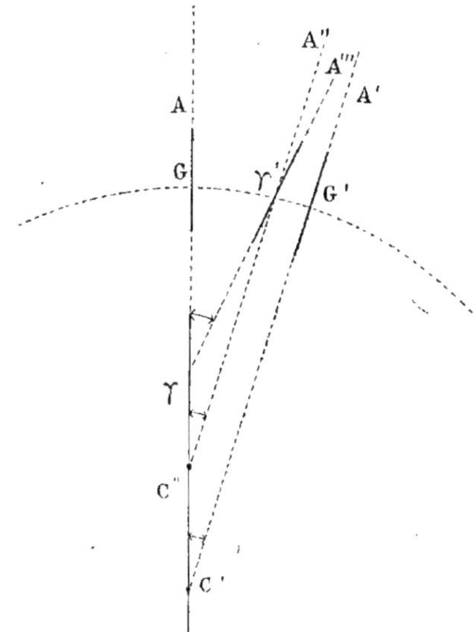

Considérons deux sections infiniment voisines A et A' normales en G et G' à la courbe moyenne.

Le déplacement de la section A′ par rapport à la section A, peut se résoudre en une translation $G'\gamma' = \delta ds_o$ et en une rotation ω autour de γ' par lesquelles A′ vient en A″ puis en A‴.

Soient C′, C″ et γ les points où les traces sur le plan de L des sections A′, A″, A‴ coupent la trace de la section A.

En considérant les quatre angles γ, γ', C″, C′, dont les deux derniers sont égaux, on a

$$\gamma' = \omega$$
$$\gamma - C' = \omega$$

c'est-à-dire en faisant

$$G\gamma = \rho \qquad Gc' = \rho_o$$
$$\frac{ds - (\delta ds)_o}{\rho} - \frac{ds}{\rho_o} = \omega$$

et par conséquent en vertu des formules (4)

$$(5) \qquad \frac{1}{\rho}\left(1 - \frac{N}{ES}\right) - \frac{1}{\rho_o} = -\frac{M}{EI}$$

formule applicable aux ressorts.

En ce cas $\dfrac{\rho_o}{1} = o$, $N = O$ la formule (5) se réduit alors à

$$(6) \qquad \frac{1}{\rho} = -\frac{M}{EI}$$

Cas d'une poutre droite et de charges normales à la poutre.

dans le cas de très petites déformations on remplacera la formule connue de la courbure

$$\frac{1}{\rho} = \frac{\dfrac{d^2y}{dx^2}}{\sqrt{1+\left(\dfrac{dy}{dx}\right)^2}} \quad \text{par} \quad \frac{1}{\rho} = \frac{d^2y}{dx^2}$$

la formule (6) devient alors :

$$(7) \qquad \frac{d^2y}{dx^2} = -\frac{M}{EI}$$

cette formule sert quelquefois de point de départ à la théorie des poutres droites.

Nous voulons déterminer, je suppose, les déplacements du point G_1 de coordonnées absolues $x_1\,y_1$ relativement au point G_0 du départ.

A cet effet :

On composera entre elles les translations dues au raccourcissement des fibres en chacune des portions infiniment petites ds de l'arc $G_0\,G_1$, correspondant aux différents points $G\,(x,\,y)$.

Si u_0 et v_0 sont les projections du déplacement arbitraire du point G_0.

Nous aurons par les formules 4 et pour les projections du déplacement du point G_1 résultant des translations :

$$\begin{cases} u_0 - \displaystyle\int_{G}^{G_1} \frac{N}{ES}\,dx \\[4mm] v_0 - \displaystyle\int_{G}^{G_1} \frac{N}{ES}\,dy \end{cases}$$

L'effet dû aux rotations successives se calcule tout aussi aisément : la petite rotation ω de la section de G $(x\,y)$ par rapport à la section voisine antérieure distante de ds produit sur le point $G_1\,(x_1\,y_1)$ un déplacement dont les projections des axes OX, OY, fixes, seront :

$$- \omega\,(y_1 - y \qquad \text{et} + \omega\,(x_1 - x)$$

d'ailleurs

$$\omega = - \frac{1}{E}\frac{M}{I}\,ds$$

faisons la somme de tous ces déplacements composants infiniment petits, nous obtiendrons pour les projections u, v, du déplacement résultant de G, en nommant ω_0 la rotation arbitraire autour de $G_0\,(x_0\,y_0)$

$$8 \begin{cases} u = u_0 - \omega_0\,(y_1 - y_0) + \displaystyle\int_{s_0}^{s_1} \frac{M\,(y_1 - y)}{EI}\,ds - \int_{x_0}^{x_1} \frac{N}{ES}\,dx \\[2em] v = v_0 + \omega_0\,(x_1 - x_0) - \displaystyle\int_{s_0}^{s_1} \frac{M\,(x_1 - x)}{EI}\,ds - \int_{y_0}^{y_1} \frac{N}{ES}\,dy \end{cases}$$

D'ailleurs l'angle résultant Ω dont a tourné la section G_1 est :

$$(8\ \textit{bis}) \qquad \Omega = \omega_0 - \int_{s}^{s_1} \frac{M}{EI}\,ds$$

Nous admettrons que le glissement γ de la section A′ par rapport à la section A qui sur la fibre moyenne en est distante de ds est lié à l'effort tranchant T par la formule

$$\gamma = \frac{1}{g\mathrm{E}} \frac{\mathrm{T}}{\mathrm{S}}\, ds \quad \text{formule analogue à } (\delta ds)_0 = -\frac{1}{\mathrm{E}} \frac{\mathrm{N}}{\mathrm{S}}\, ds$$

le coefficient g pour les corps usités dans les constructions est pris égal à $\frac{1}{3}$.

Si on tient compte du glissement γ, dirigé suivant la normale et si on le projette suivant les axes absolus ox, oy on aura pour ses projections respectives :

$$-\gamma \frac{dy}{ds}, \qquad \gamma \frac{dx}{ds}$$

et les formules précédemment obtenues (8) seront

$$(9) \quad \begin{cases} u = u_0 - \omega_0 (y_1 - y_0) + \displaystyle\int_{s_0}^{s_1} \frac{\mathrm{M}\,(y_1 - y)}{\mathrm{EI}}\, ds \\[2em] \qquad - \displaystyle\int_{x_0}^{x_1} \frac{\mathrm{N}}{\mathrm{ES}}\, dx - \int_{y_0}^{y_1} \frac{\mathrm{T}}{g\,\mathrm{ES}}\, dy \\[2em] u = u_0 + \omega_0 (x_1 - x_0, - \displaystyle\int_{s_0}^{s_1} \frac{\mathrm{M}\,(x_1 - x)}{\mathrm{EI}}\, ds \\[2em] \qquad - \displaystyle\int_{y_0}^{y_1} \frac{\mathrm{N}}{\mathrm{ES}}\, dy + \int_{x_0}^{x_1} \frac{\mathrm{T}}{g\,\mathrm{ES}}\, dx \end{cases}$$

Soient F_x et F_y les composantes parallèles aux axes fixes de l'une quelconque des forces agissant sur la section A, au point (α, β) de cette section.

Le signe Σ s'étendant à toutes les sections antérieures à la section considérée A, et à toutes les forces de chacune de ces sections, on aura, par définition au moment de flexion, de l'effort tranchant T_1 et de la compression N_1 sur G_1 :

$$
\begin{cases}
M_1 = \Sigma \left[F_x (y_1 - \beta) - F_y (x_1 - \alpha) \right] \\[2mm]
N_1 = \dfrac{dx_1}{ds_1} \Sigma F_x + \dfrac{dy_1}{ds_1} \Sigma F_y \\[2mm]
T_1 = - \dfrac{dy_1}{ds_1} \Sigma F_x + \dfrac{dx_1}{ds_1} \Sigma F_y = - \dfrac{dM_1}{ds_1}
\end{cases}
$$

Mais on a évidemment, en différentiant :

$$
\frac{dM_1}{dx_1} = - \Sigma F_y
$$

$$
\frac{dM_1}{dy_1} = \Sigma F_x
$$

et par conséquent :

$$
(10) \quad
\begin{cases}
N_1 = \dfrac{dM_1}{dy_1} \dfrac{dx_1}{ds_1} - \dfrac{dM_1}{dx_1} \dfrac{dx}{ds_1} \\[2mm]
T_1 = - \dfrac{dM_1}{dy_1} \dfrac{dy_1}{ds_1} - \dfrac{dM_1}{dx_1} \dfrac{dx}{ds_1}
\end{cases}
$$

d'où ce théorème :

La distribution du moment de flexion sur la fibre moyenne fait connaître par de simples différentiations l'effort tranchant et la compression.

Le moment de flexion est toujours une fonction continue, alors même que des forces finies agiraient en des points isolés de la pièce, mais N_1 et T_1 peuvent varier brusquement lorsque la section A_1 vient à passer par le point d'application effectif d'une force isolée.

Posons

$$X_1 = \Sigma F_x$$
$$Y_1 = \Sigma F_y$$

les formules précédentes deviendront

$$N_1 = X_1 \frac{dx_1}{ds_1} + Y_1 \frac{dy_1}{ds_1}$$
$$T_1 = -X_1 \frac{dy_1}{ds_1} + Y_1 \frac{dx_1}{ds_1}$$

celles-ci permettent de transformer les formules 9, car on peut écrire, par les formules précédentes :

$$N dx = \left[X \left(\frac{dx}{ds} \right)^2 + Y \frac{dy}{ds} \frac{dx}{ds} \right] ds = X ds - \left[X \frac{dy}{ds} - Y \frac{dx}{ds} \right] \frac{dy}{ds} ds$$
$$= X ds + T dy$$

on aurait de même

$$N dy = Y ds - T dx$$

on peut alors écrire les formules (9) sous la forme :

$$u_1 = u_0 - \omega_0(y_1 - y_0) + \int_{s_0}^{s_1} \frac{M(y_1 - y)}{EI} ds - \int_{s_0}^{s_1} \frac{X}{ES} ds - \int_{y_0}^{y_1} \left(1 + \frac{1}{g}\right)\frac{T}{ES} dy$$

$$(11) \quad v_1 = v_0 + \omega_0(x_1 - x_0) - \int_{s_0}^{s_1} \frac{M'(x_1 - x)}{EI} ds - \int_{s_0}^{s_1} \frac{Y}{ES} ds + \int_{x_0}^{x_1} \left(1 + \frac{1}{g}\right)\frac{T}{ES} dx$$

$$\Omega = \omega_0 - \int_{s_0}^{s_1} \frac{M}{EI} ds$$

Pour une poutre droite horizontale, soumise à des charges verticales $N = 0$; prenons la fibre moyenne primitive de la poutre comme axe des x on aura, si *l'on néglige l'effort tranchant devant le moment de flexion*, en faisant $y_0 = o$

$$u_1 = 0$$

$$v_1 = \omega_0 (x_1 - x_0) - \int_{x_0}^{x_1} \frac{M (x_1 - x)}{EI} dx$$

ou

$$v_1 = \omega_0 (x_1 - x_0) + \int_{x_1}^{x_0} \frac{Mx}{EI} dx - x_1 \int_{x_1}^{x_0} \frac{M dx}{EI}$$

Supprimant les accents nous pourrons écrire pour l'y de la fibre déformée :

$$y = \omega_0 \,(x - x_0) + \int_{x_0}^{x} \frac{\mathrm{M}x}{\mathrm{EI}}\, dx - x \int_{x_0}^{x} \frac{\mathrm{M}\,dx}{\mathrm{EI}}$$

En différentiant on aura :

$$\frac{dy}{dx} = \omega_0 - \int_{x_0}^{x} \frac{\mathrm{M}\,dx}{\mathrm{EI}} = \Omega$$

si on fait $\dfrac{dy}{dx} = tg\,\alpha =$ et qu'on remplace α par $tg\,\alpha$

En différentiant une seconde fois on aura :

$$\frac{d^2 y}{dx^2} = - \frac{\mathrm{M}}{\mathrm{EI}}$$

c'est la formule déjà indiquée.

II

Digression sur la statique graphique.
Cas d'un système plan.

On représente les forces d'un plan par deux figures distinctes. Une première figure indique le point d'application de chaque force et la droite indéfinie suivant laquelle elle agit ou sa ligne d'action (quelquefois on indique le sens); les forces sont représentées par des chiffres ou numéros.

Une seconde figure indique les grandeurs des forces portées bout à bout et parallèlement à leurs directions; c'est le polygone des forces; les forces sont numérotées avec les mêmes chiffres. Exemple pour quatre forces.

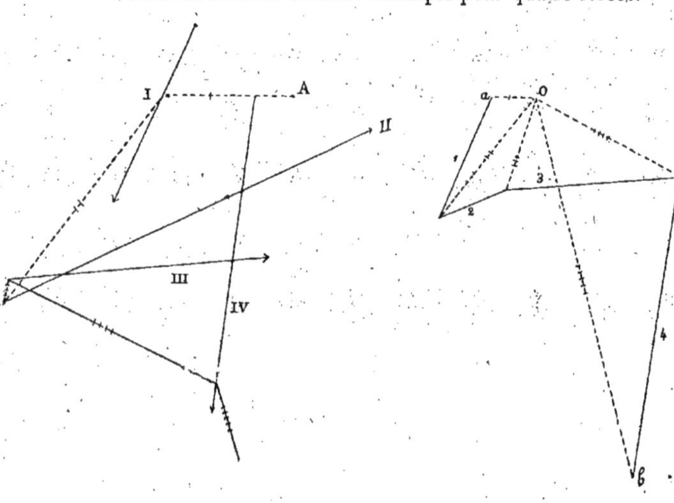

Dans l'ensemble des deux figures ci-jointes, les lignes d'action des forces ont été numérotées en chiffres romains et les grandeurs des forces en chiffres arabes correspondants. Nous adopterons cette convention.

Soit O (figure précédente) un point arbitraire, menons du point O des rayons vecteurs aboutissant aux extrémités a et b du polygone des forces et à ses différents sommets; chaque sommet sera désigné par l'ensemble des deux chiffres qui désignent les côtés qui le déterminent; les différents sommets du polygone sont ainsi :

Définition des polygones funiculaires.

$$1.2,$$
$$2.3,$$
$$3.4,$$

Nous désignerons par les mêmes groupes de chiffres les rayons correspondants, tracés en pointillé sur la figure du polygone des forces. Soit A un point quelconque du plan.

Menons la ligne A1 parallèle à Oa; par le point où elle coupe la ligne d'action I, menons une parallèle au *rayon* 1. 2. et prolongeons-la jusqu'au point où elle coupe la ligne d'action II; par le point obtenu, menons une parallèle au rayon 2. 3 et arrêtons-la au point où elle coupe la ligne d'action III; par le nouveau point, menons une parallèle au rayon 3. 4; et enfin par le nouveau point obtenu, menons une parallèle IV B au rayon Ob.

Le contour A, 1, II, III, IV, B ainsi obtenu se nomme un *polygone funiculaire* du système de forces considéré.

O est le pôle de ce polygone, les rayons vecteurs tracés de O sont les *rayons polaires*.

Lorsque les forces données sont toutes parallèles, tous les côtés du polygone des forces sont dirigés suivant une même droite, la distance de O à cette droite porte alors le nom de distance polaire.

Lorsque le point O ne sera sur la direction d'aucun des côtés du polygone des forces, prolongé indéfiniment, le polygone funiculaire existera effectivement quel que soit le point de départ A.

Remarque.

Un système plan de forces appliquées à un corps rigide est toujours réductible à deux forces ayant : 1° pour lignes d'action, les deux côtés extrêmes de l'un quelconque des polygones funiculaires; 2° pour grandeurs les deux rayons polaires extrêmes, ces rayons étant parcourus on allant de l'origine aux extrémités du polygone des forces.

En effet, chaque force peut être supposée appliquée au point de sa ligne d'action qui est au sommet du polygone funiculaire, et là peut être décomposée en deux, l'une ayant pour ligne d'action le côté *suivant* du polygone funiculaire, l'autre dirigée suivant le côté *précédent* de ce polygone.

Les forces dirigées suivant les côtés fermés du polygone funiculaire forment des paires de forces en équilibre et il ne reste que les forces ayant pour lignes d'action les côtés ouverts du polygone funiculaire A I et B IV dont les grandeurs sont, d'après la composition des forces concourantes Oa et Ob.

Si le corps considéré n'est pas rigide le système de forces donné est équivalent aux deux mêmes forces plus des paires de forces égales et contraires non appliquées au même atome, et ayant pour lignes d'action soit les côtés du polygone funiculaire, soit les lignes d'action des forces primitivement données.

Pour qu'un système plan de forces appliqué à un corps rigide soit en équilibre il faut et il suffit que *le polygone des forces se ferme et qu'un des polygones funiculaires se ferme.*

Auquel cas tous les polygones funiculaires se fermeront.

Ce théorème est une conséquence immédiate de la remarque précédente.

Théorème.

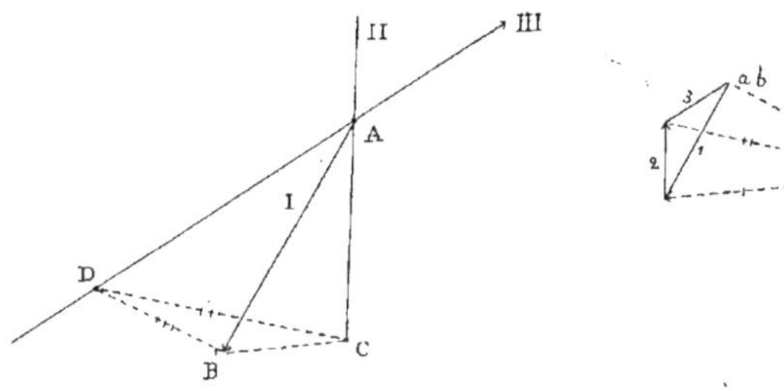

En considérant trois forces I, II, III se faisant équilibre en A, traçons le polygone funiculaire BCD correspondant à un pôle O, et considérons le triangle des forces 1, 2, 3.

Corollaire
géométrique.

On formera ainsi deux figures ABCD et O, 1-2, 2-3, 3-1, chacune formée de 6 lignes joignant 4 points et jouissant des propriétés suivantes :

A chaque segment de l'une répond dans l'autre un segment parallèle correspondant; mais à trois segments de l'une formant *triangle* ou *point* correspondent dans l'autre un groupe de trois segments formant *point*, ou *triangle.*

Théorème. Pour qu'un système plan de forces appliqué à un corps rigide admette une résultante il faut et il suffit que le polygone de ces forces ne se ferme pas.

En ce cas la résultante est leur somme géométrique et sa ligne d'action passe par le point d'intersection des deux côtés extrêmes d'un quelconque de leurs polygones funiculaires.

Ce théorème se déduit immédiatement du théorème précédent. Il fournit la construction graphique de la résultante d'un système plan.

Corollaire important. Le point de rencontre de deux côtés quelconques d'un polygone funiculaire est un point de la résultante partielle des forces comprises entre ces côtés.

Théorème. Pour qu'un système plan de forces appliqué à un corps rigide se réduise à un couple il faut et il suffit que le polygone des forces se fermant, un polygone funiculaire reste ouvert, auquel cas tous les polygones funiculaires restent ouverts.

QUELQUES PROBLÊMES

Problème I. — Étant donné un système plan de forces trouver deux forces les équilibrant, sachant que les lignes d'action données de ces deux forces sont parallèles à la résultante.

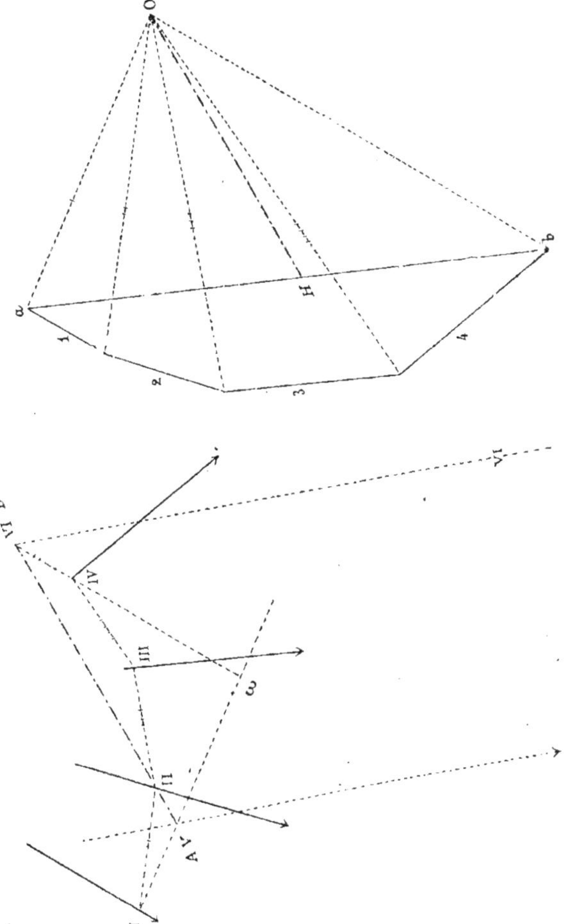

Soient I, II, III, IV les lignes d'action des forces données et V et VI les lignes d'action des composantes parallèles à la direction *ab* de la résultante (donnée par le polygone des forces).

Soit O un pôle arbitraire, traçons un polygone funiculaire des quatre forces données, arrêtons ses côtés extrêmes en A, V et VI, B sur les lignes V et VI données et par le point O, menons une parallèle OH à la droite qui joint les points (A, V) et (VI, B). *a*H et H*b* sont les grandeurs cherchées des composantes.

La position de la résultante est d'ailleurs connue, car elle doit passer par le point de concours ω des côtés extrêmes du polygone funiculaire primitif.

On peut aussi déterminer la ligne d'action de la résultante par la solution du problème suivant :

Problème II. — Déterminer la résultante de deux forces parallèles.

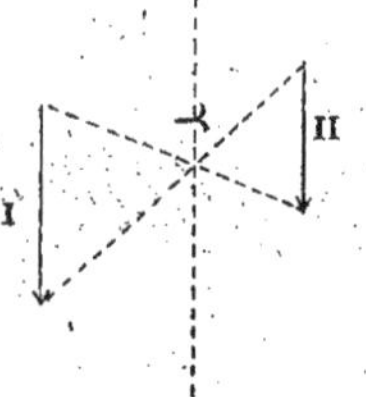

Portons sur les lignes d'action des composantes deux segments qui représentent leurs intensités *en ordre croisé*; désignons *l'origine* de chaque segment à *l'extrémité* de l'autre; les deux droites ainsi obtenues se coupent en un point α qui appartient à la résultante.

Cela résulte immédiatement de la théorie des forces parallèles ou de la théorie des moments.

Problème III. — Décomposer une force en deux autres

parallèles à la première et ayant des lignes d'action données.

C'est un cas particulier du problème I, mais on peut rattacher sa solution à celle du problème II et obtenir le tracé suivant :

Soit III la ligne d'action de la force donnée et soient I et II les lignes d'action des composantes cherchées, portons sur l'une de ces deux lignes, par exemple sur II, le segment $M_o M_2$ qui représente l'intensité de III.

Joignons ces points à un point N_2 arbitraire sur I, joignons $N_2 M_2$ et $N_2 M_o$, et par le point où cette dernière droite rencontre III, menons une parallèle à $N_2 M_2$, celle-ci coupe II en un point M_1.

$M_o M_1$ sera la grandeur de la composante ayant I pour ligne d'action et $M_1 M_2$ sera la composante ayant II pour ligne d'action.

1re PROPRIÉTÉ :

Lorsque varie le pôle du polygone funiculaire d'un système plan de forces données, le lieu des points de rencontre de deux côtés quelconques de ce polygone décrit une droite parallèle à la résultante des forces comprises entre ces côtés.

Quelques propriétés géométriques des polygones funiculaires déduites de leur rôle statique.

2e PROPRIÉTÉ :

Si deux systèmes plans de forces S et S′ sont équivalents et si, relativement à un même pôle, à un même point de départ du polygone des forces, et à un même point de départ des polygones funiculaires, on construit les polygones des forces P et P' relatifs, respectivement, aux deux systèmes S et S', leurs deux côtés extrêmes coïncideront respectivement.

Comme CONSÉQUENCE, on a la remarque suivante :

Le pôle O d'un polygone funiculaire dont les côtés extrêmes passent par deux points fixes et dont les polygones des forces ont même origine, est le même pour le système plan de forces S et pour tous les systèmes équivalents.

3ᵉ PROPRIÉTÉ :

Le lieu des pôles des polygones funiculaires, dont deux côtés sont assujettis à passer chacun par un point fixe, est une droite parallèle à celle qui joint les deux points fixes.

Pour démontrer cette proposition, observons qu'on peut, sauf à réduire le système de forces données à un nombre moindre, toujours supposer que les côtés assujettis à passer chacun par un point fixe soient les côtés extrêmes.

Supposons d'abord que le système plan de forces considérées admette une résultante R et soient A et B les points fixes situés chacun sur un des côtés extrêmes

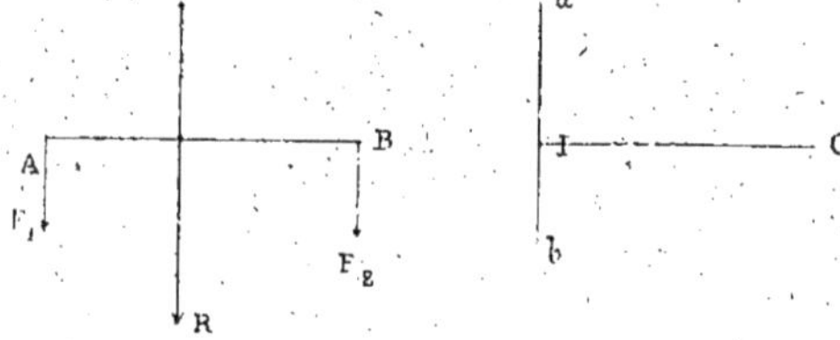

la résultante R est d'ailleurs donnée sur le polygone des forces par le segment ab et sa ligne d'action peut être fournie par la construction d'un polygone funiculaire.

Décomposons la force R en deux forces F_1 et F_2 parallèles à sa propre direction et passant par les points donnés A et B.

Soient aI et Ib les segments représentatifs des intensités de F_1 et F_2, le point I partage la droite ab dans un rapport donné (rapport inverse des distances de B et de A à la ligne d'action de R), le système S est équivalent au système (F_1, F_2); il suffit donc, d'après la précédente remarque, de déterminer le lieu des pôles des polygones funiculaires P relatifs au système (F_1, F_2) et assujettis aux conditions imposées.

Mais, d'après la définition des polygones funiculaires, le côté AB sera le côté fermé de tous ces polygones funiculaires P.

D'ailleurs OI est parallèle à AB.

Le point O ne peut donc que décrire la droite IO parallèle à AB menée par I.

Si le système se réduit à un couple, on voit de suite que l'on peut supposer que les deux forces du couple passent par A et B et la démonstration précédente ne sera pas modifiée.

4e PROPRIÉTÉ :

Si on considère les côtés correspondants de deux polygones funiculaires relatifs à une même origine du polygone des forces d'un même système de forces, ces côtés se coupent sur une même droite parallèle à celle qui joint les pôles des deux polygones.

D'après la 3ᵉ propriété, il suffit de démontrer que l'intersection P de deux côtés correspondants appartient à la droite AB qui joint les points de rencontre A et B extrêmes *correspondants*.

Or, soient O et O′ les deux pôles des polygones funiculaires.

D'après le théorème précédent

$$OO' \text{ est parallèle à AC comme à AB,}$$

donc les trois points A, B, C sont en ligne droite.

Corollaires.

De cette dernière propriété, on déduit les conséquences suivantes :

1° Lorsque deux côtés d'un polygone funiculaire, relatifs à une même origine du polygone des forces, pivotent autour de deux points fixes, tout autre côté pivote autour d'un point fixe situé sur la droite qui joint les deux premiers points fixes et le lieu des pôles est une parallèle à cette même droite;

2° Lorsque le pôle d'un polygone funiculaire relatif à une même origine du polygone des forces décrit une droite D et *qu'un* côté de ce polygone pivote autour d'un point fixe P, tous les autres côtés pivotent autour de points fixes situés sur une parallèle à D menée par P.

Propriétés métriques des polygones funiculaires d'un système plan de forces parallèles.

Si l'on décompose un système plan de forces parallèles à D en deux forces parallèles à D et ayant des lignes d'actions données, les grandeurs des composantes peuvent être obtenues par l'emploi d'un polygone funiculaire, mais elles demeurent fixes à l'égard de celui-ci.

Cette remarque conduit à des conséquences intéressantes pour les polygones funiculaires de forces parallèles.

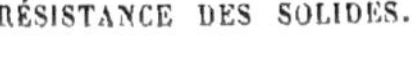

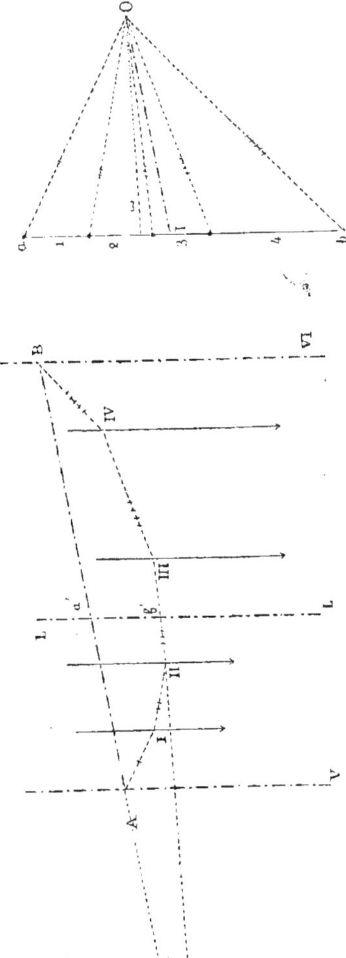

Soient les forces parallèles (I, II, III, IV; 1, 2, 3, 4).

Traçons le polygone funiculaire A, I, II, III, IV, B.

Les points A et B appartenant à deux droites fixes parallèles aux forces déterminent une corde AB; considérons une droite fixe LL parallèle aux forces données, cette droite ne peut rencontrer évidemment le polygone funiculaire qu'en deux points a' et b'.

Menons OI parallèle à AB qui coupe en I la droite des forces.

Si on complète les forces données par les forces bI, Ia, appliquées sur les lignes d'action VI et V, on a un système en équilibre.

Prolongeons le côté II, III du polygone funiculaire jusqu'à sa rencontre en C avec la corde de AB.

Le point C appartiendra à la résultante R des forces (I, 1; II, 2; V, Ia); or, la grandeur et la position de cette résultante ne dépendent pas du polygone funiculaire choisi; la force R et la distance du point C à $a'b'$ sont donc l'une et l'autre invariables.

Or, le triangle C a' b' et le triangle de sommets O, 2, 3, I, qui ont leurs côtés parallèles, sont semblables; on aura donc, en désignant par h la distance de C à ab et par p la distance de O à ab,

$$\frac{a'b'}{(2,3),I} = \frac{h}{p}$$

donc

$$a'b' \times p = [(2,3),I] \times h$$

Or la résultante partielle R, mesurée par la distance $I,\overline{(2.3)}$ est indépendante du polygone funiculaire. Le produit $a'b' \times p$ est donc constant.

De cette propriété résulte un moyen simple de rattacher les tracés de deux polygones funiculaires.

Toutes les propriétés précédentes subsistent évidemment pour une succession continue de forces, les polygones des forces et les polygones funiculaires deviennent alors des courbes et il n'y a qu'un changement insignifiant et évident à faire dans les énoncés qui précèdent. Les côtés du polygone funiculaire deviennent les tangentes à la courbe funiculaire.

Aux points correspondants de la courbe funiculaire et de la courbe des forces, la tangente à la courbe funiculaire est parallèle au rayon polaire de la courbe des forces.

Courbes
funiculaires.

Soient MM' et $\mu\mu'$ deux arcs *correspondants* d'une courbe funiculaire C, et d'une courbe des forces Γ définies pour un système plan continu de forces ; si ω est le pôle, le rayon vecteur $\omega\mu$ est parallèle à la tangente en M à C, $\omega\mu'$ est parallèle à la tangente à C en M' ; soient x, y les coordonnées du point M, ξ, η les coordonnées du point μ, $dx, dy, d\xi, d\eta$ leurs variations correspondantes ; soient enfin R et $R + dR$ les rayons vecteurs $\omega\mu$, $\omega\mu'$

Équation
différentielle
des
courbes
funiculaires
planes.

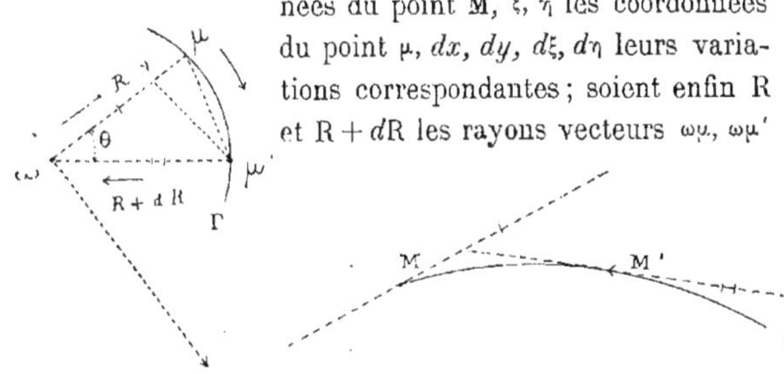

et α l'angle que $\omega\mu$ fait avec l'axe des x dans le sens positif des rotations.

En projetant sur chacun des axes le contour fermé $\omega\,\mu\,\mu'\,\omega$, on a :

$$- d\,(\mathrm{R}\cos\alpha) + d\xi = 0$$
$$- d\,(\mathrm{R}\sin\alpha) + d\eta = 0$$

$\mu\mu'$ représente la somme géométrique des forces élémentaires *intermédiaires* que nous pouvons représenter par $\mathrm{F}ds$

$$ds = \text{arc } \mathrm{MM'}$$

les projections de cette force seront $\mathrm{X}ds$, $\mathrm{Y}ds$.

$$d\xi = \mathrm{X}ds$$
$$d\eta = \mathrm{Y}ds$$

d'ailleurs à cause du parallélisme de R et de la tangente en M à C

$$\cos\alpha = \frac{dx}{ds} \qquad \sin\alpha = \frac{dy}{ds}$$

donc :
$$\frac{d\left(\mathrm{R}\dfrac{dx}{ds}\right)}{ds} = \mathrm{X} \qquad \frac{d\left(\mathrm{R}\dfrac{dy}{ds}\right)}{ds} = \mathrm{Y}$$

deux équations différentielles mais renfermant R.

Si on projette le contour $\omega\mu\mu'$ sur la tangente et la normale à la courbe funiculaire, on aurait eu, en désignant par θ l'angle des tangentes extrêmes, et par ν la projection de μ' sur $\omega\mu$.

$$\mathrm{R} - (\mathrm{R} + d\mathrm{R})\cos\theta + \nu\mu = 0 \qquad - (\mathrm{R} + d\mathrm{R})\sin\theta + \nu\mu' = 0$$

ou, puisque θ est infiniment petit

$$- d\mathrm{R} + \nu\mu = 0$$
$$- \mathrm{R}\theta + \nu\mu' = 0$$

Soient $F_s ds$ et $F_n ds$ les projections de la force élémentaire sur la tangente et la normale orientée, on aura

$$v\mu = F_s\, ds$$
$$v\mu' = F_n\, ds$$

ou, en observant que $\dfrac{\theta}{ds}$ est la courbure $\dfrac{1}{\rho}$ de la courbe funiculaire en M

$$\frac{dR}{ds} = F_s$$

$$\frac{R}{\rho} = F_n$$

Adoptons comme axe des y la direction commune des forces

Cas des forces parallèles.

$$X = 0 \qquad Y = F$$

la première des équations s'intègre et donne

$$R \frac{dx}{ds} = R_o = \text{constante}$$

on tire de là

$$\frac{R}{ds} = \frac{R_o}{dx}$$

et la seconde des équations différentielles devient

$$\frac{R_o\, d\dfrac{dy}{dx}}{ds} = F$$

si on se donne la force P rapportée à l'élément de longueur normal

$$F ds = P dx$$

et par suite l'on aura

$$R_0 \frac{d^2y}{dx^2} = P$$

R_0 est la distance polaire des polygones funiculaires.

Remarque. — Les courbes funiculaires coïncident avec les formes d'équilibre des fils flexibles.

On remarquera la proposition suivante :

Tout polygone circonscrit à une courbe funiculaire est un polygone funiculaire d'un nombre fini de forces, celles-ci sont les résultantes partielles des forces qui agissent entre les points de contact *successifs* de la courbe et du polygone.

III

Théorie des poutres droites.

On sait qu'un couple agissant sur un corps rigide est déterminé par la seule direction de son axe.

De là résulte immédiatement que le moment de flexion en un point G_1 de la fibre moyenne d'une pièce est égal au moment de flexion en un point antérieur G augmenté du moment de flexion pour G_1 provenant des forces exercées sur les sections intermédiaires de la pièce et des moments par rapport à G_1 de la compression et de l'effort tranchant relatifs à G.

De là résulte que le moment de flexion M_1 en G_1 est à une fonction linéaire près des coordonnées de G^1 la somme des moments par rapport à G_1 des forces exercées sur les sections comprises entre G et G_1.

Pour une poutre droite à plusieurs appuis on appliquera la susdite remarque à une travée.

Le moment de la compression est toujours nul.

Le moment de flexion en G_1 sera alors une expression de la forme

$$M_1 = m_1 - Tx + \mu$$

m_1 désignant le moment relatif aux sections intermédiaires entre G et G_1; G est fixe, G_1 est variable, T et μ sont deux constantes.

Une poutre *à n travées* introduit ainsi 2 *n* constantes.

Dans toute portion de la poutre où il n'y a aucune charge le moment de flexion est représenté par l'ordonnée d'une droite.

Si une travée ou portion de travée supporte une charge verticale (normale à la poutre horizontale) constante et égale à p par unité de longueur, le moment de flexion est l'ordonnée d'une parabole à axe vertical dont le paramètre est $-\dfrac{1}{p}$.

La forme de cette parabole est indépendante de toutes autres conditions de la poutre, celles-ci n'interviennent que sur la position de la parabole; en effet, le moment de flexion des charges situées entre G_1 et un point G de la portion considérée de la travée est

$$m_1 = -\frac{px_1^2}{2}$$

on aura donc

$$M_1 = -\frac{px_1^2}{2} - Tx_1 + \mu$$

formule qui justifie la proposition énoncée.

— Enfin on remarquera que d'après un théorème plus général établi plus haut on a

$$T_1 = -\frac{dM_1}{dx_1}.$$

Il résulte des remarques précédentes que le moment de flexion dans une travée, est à une fonction linéaire près de l'abcisse x, le même que si la travée soumise aux mêmes charges était séparée du reste de la poutre et posée sur appuis simples.

Les réactions sont ici perpendiculaires à la poutre et elles sont déterminées par la statique du corps rigide.

Comptons les abcisses x à partir de l'appui de gauche de la poutre horizontale et considérons le cas d'une charge verticale unique P appliquée en C, point d'abcisse α, soit l la longueur AB de la poutre, les réactions des appuis A et B sont :

Cas d'une poutre droite à deux appuis simples soumise à des charges normales.

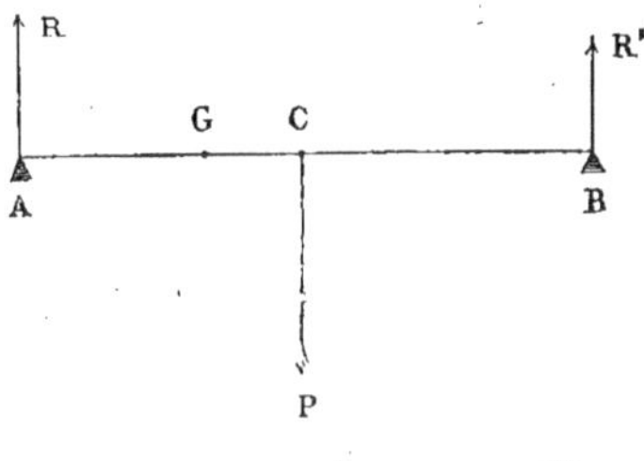

$$R = P\frac{l-\alpha}{l}$$

$$R' = P\frac{\alpha}{l}$$

Si le point G d'abcisse x est entre A et C, le moment de flexion en ce point sera :

$$\mu = Rv = P(l-\alpha)\frac{x}{l}; \qquad (x < \alpha)$$

si le point G est entre C et B on aura :

$$\mu = R'(l-x) = P\alpha\frac{l-x}{l}; \qquad (x > \alpha)$$

S'il y a plusieurs charges :

$$P_1 \quad P_2 \ldots \quad P_i \quad P_{i+1} \quad P_n$$

d'abcisses :

$$\alpha_1, \quad \alpha_2 \ldots, \quad \alpha_i, \quad \alpha_{i+1} \ldots \quad \alpha_n ;$$

Supposons que l'on ait :

$$\alpha_i < x < \alpha_{i+1}$$

on aura

$$\mu = \Sigma_g \, P\alpha \frac{l-x}{l} + \Sigma_d \, P(l-\alpha)\frac{x}{l}$$

Σ_g désignant la somme relative aux forces à gauche de G, Σ_d désignant une somme relative aux forces à droite de G. On peut d'ailleurs écrire :

$$\mu = \frac{l-x}{l}\Sigma_g \, P\alpha + \frac{x}{l}\Sigma_d \, P(l-\alpha)$$

S'il y avait une force finie au point G, son moment nul peut être compris dans l'une ou l'autre des deux sommes.

Soit Σ une somme s'étendant à toute la travée, on pourra écrire :

$$\mu = \Sigma_g \, P\alpha + x \left(\Sigma_d \, P - \frac{1}{l} \, \Sigma P\alpha \right)$$

d'où pour l'effort tranchant T :

$$T = - \frac{d\mu}{dx} = \frac{1}{l} \, \Sigma P\alpha - \Sigma_d P$$

Si on a sur toute la poutre une pression uniforme par unité de surface, les formules précédentes deviendront

$$\mu = \frac{l-x}{l} \int_0^x p\alpha \, d\alpha + \frac{x}{l} \int_x^l p \, (l - \alpha) \, d\alpha$$

$$\mu = \int_0^x p\alpha \, d\alpha + x \left(\int_x^l p \, d\alpha - \frac{1}{l} \int_0^l p\alpha \, d\alpha \right)$$

$$T = \frac{1}{l} \int_0^l p\alpha \, d\alpha - \int_x^l p \, d\alpha$$

Si la charge est uniforme, on a :

$$\mu = \frac{p}{2} \, x \, (l - x)$$

$$T = p \left(x - \frac{l}{2} \right)$$

Le calcul serait tout aussi facile si la charge uniforme ne régnait que sur une partie de la poutre.

Représentation graphique des moments de flexion.

Dans une poutre horizontale posée sur deux appuis simples et soumise à des charges verticales quelconques, *le moment de flexion est égal au produit de la distance polaire* d'un polygone funiculaire quelconque relatif à ces charges par l'ordonnée que cette section détermine dans le polygone dont les côtés extrêmes sont arrêtés par les verticales des appuis et qui est fermé par la corde correspondante :

Soit la poutre horizontale AB soumise aux quatre charges I, II, III, IV dont les intensités sont marquées sur la ligne des forces en 1, 2, 3, 4.

Soit O le pôle et soit tracé le polygone funiculaire V′, I′, II′, III′, IV′, VI′; menons la corde V′ VI′, la parallèle OI à cette corde détermine comme on l'a vu les intensités Ia et bI des réactions V et VI.

Cherchons le moment de flexion en G; menons la verticale en ce point qui coupe le polygone funiculaire fermé en b' et a'.

La résultante S des forces I et V passe au point C, où le côté I′, II′ du polygone funiculaire coupe V′, VI′; cette force est d'ailleurs mesurée par le segment

I, (1, 2) de l'échelle des forces.

Le moment de flexion est le produit de S par la distance du point G à la droite a' b'; or on a vu, plus haut, que ce produit est encore égal au produit de $a'b'$ par la distance polaire p, c'est-à-dire, par la distance de O à la droite ba.

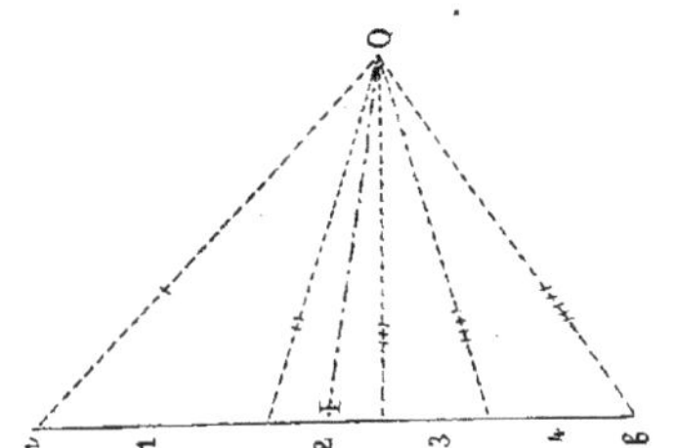

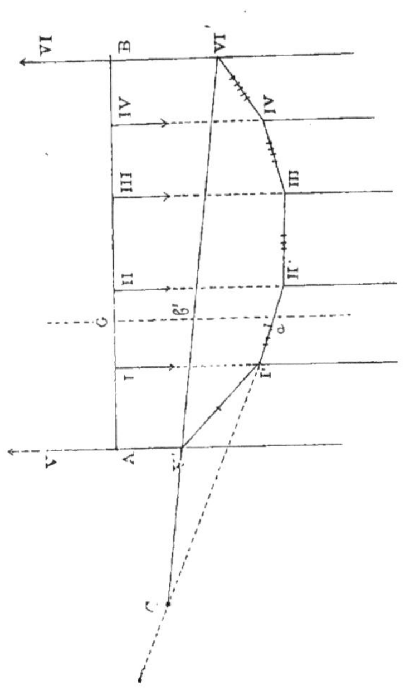

L'effort tranchant en G est précisément la force R mesurée comme on vient de le voir par le segment.

$$\text{I, (1, 2).}$$

—. Une poutre est dite encastrée à une extrémité, si la section en cette extrémité est maintenue fixe.

— Considérons une poutre à appuis quelconques et portant des charges verticales quelconques, on va voir que si on trace un polygone funiculaire *relatif aux charges verticales données qui agissent dans une travée* et *une certaine droite* D *dans le plan,* le moment de flexion M en un point G quelconque de la travée sera égal au produit de l'ordonnée de G comprise entre la droite D et le polygone funiculaire, multipliée par la distance polaire de ce polygone.

En effet, soit M le moment de flexion en G, et μ le moment de flexion qui existerait en ce point si la travée AB était isolée et posée sur appuis simples en ses extrémités.

$$M = \mu + Ax + B \qquad \text{A et B étant des constantes.}$$

Si on prend comme variable l'abcisse ξ comptée sur la corde de fermeture correspondant aux appuis simples de la poutre fictive; soit z l'ordonnée comptée à partir de cette droite jusqu'au polygone funiculaire, on a, comme on vient de le voir

$$\mu = zp$$
$$M = z\,p + A'\xi + B'$$
$$= p\left(z + \frac{A'}{p}\xi + \frac{B}{p}\right)$$

Or la parenthèse est la portion d'ordonnée comprise entre le polygone et la droite qui a pour équation :

$$y = -\frac{A'}{p}\xi - \frac{B'}{p}$$

Enfin si on rapproche la remarque qui précède d'une propriété des polygones funiculaires d'un système de forces parallèles, on voit que si par les appuis quelconques d'une poutre à plusieurs travées on mène des ordonnées égales au quotient du moment de flexion sur cet appui par une longueur p, puis si par les extrémités des ordonnées relatives aux deux appuis consécutifs on fait passer un polygone funiculaire de distance polaire p, relatif aux charges de cette travée, pour chaque point de la poutre le produit de la distance polaire par l'ordonnée correspondante du polygone représentera le moment de flexion.

Soit[1] $AB = l$ une travée d'une poutre à section constante à plusieurs appuis quelconques.

Soit M le moment de flexion en un point de AB, envisageons des forces fictives appliquées aux divers éléments dx de AB, forces égales à Mdx descendantes ou ascendantes suivant le signe de M.

Soit A″ B″ la droite convenablement choisie qui sert de base à la mesure des ordonnées ab arrêtées au polygone funiculaire et qui représentent le moment de flexion M au point G de la poutre située sur cette même ordonnée; si p est la distance polaire, cette ordonnée est $\frac{M}{p}$, le produit $\frac{M}{p}\,dx$ représente donc l'aire infiniment petite $aa'bb'$; or, si on arrête les ordonnées à la corde A′ B′ du

1. Voir la figure, page suivante.

polygone funiculaire cette aire est la différence des aires $a_0 a'_0 bb'$ et $a_0 a'_0 aa'$.

Ainsi la force fictive $\dfrac{M}{p} dx$ est la résultante de deux autres forces fictives :

1° L'une descendante, égale à l'aire $a_0 a'_0 bb'$ et qui ne dépend que des charges connues de la travée ;

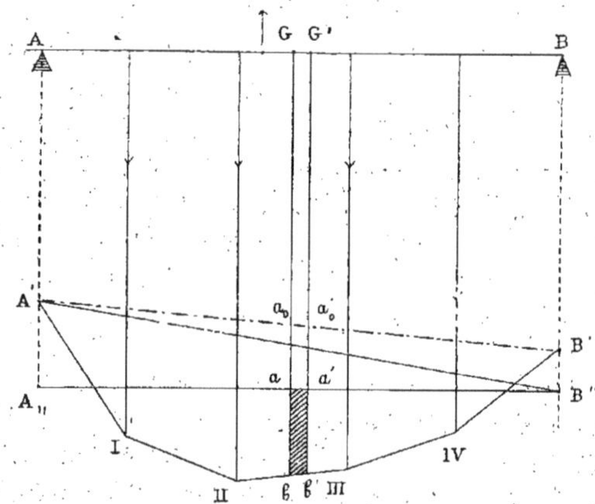

3° L'autre représentée par l'aire $a_0 a'_0 aa'$ qui dépend de $A'' B''$; on l'appelle : la force ascendante, sauf à changer son signe quand elle est négative.

Les forces descendantes donneront l'aire du polygone A, I, II, III, IV, B', la force inconnue sera l'aire du trapèze $A' A'' B' B''$

Représentons l'aire du polygone par un rectangle de base arbitraire β fixe et de hauteur η, η représentera la force descendante et elle devra être appliquée suivant l'ordonnée du centre de gravité de l'aire du premier polygone.

De même si on décompose l'aire du trapèze en deux triangles par la diagonale A′B″, la force ascendante pourra être décomposée en deux forces appliquées *aux tiers* de la travée; si l est la longueur de la poutre, les représentations φ et φ' des deux composantes ascendantes vérifieront les relations :

$$- \varphi\beta = \frac{l}{2}\, \overrightarrow{\mathrm{A'A''}}$$

$$- \varphi'\beta = \frac{l}{2}\, \overrightarrow{\mathrm{B'B''}}$$

et les moments de flexion en A et B seront

$$\mathrm{M_A} = - p.\,\overrightarrow{\mathrm{A'A''}}$$
$$\mathrm{M_B} = - p.\,\overrightarrow{\mathrm{B'B''}}$$

en sorte que l'on aura

$$\varphi = \frac{\mathrm{M_A}}{p} \cdot \frac{l}{2\beta}$$
$$\varphi = \frac{\mathrm{M_B}}{p} \cdot \frac{l}{2\beta}$$

φ et φ' sont bien des forces.

Dans les poutres à section variable, nous aurons à envisager des forces $\frac{Mdx}{I}$ qui seraient aussi susceptibles d'une composition graphique assez simple, sur laquelle nous n'insisterons pas.

Nous prendrons comme base de la théorie des poutres droites le théorème suivant :

Si aux divers éléments dx de la fibre moyenne primitive d'une poutre à appuis quelconques, on applique des charges fictives $\frac{Mdx}{EI}$ descendantes ou ascendantes suivant le signe de M, *la fibre moyenne de la poutre déformée coïncide avec*

Théorème.

l'une des courbes funiculaires relatives à ces charges, ayant une distance polaire égale à l'unité de longueur.

En effet, on a vu que l'équation différentielle de la fibre moyenne déformée est :

$$\frac{d^2 y}{dx^2} = -\frac{M}{EI}$$

Or, on a vu aussi, que c'est là l'équation d'une courbe funiculaire sous les charges élémentaires $\frac{M dx}{EI}$, le rayon polaire étant pris égal à l'unité.

POUTRE MI-APPUYÉE, MI-ENCASTRÉE AVEC EXTRÉMITÉS DE NIVEAU.

— *Le système de charges fictives élémentaires* $\frac{M dx}{EI}$ *admet une résultante passant par l'extrémité non-encastrée de la poutre.*

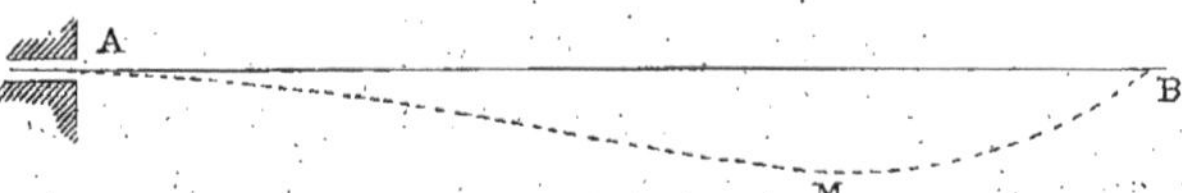

Telle est la proposition qui résume la théorie de la poutre considérée. Pour la démontrer, envisageons la fibre moyenne déformée AMB.

C'est une courbe funiculaire des charges fictives considérées, donc les tangentes extrêmes se coupent en un point de la résultante ; mais l'une de ces tangentes est la droite AB, donc la résultante passe par l'appui simple B.

1° Théorie graphique.

Supposons, pour simplifier, la section et l'élasticité constante :

Le moment de flexion est nul en B ; nous traçons
un polygone funiculaire des charges données : A_o, I, II,

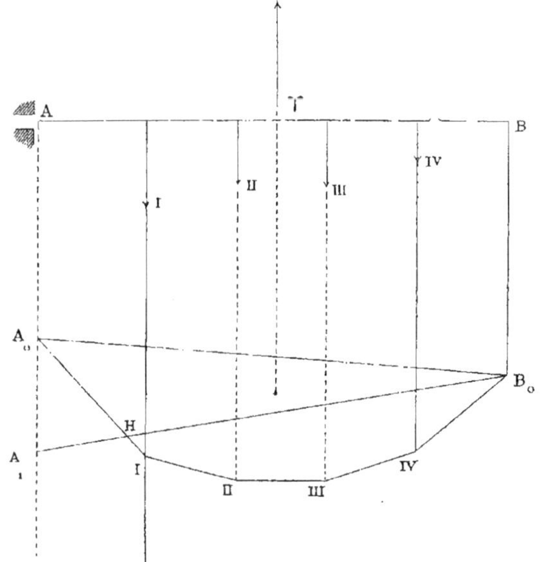

III, IV, B_o ; soit p sa distance polaire ; la base des ordonnées
destinées à mesurer les moments de flexion sera une droite
passant par B_o ; désignons pour un moment par B_o A_1 cette
base encore inconnue, nous la déterminerons par la condition que les charges fictives élémentaires $\dfrac{M}{p} dx$ aient une
résultante passant par B ; mais ces charges fictives peuvent se

résoudre en une différence de charges dues au moment de flexion des charges données et en une charge ascendante égale à l'aire inconnue du triangle B_o A_1 A_o.

Cette dernière est inconnue en grandeur, mais elle passe par le centre de gravité du triangle A_o A A_1, c'est-à-dire par le premier tiers de la poutre, voisin de l'encastrement ; si R' est la résultante chargée de signe des forces fictives considérées, on voit que le problème revient à trouver *deux* forces ayant des lignes d'action données et qui équilibrent les forces descendantes représentant les aires partielles du polygone A_o, I, II, III, IV, B_o ; si φ est la force ainsi déterminée qui représente la *poussée* ascendante due au triangle A_o B_o A, on aura :

$$\varphi = \frac{2}{3} A_o\, A_1 \times l$$

et A_o A_1 sera connu.

On en déduira la distribution des moments de flexion véritables, dues aux surcharges et aux réactions. Le point H, où B_o A_1 coupe le contour ouvert du polygone funiculaire donne l'ordonnée du point d'inflexion de la fibre moyenne déformée, puisqu'en ce point le moment de flexion véritable sera nul.

Cas particulier d'une charge unique appliquée en C et dont A_o C_o B_o est un polygone funiculaire :

La force fictive descendante sera le produit :

$C_o\, D_o \times \dfrac{l}{2}$ ou l'aire du triangle A_o C_o B_o, et elle passera par le centre de gravité G_o de ce triangle.

Pour décomposer la force $C_o\, D_o \times \dfrac{l}{2}$ en deux, passant l'une par g premier tiers de la poutre, voisin de l'encastrement, l'autre par B, prenons $BH = C_o\, D_o$ puis menons

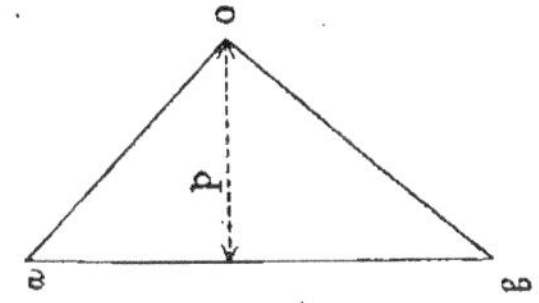

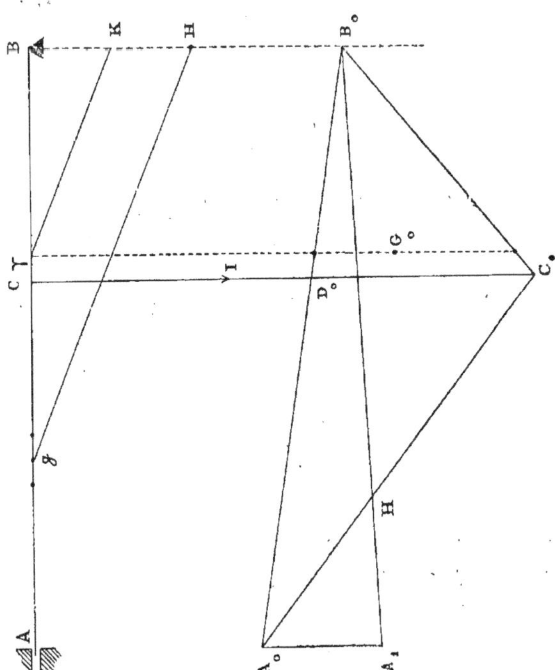

gH, et par le point γ pied de l'ordonnée de G_o, du point γ menons γK parallèle à gH jusqu'à sa rencontre K avec BH; menons enfin $A_o\,A_1 = BK$, joignons $A_1\,B_o$ je dis que $A_1\,B_o$ sera la base de la mesure des moments de flexion véritable.

Si $C_o\,D_o$ mesurait la force en G_o à décomposer, BK et KH seraient les valeurs des composantes appliquées en g et B; la composante en g analogue de la force

$$C_o\,D_o \times \frac{l}{2}$$

serait

$$A_o\,A_1 \times \frac{l}{2}$$

ce qui représente l'aire du triangle $A_o\,A_1\,B_o$. Ainsi est justifiée la construction indiquée.

Cas d'une charge uniforme.

Soit ϖ la charge par unité de longueur; par le milieu I de la poutre élevons-lui une perpendiculaire sur laquelle nous porterons une longueur IS qui à l'échelle des forces représentera le quart de la charge totale de la poutre

$$\frac{\varpi l}{4}$$

Traçons la parabole de sommet S et passant par les extrémités A et B de la poutre.

Elle sera la courbe funiculaire de la charge uniforme, de distance polaire $\dfrac{l}{2}$; prenons sur l'ordonnée du point A encastré une longueur égale à IS et joignons A, B.

Cette droite sera la base de la mesure des ordonnées qui,

arrêtées au polygone funiculaire, représentent les véritables moments de flexion.

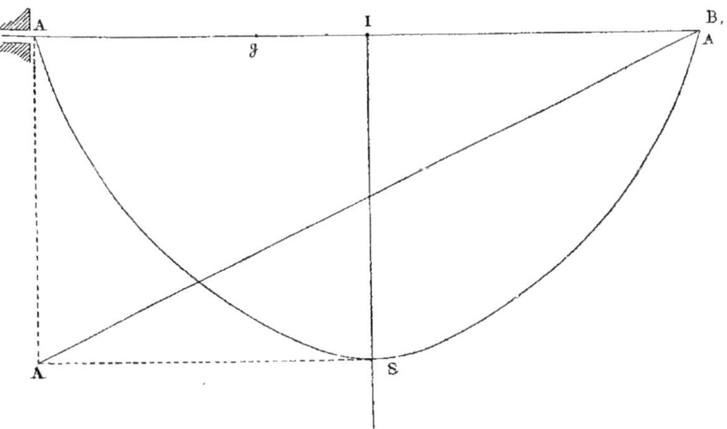

En effet, en prenant le point I comme origine des abcisses, le moment de flexion de la même poutre supposée portée par appuis simples est

$$\mu = \frac{\varpi}{2}\left(\frac{l^2}{4} - x^2\right)$$

Le moment en I est donc

$$\mathrm{IS} \times p = \frac{\varpi l^2}{8}$$

donc si

$$p = \frac{l}{2}, \quad \mathrm{IS} = \frac{\varpi l}{4}$$

La résultante des forces $\dfrac{\mu dx}{p}$, c'est-à-dire l'aire de la parabole est

$$\frac{2}{3}\, l \times \mathrm{IS}$$

c'est la force que nous devons équilibrer par deux autres parallèles, l'une passant au premier tiers g, voisin de A sur AB, l'autre passant en B. Soit φ la composante en g, appliquons le théorème des moments par rapport à B, on devra avoir :

$$\varphi \times \frac{2}{3}\, l = \frac{2}{3}\, l \times \mathrm{CS} \times \frac{l}{2}$$

d'où

$$\varphi = \mathrm{CS} \times \frac{l}{2}$$

or, telle est bien l'aire du triangle ABA_1.

Donc BA_1 est bien la base cherchée.

2° Théorie analytique pour la poutre droite mi-appuyée, mi-encastrée.

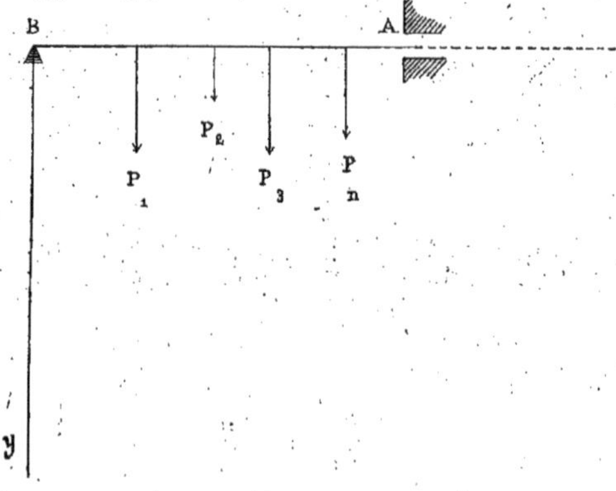

Prenons comme origine l'extrémité non encastrée de la poutre. Le moment de flexion M sera de la forme :

$$M = \mu + Ax + B$$

μ désignant le moment de flexion sur la poutre portant mêmes charges, mais reposant sur appuis simples, on a évidemment

$$B = 0$$

On a donc

$$M = \mu + Ax$$

On va déterminer A en exprimant que les forces fictives $\dfrac{M}{EI}\,dx$ ont une résultante passant par l'origine; la somme des moments de ces forces par rapport à B sera donc nulle, donc

$$\int_0^l \frac{M}{EI}\,x\,dx = 0$$

c'est-à-dire

$$\int_0^l \frac{\mu}{EI}\,x\,dx + A \int_0^l \frac{x^2\,dx}{EI} = 0$$

d'où

$$A = - \frac{\displaystyle\int_0^l \frac{\mu}{EI} x\,dx}{\displaystyle\int_0^l \frac{x^2 dx}{EI}}$$

et

$$M = \mu - x \frac{\displaystyle\int_0^l \frac{\mu}{EI} x\,dx}{\displaystyle\int_0^l \frac{x^2 dx}{EI}}$$

D'ailleurs, en désignant par $\alpha_1 \alpha_2 \ldots \alpha_n$ les abcisses croissantes des points d'application des charges P_1, $P_2 \ldots$, P_n isolées, on a :

$$\mu = \frac{l-x}{l} \sum_0^x P\alpha + \frac{x}{l} \sum_x^l P(l-\alpha).$$

Si la charge est continue, la charge sur l'élément $d\alpha$ étant représentée par $\varpi d\alpha$, on aurait :

$$\mu = \frac{x}{l} \int_x^l \varpi (l-\alpha)\, d\alpha + \frac{l-x}{l} \int_0^{} \varpi\, \alpha\, d\alpha$$

Si la poutre est homogène et de section constante, on a :

$$M = \mu - \dfrac{3x \displaystyle\int_0^l \mu x \, dx}{l^3}$$

— *Cas d'une charge uniforme.* — On trouve :

$$\mu = \dfrac{\varpi x \, (l - x)}{2}, \qquad \int_0^l \mu x \, dx = \dfrac{\varpi l^4}{24}$$

$$M = \dfrac{\varpi x}{8} \, (3l - 4x)$$

le point d'inflexion est aux $\dfrac{3}{4}$ de la fibre moyenne à partir du libre appui.

La même méthode est encore applicable; le système des charges fictives $\dfrac{M dx}{EI}$ admet toujours la fibre moyenne déformée comme polygone funiculaire; mais les tangentes extrêmes de ce polygone funiculaire sont ici coïncidentes, le système des charges *verticales* $\dfrac{M dx}{EI}$ devra donc se réduire à une force horizontale; celle-ci doit donc être nulle, c'est-à-dire *que le système des charges fictives considéré* doit être en équilibre. Si la poutre est homogène à section constante, la théorie graphique conduira encore à décomposer l'aire polygonale déjà considérée en deux forces passant par le premier et le dernier tiers de la poutre et la détermination de ces deux composantes fera connaître encore la base des ordonnées représentatives des véritables moments de flexion.

Le calcul donnera encore une solution tout aussi simple, le moment de flexion étant représenté comme on le sait par

$$M = \mu + Ax + B$$

on déterminera les constantes A et B en exprimant l'équilibre des charges fictives $\dfrac{M dx}{EI}$. Le théorème des projections et le théorème des moments expriment cet équilibre par les deux équations

$$\int_0^l \frac{M}{EI}\,dx = 0; \qquad \int_0^l \frac{Mx\,dx}{EI} = 0$$

où l désigne la longueur de la poutre.

Si la poutre est homogène, on écrira :

$$\int_0^l \frac{\mu}{I}\,dx + A \int_0^l \frac{x\,dx}{I} + B \int_0^l \frac{dx}{I} = 0$$

$$\int_0^l \frac{\mu x\,dx}{I} + A \int_0^l \frac{x^2\,dx}{I} + B \int_0^l \frac{x\,dx}{I} = 0$$

si la poutre est de section symétrique en son milieu, on peut prendre ce point pour origine, alors

$$\int_{-\frac{l}{2}}^{+\frac{l}{2}} \frac{x\,dx}{I} = 0$$

et en ce cas :

$$B = \frac{\displaystyle\int_{-\frac{l}{2}}^{+\frac{l}{2}} \frac{u}{I}\,dx}{\displaystyle 2\int_{0}^{\frac{l}{2}} \frac{dx}{I}} \qquad A = -\frac{\displaystyle\int_{-\frac{l}{2}}^{+\frac{l}{2}} ux\,dx}{\displaystyle 2\int_{0}^{\frac{l}{2}} x^2\,dx}$$

Si la charge possède la même symétrie

$$\int_{-\frac{l}{2}}^{+\frac{l}{2}} \frac{u\,x\,dx}{I} = 0$$

et on aura :

$$A = 0, \qquad B = \frac{\displaystyle\int_{0}^{\frac{l}{2}} \frac{u}{I}\,dx}{\displaystyle\int_{0}^{\frac{l}{2}} \frac{dx}{I}}$$

Si la section est constante et si l'origine est prise à une extrémité de la poutre on a :

$$\int_0^l \mu\, dx + \frac{A l^2}{2} + Bl = 0$$

$$\int_0^l \mu\, x dx + \frac{A l^3}{3} + \frac{B l^2}{2} = 0$$

$$A = \frac{12}{l^3} \int_0^l \mu \left(\frac{l}{2} - x \right) dx \qquad B = -\frac{12}{l^2} \int_0^l \mu \left(\frac{l}{3} - \frac{x}{2} \right) dx$$

d'où enfin

$$M = \mu + \frac{12\, x}{l^3} \int_0^l \mu \left(\frac{l}{2} - x \right) dx - \frac{12}{l^2} \int_0^l \mu \left(\frac{l}{3} - \frac{x}{2} \right) dx$$

Charge uniforme. — Si ϖ est la charge par unité de longueur on trouve :

$$M = \frac{\varpi}{2} \left(\frac{l^2}{12} - x^2 \right)$$

Charges isolées. — On trouvera sans difficulté

$$M = \frac{l-x}{l} \sum_0^x P\alpha + \frac{x}{l} \sum_x^l P(l-a)$$

$$+ \frac{x}{l^3} \sum_0^l P\alpha(l-\alpha)(l-2\alpha) - \frac{1}{l^2} \sum_0^l P\alpha(l-\alpha)^2$$

Charges continues. — Et pour des charges élémentaires $\omega\,dx$

$$M = \frac{l-x}{l}\int_0^x \omega x\,dx + \frac{x}{l}\int_x^l \omega\,(l-x)\,dx$$

$$+ \frac{x}{l^3}\int_0^l \omega x\,(l-x)\,(l-2x)\,dx - \frac{1}{l^2}\int_0^l \omega x\,(l-x)^2\,dx$$

Effort tranchant. — Dans le cas général de charges isolées l'effort tranchant T est donné par la formule

$$T = -\frac{dM}{dx}$$

c'est-à-dire

$$T = -\sum_x^l P + \frac{1}{l}\left[\sum_o^l Px - \frac{1}{l^3}P x\,(l-\alpha)\,(l-2\alpha)\right]$$

on trouve ainsi pour le cas d'une charge isolée

Si $x < \alpha$ $\qquad\qquad T = -\dfrac{P(l-\alpha)^2(l+2\alpha)}{l^3}$

Si $x > \alpha$ $\qquad\qquad T = \dfrac{P\alpha^2\,(3l-2\alpha)}{l^3}$

IV

Théorie des poutres continues reposant
sur plusieurs appuis.

Nous envisageons maintenant des poutres qui naturellement droites sont posées sur appuis.

Ces appuis sont généralement de niveau, mais par suite
de tassement des supports ils peuvent cesser de l'être; et
cette dénivellation légère est loin d'être négligeable, aussi
son influence élastique doit-elle être appréciée.

On pourra d'ailleurs toujours supposer que la poutre
étudiée porte sur des appuis intermédiaires simples et que
l'encastrement, s'il existe, n'ait lieu que sur les appuis
extrêmes. La théorie actuelle repose sur le théorème suivant ou théorème des trois appuis.

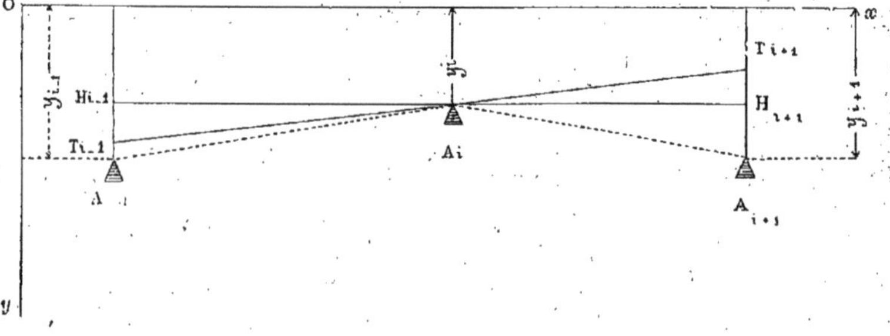

Soient A_{i-1}, A_i, A_{i+1} les trois appuis consécutifs de deux travées de longueurs l_i et l_{i+1}, soit toujours M le moment de flexion en un point quelconque de la poutre, appliquons sur la travée l_i des forces fictives élémentaires :

$$\frac{M dx}{l \, EI}$$

et sur la travée l_{i+1} des forces fictives élémentaires :

$$\frac{M dx}{l_{i+1} EI}$$

soient G_{i-1} la somme des moments des premières forces par rapport à l'appui A_{i-1} et G_{i+1} la somme des moments du second groupe de forces par rapport à l'appui A_{i+1}.

Soit ω_i l'angle aigu très petit, positif ou négatif dont il faut faire tourner la direction $A_{i-1} A_i$ pour l'amener en coïncidence avec la direction $A_i A_{i+1}$ on aura :

$$- G_{i-1} + G_{i+1} = \omega_i$$

Soient y_{i-1}, y_i, y_{i+1} les ordonnées descendantes des appuis. Soit tracée

$$T_{i-1} A_i T_{i+1}$$

la tangente à la fibre moyenne déformée sur l'appui intermédiaire.

Soit ε_i l'angle positif ou négatif dont a tourné la section de la fibre moyenne au-dessus de l'appui A_i.

En désignant par H_{i-1} H_{i+1} les points des ordonnées des appuis extrêmes qui sont au niveau de l'appui moyen on a :

$$- \varepsilon_i = \frac{T_{i+1} H_{i+1}}{l_{i+1}}$$

ou

$$- \varepsilon_i = \frac{T_{i+1} A_{i+1}}{l_{i+1}} - \frac{y_{i+1} - y_i}{l_{i+1}}$$

Or on a vu que la fibre moyenne est dans chaque travée une courbe funiculaire de distance polaire égale à 1 pour le système des charges fictives $\frac{M dx}{EI}$ réparties sur cette travée, donc d'après une propriété des courbes funiculaires le segment $A_{i+1} T_{i+1}$ est la représentation du moment par rapport à A_{i+1} des charges fictives considérées.
or on a :

$$T_{i+1} A_{i+1} = - G_{i+1}$$

et par suite

$$(1) \qquad + \varepsilon_i = G_{i+1} + \frac{y_{i+1} - y_i}{l_{i+1}}$$

on aurait de même sur l'autre travée :

$$(2) \qquad + \varepsilon_i = G_i + \frac{y_i - y_{i-1}}{l_i}$$

d'où

$$G_{i+1} - G_i + \frac{y_{i+1} - y_i}{l_{i+1}} + \frac{y_{i-1} - y_i}{l_i} = 0$$

c'est-à-dire en confondant les petits angles et leurs tangentes.

$$G_{i+1} - G_i = \omega_i \qquad C.Q.F.D.$$

En désignant par x, sous le signe $\int$ les abcisses relatives à chaque travée, le développement de l'équation précédente sera :

$$(3)\quad \frac{1}{l_i}\int_0^{l_i}\frac{\mathrm{M}x\,dx}{\mathrm{EI}}+\frac{1}{l_{i+1}}\int_0^{l_{i+1}}\frac{\mathrm{M}'(l_{i+1}-x)\,dx}{\mathrm{EI}}+\frac{y_{i-1}-y_i}{l_i}+\frac{y_{i+1}-y_i}{l_{i+1}}=0$$

Quelle que soit la manière d'être, hors de sa travée de rive, d'une poutre encastrée sur la rive, il existe sur cette travée un point indépendant des charges, dépendant de la seule travée, pour lequel le moment de flexion véritable coïncide avec le moment de la travée considérée comme poutre unique encastrée sur rive et simplement appuyée sur le premier appui intermédiaire.

Propriétés d'une travée de rive encastrée à l'une au moins de ses extrémités : l'extrémité de rive.

Pour une travée régulière et homogène ce point est au premier tiers de la travée à partir du point d'encastrement.

Prenons comme origine l'appui simple B.

Soient y_0 et y_1 les cotes de niveau descendant après tassement des appuis B et A; la rotation ε_1 est nulle et la seconde équation qui la fournit employée dans l'article précédent donne :

$$(4)\qquad \int_0^l \frac{\mathrm{M}x}{\mathrm{EI}}\,dx = y_1 - y_0$$

et si les deux appuis sont de niveau

$$\int_0^l \frac{\mathrm{M}x}{\mathrm{EI}}\, dx = 0$$

Soit μ le moment de flexion sous les mêmes charges, mais sur une poutre *simplement* appuyée aux extrémités de la travée.

$$\mathrm{M} = \mu + \mathrm{A}x + \mathrm{B}$$

portant cette valeur dans (4)

$$\int_0^l \frac{\mu x}{\mathrm{EI}}\, dx + \mathrm{A} \int_0^l \frac{x^2 dx}{\mathrm{EI}} + \mathrm{B} \int_0^l \frac{x dx}{\mathrm{EI}} = y_1 - y_0$$

Cette équation lie les deux constantes A et B.

En tirant B de cette équation et faisant :

$$u = \frac{\displaystyle\int_0^l \frac{x^2 dx}{\mathrm{EI}}}{\displaystyle\int_0^l \frac{x dx}{\mathrm{EI}}}$$

on aura

$$M = \mu + A\,(x - u) + \cfrac{y_1 - y_0 - \displaystyle\int_0^l \frac{\mu x\,dx}{EI}}{\displaystyle\int_0^l \frac{x\,dx}{EI}}$$

Cette équation fait connaître M indépendamment de A au point : $x = u$, pour lequel on aura :

$$M_u = \mu_u + \cfrac{y_1 - y_0 - \displaystyle\int_0^l \frac{\mu x\,dx}{EI}}{\displaystyle\int_0^l \frac{x\,dx}{EI}}$$

Si donc on modifie les charges et dimensions des autres travées, la courbe représentative des moments pivotera autour du point fixe :

$$(x = u, y = M_u)$$

Donc, aussi. la ligne de fermeture (base des ordonnées représentatives des moments) pivotera aussi autour d'un point fixe d'abcisse u, car si Z est l'ordonnée de la ligne de fermeture, on a :

$$Z \times p = (\mu - M)$$

donc

$$Z_u \times p = (\mu_u - M_u)$$

donc Z_u est constant par rapport aux autres travées.

Si E et I sont constants

$$u = \frac{2}{3} l.$$

Reprenons le théorème fondamental en ayant soin d'introduire pour l'une des deux constantes inconnues relatives à chaque travée deux quantités :

$$\mathcal{M}_i \text{ et } \mathcal{M}_{i+1},$$

représentant les moments de flexion en deux points particuliers F_i, F_{i+1} sur chaque travée. Désignons toujours par μ le

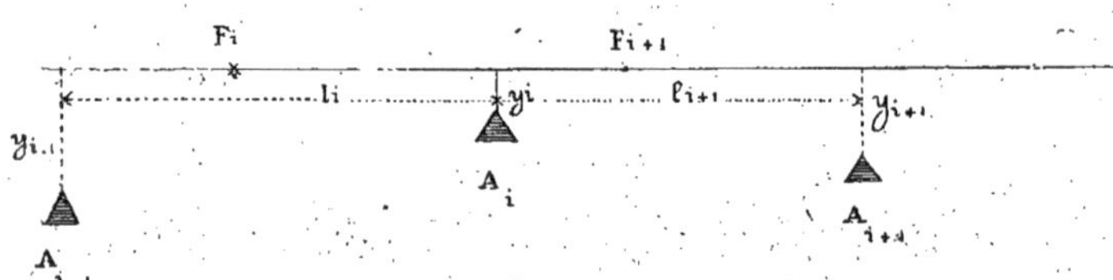

moment de flexion qui existerait en un point si la travée considérée était *simplement* appuyée de niveau sur ses extrémités.

On aura sur chaque travée $M = \mu + Ax + B.$

Considérons la première travée : soit M_i le moment de flexion sur A_i, on aura, puisque μ est nul aux deux appuis

$$M_i = A l_i + B$$

et si μ_i désigne la valeur de μ en F_i, comme μ_{i+1} désignera la valeur analogue de μ en F_{i+1}

$$\mathcal{M}_i = \mu_i + A u_i + B$$

on peut tirer de là les valeurs de A et B et les porter dans M; alors en faisant :

$$l_i - u_i = v_i$$

on trouvera :

$$M = \mu_i + M_i \frac{(x - u_i)}{v_i} + \frac{\mathcal{M}_i - \mu_i}{v_i}(l_i - x); \quad \text{pour la travée } l_i$$

On trouverait de même dans la seconde travée :

$$M = \mu + \frac{M_i}{u_{i+1}}(u_{i+1} - x) + (\mathcal{M}_{i+1} - \mu_{i+1})\frac{x}{u_{i+1}}; \quad \text{pour la travée } l_{i+1}$$

Portons ces deux valeurs de M dans l'équation fondamentale obtenue précédemment, savoir :

$$\frac{1}{l_i}\int_0^{l_i} \frac{M x\,dx}{EI} + \frac{1}{l_{i+1}}\int_0^{l_{i+1}} \frac{M(l_{i+1} - x)}{EI}\,dx = \frac{y_i - y_{i-1}}{l_i} + \frac{y_i - y_{i+1}}{l_{i+1}}$$

Le résultat de ces substitutions sera le suivant :

$$(5)\quad \left\{ \begin{aligned} &\frac{M_i - \mu_i}{v_i l_i}\int_0^{l_i} \frac{x(l_i - x)}{EI}\,dx + \frac{\mathcal{M}_{i+1} - \mu_{i+1}}{u_{i+1} l_{i+1}}\int_0^{l_{i+1}} \frac{x(l_{i+1} - x)}{EI}\,dx \\ &+ M_i\left[\frac{1}{v_i l_i}\int_0^{l_i} \frac{(x - u_i)\,x\,dx}{EI} + \frac{1}{u_{i+1} l_{i+1}}\int_0^{l_{i+1}} \frac{(v_{i+1} - x)(l_{i+1} - x)}{EI}\,dx\right] = H \end{aligned}\right.$$

formule dans laquelle on a posé pour abréger :

$$
(6) \quad \left\{
\begin{aligned}
H_i &= \frac{y_i - y_{i-1}}{l_i} + \frac{y_i - y_{i+1}}{l_{i+1}} - \frac{1}{l_i} \int_0^{l_i} \frac{\mu x}{EI}\, dx \\[2em]
&\quad - \frac{1}{l_{i+1}} \int_0^{l_{i+1}} \frac{\mu(l_{i+1} - x)}{EI}\, dx
\end{aligned}
\right.
$$

Toutes ces intégrales définies sont calculables quand on connaît les charges, les points F_i, F_{i+1} et la nature des travées ; de plus les coefficients de M_i, $\mathcal{M}_i - \mu_i$, $\mathcal{M}_{i+1} - \mu_{i+1}$ ne dépendent pas des charges, celles-ci ne figurent que dans H.

— Pour une poutre homogène et de section constante en faisant $H'_i = 6\,EI\,H_i$ et après avoir remplacé u_i par $l_i - v_i$, l'équation générale deviendra :

$$
(7) \quad
\frac{l_i^2}{v_i}(\mathcal{M}_i - \mu_i) + \frac{l_{i+1}^2}{u_{i+1}}(\mathcal{M}_{i+1} - \mu_{i+1}) \\[1em]
+ \left[3(l_i + l_{i+1}) - \frac{l_i^2}{v_i} - \frac{l_{i+1}^2}{u_{i+1}} \right] = H'_i
$$

Pour calculer H'_i dans ce cas particulier on devra déterminer l'intégrale $\int_0^{l_i} \mu x\, dx$, et son analogue.

Supposons d'abord qu'il n'existe qu'une seule charge P isolée au point d'abcisse α, on aura, comme on l'a vu

$$\left\{ \begin{array}{l} \text{pour } x \leq \alpha \ : \ \mu = \dfrac{P\,(l_i - \alpha)}{l_i}\,x \\[2ex] \text{pour } x > \alpha \ : \ \mu = \dfrac{P\alpha}{l_i}\,(l_i - x) \end{array} \right.$$

on trouve ainsi :

$$\int_0^{l_i} \mu x\,dx = \frac{P}{6}\,\alpha\,(l_i - \alpha)\,(l_i + \alpha)$$

et de même :

$$\int_0^{l_{i+1}} \mu x\,dx = \frac{P}{6}\,(l_{i+1} - \alpha)\,\alpha\,(2\,l_{i+1} - \alpha)$$

ainsi on a *dans le cas particulier considéré de plusieurs charges isolées* :

$$(8)\ \ \mathrm{H}' = -\frac{1}{l_i}\sum_{\alpha=0}^{\alpha=l_i} P\alpha\,(l_i - \alpha)\,(l_i + \alpha) - \frac{1}{l_{i+1}}\sum_{\alpha=0}^{\alpha=l_{i+1}} P\,(l_{i+1} - \alpha)\,(2\,l_{i+1} - \alpha)$$
$$+\ 6\mathrm{EI}\left(\frac{y_i - y_{i-1}}{l_i} + \frac{y_i - y_{i+1}}{l_{i+1}}\right)$$

dans le cas de charges *continues*, il suffit de remplacer les sommes finies par des intégrales et P par $\varpi d\alpha$. Si les coefficients de charges sont constants sur chaque travée, et si on les désigne par ϖ_i et par ϖ_{i+1}, on aura :

$$\mathrm{H}'_i = -\frac{\varpi_i\,l_i^3}{4} - \frac{\varpi_{i+1}\,l_{i+1}^3}{4} + 6\mathrm{EI}\left(\frac{y_i - y_{i-1}}{l_i} + \frac{y_i - y_{i+1}}{l_{i+1}}\right)$$

Théorème
des
trois moments.

Si dans la relation fondamentale on fait

$$u_i = 0 \qquad u_{i+1} = l_{i+1}$$

on a d'ailleurs

$$\mu_i = \mu_{i+1} = 0$$

et la relation (5) devient :

$$(9) \quad \begin{cases} \dfrac{M_{i-1}}{l_i{}^2} \displaystyle\int_0^{l_i} \dfrac{x\,(l_i - x)}{EI}\,dx + \dfrac{M_{i+1}}{l_{i+1}{}^2} \displaystyle\int_0^{l_{i+1}} \dfrac{(l_{i+1} - x)\,x}{EI}\,dx \\[2em] + M_i \left[\dfrac{1}{l_i{}^2} \displaystyle\int_0^{l_i} \dfrac{x^2\,dx}{EI} + \dfrac{1}{l_{i+1}{}^2} \displaystyle\int_0^{l_{i+1}} \dfrac{(l_{i+1} - x)^2}{EI}\,dx \right] = H_i \end{cases}$$

C'est le théorème *des trois moments* sur trois appuis consécutifs.

Dans le cas d'une poutre homogène à section constante il devient :

$$l_i M_{i-1} + l_{i+1} M_{i+1} + 2\,(l_i + l_{i+1})\,M_i = H_i{}'$$

Théorème
général des
deux
moments.

Peut-on établir entre les points F_i, F_{i+1} auxquels se rapporte la relation générale (5) une dépendance telle que le terme M_i disparaisse de cette équation? Il suffit de poser pour cela :

$$\frac{1}{v_i\,l_i} \int_0^{l_i} \frac{(x - u_i)\,x\,dx}{EI} + \frac{1}{u_{i+1}\,l_{i+1}} \int_0^{l_{i+1}} \frac{(u_{i+1} - x)\,(l_{i+1} - x)}{EI}\,dx = 0$$

en remplaçant u_i par $l_i - v_i$ cette relation devient :

$$\frac{1}{v_i\,l_i}\int_0^{l_i}\frac{(l_i - x)\,x}{EI}\,dx \left.\right\} = \left\{\right. \frac{1}{l_i}\int_0^{l_i}\frac{x}{EI}\,dx$$

$$+\frac{1}{u_{i+1}\,l_{i+1}}\int_0^{l_{i+1}}\frac{(l_{i+1} - x)\,x}{EI}\,dx \left.\right\} \left\{\right. +\frac{1}{l_{i+1}}\int_0^{l_{i+1}}\frac{l_{i+1} - x}{EI}\,dx$$

c'est une équation du premier degré en $\dfrac{1}{v_i}$ et $\dfrac{1}{u_{i+1}}$

Deux points ainsi associés se nomment points correspondants.

Pour ces points la relation générale devient :

$$(10)\ \frac{\mathcal{M}_i - \mu_i}{v_i\,l_i}\int_0^{l_i}\frac{x\,(l_i - x)\,dx}{EI} + \frac{\mathcal{M}_{i+1} - \mu_{i+1}}{u_{i+1}\,l_{i+1}}\int_0^{l_{i+1}}\frac{x\,(l_{i+1} - x)}{EI}\,dx = \mathrm{U}_i$$

c'est le théorème général des deux moments.

On appelle 1° *foyer de gauche*, le point de la première travée de gauche dont le moment de flexion peut être déterminé; 2° foyer de droite : le point de la travée extrême de droite où le moment de flexion peut être déterminé.

Ces points sont les appuis extrêmes quand il n'y a pas d'encastrement, et quand il y a encastrement on a vu comment ils sont déterminés.

Les foyers déterminés, on cherche leurs correspondants

dans les deux sens et le théorème des deux moments fera alors connaître, par son emploi dans les deux sens, $2\,n$ points où les moments de flexion seront connus.

La distribution des moments est alors complètement connue, comme on l'a vu.

Pour que la méthode ne soit pas illusoire il faut démontrer que le dernier point correspondant obtenu dans la travée extrême de droite ne coïncide pas avec le premier foyer de droite.

Pour les poutres homogènes à section constante la démonstration est facile, et l'on s'assure alors que si le premier point de départ est dans le premier tiers de la travée extrême, les points correspondants seront tous dans les premiers tiers; comme le foyer de gauche est dans le premier tiers de rive de la première travée, et comme le foyer de droite est dans le tiers près la rive de la dernière travée, la remarque précédente assure le succès de la méthode pour le cas des poutres homogènes à section constante.

Voici d'ailleurs la justification de cette remarque dans le cas particulier considéré.

La relation des points correspondants est :

$$\frac{l_i^2}{v_i} + \frac{l_i^{+12}}{u_{i+1}} = 3\,(l_i + l_{i+1})$$

c'est-à-dire

$$\frac{l_i^2}{l_i - u_i} + \frac{l_{i+1}^2}{u_{i+1}} = 3\,(l_i + l_{i+1})$$

on en déduit :

$$\frac{l_{i+1}}{u_{i+1}} = 3 + \left(3 - \frac{l_i}{l_i - u_i}\right)\frac{l_i}{l_{i+1}}$$

par hypothèse

$$0 < u_i < \frac{l_i}{3}$$

et par suite

$$3 - \frac{l_i}{l_i - u_i} > \frac{3}{2} > 0$$

donc

$$\frac{l_{i+1}}{u_{i+1}} > 3 + \frac{3}{2}\frac{l_i}{l_{i+1}} > 0$$

donc

$$0 < u_{i+1} < \frac{l_{i+1}}{3}$$

Le théorème des deux moments fait connaître la distribution des moments de flexion, et par suite les efforts tranchants par des différentiations.

Il résout donc complètement le problème de la poutre continue pour le cas des charges fixes, cas auquel nous nous tenons.

Dans le cas des charges variables de position il y a lieu de se demander quelles sont les combinaisons des positions des charges qui amènent sur une section de la poutre les *maxima* du moment de flexion ou de l'effort tranchant, mais ici je renvoie le lecteur au bel ouvrage de M. Maurice Lévy (*La statique graphique appliquée aux constructions*).

Mon seul but, dans ces leçons de mécanique générale, était de donner une place trop souvent oubliée à la résistance des solides naturels et de développer les principes de cette théorie sur des exemples nets.

On voit d'ailleurs que les résultats obtenus par la théorie, intéressants pour la pratique, mettent aussi en œuvre des méthodes géométriques élégantes et qui méritent d'être connues pour elles-mêmes.

Pour terminer, j'indiquerai les modes de détermination des dimensions des pièces.

Dimension des pièces, leur détermination pratique.

1° Considérons d'abord une pièce qui est simplement tendue ou comprimée, on a déterminé, nous le supposons, la plus grande et la plus petite tension totale que les forces données et les réactions exerceront sur une section S.

Si elles sont de même signe, désignons-les par F_{max} et F_{min} ; si elles sont de signes variables soit F_{max} la plus grande en valeur absolue, Φ_{max} la plus grande des forces de signe contraire. Dans le premier cas, la section S doit être calculée par la formule

$$\frac{F_{max}}{S} \leq R \qquad \text{ou plus économiquement par}$$

$$\frac{F_{max}}{S} = R \qquad \text{On trouvera ainsi par la formule de Launhardt :}$$

$$S = \frac{F_{max}}{\frac{\rho_1}{n}\left[1 + \left(\frac{\rho}{\rho_1} - 1\right)\frac{f_{min}}{f_{max}}\right]}$$

mais quand il n'y a que tension ou compression

$$\frac{f_{min}}{f_{max}} = \frac{F_{min}}{F_{max}}$$

et l'on aura :

$$(11) \qquad S = \frac{F_{max}}{\frac{\rho_1}{n}\left[1 + \left(\frac{\rho}{\rho_1} - 1\right)\frac{F_{min}}{F_{max}}\right]}$$

De même dans le cas d'efforts de sens alterné, on trouverait par la formule de Weyrauch :

$$(12) \qquad S = \frac{F_{max}}{\frac{\rho_1}{n}\left[1 - \left(1 - \frac{\rho_2}{\rho_1}\right)\frac{\varphi_{max}}{F_{max}}\right]}$$

2° Considérons une pièce soumise à la flexion simple sans extension ni compression de la fibre moyenne.

Alors, sauf pour de petits ouvrages, la section S sera variable, distinguons d'ailleurs deux cas.

Premier cas. — Les moments de flexion ne changent pas de sens avec la disposition des charges variables. Soient M_{max} et M_{min} les valeurs absolues extrêmes, on aura en désignant par u l'éloignement de la fibre moyenne de la fibre la plus reculée et par I le moment d'inertie de la section

$$f_{max} = \frac{M_{max} \times u}{I}$$

$$f_{min} = \frac{M_{max} \times u}{I}$$

donc ici :
$$\frac{f_{max}}{f_{min}} = \frac{M_{max}}{M_{min}}$$

On fera $f_{max} = R$, R étant la charge de sécurité pratique.

d'où :
$$f_{max} = \frac{\rho_1}{n}\left[1 + \left(\frac{\rho}{\rho_1} - 1\right)\frac{M_{min}}{M_{max}}\right]$$

d'après la formule de Launhardt.
C'est-à-dire enfin :

$$(13) \qquad \frac{M_{max} \times u}{I} = \frac{\rho_1}{n}\left[1 + \left(\frac{\rho}{\rho_1} - 1\right)\frac{M_{min}}{M_{max}}\right]$$

Second cas. — Les moments de flexions extrêmes sont de signes alternés.

Soient M_{max} et μ_{max} les valeurs absolues extrêmes de M M_{max} désignant la plus grande,

$$f_{max} = \frac{M_{max} \times u}{I}$$

$$\Phi_{max} = \frac{\mu_{max} \times u}{I}$$

d'où encore :

$$\frac{\Phi_{max}}{f_{max}} = \frac{\mu_{max}}{M_{max}}$$

La formule de Weyrauch donne alors pour la détermination du rapport $\frac{I}{u}$;

$$(14) \qquad \frac{M_{max} \times u}{I} = \frac{\rho_1}{u}\left[1 - \left(1 - \frac{\rho_2}{\rho_1}\right)\frac{\mu_{max}}{M_{max}}\right]$$

3° Considérons une pièce qui travaille à la tension et à la flexion.

On commence par déterminer les moments de flexion comme si la pièce était de section constante, puis on néglige la compression de la fibre moyenne et on détermine par la méthode précédente le rapport $\frac{I}{u}$; d'ordinaire la valeur de u est pratiquement limitée, on est encore maître, pour faire varier U, de la dimension transverse; on vérifie si $\frac{I}{u}$ est suffisamment grand.

Puis si on veut une seconde approximation on opérera ainsi :

Soient u et u' les éloignements à la fibre moyenne des fibres extrêmes.

Sous l'influence de la flexion seule ces fibres éprouvent des tensions élastiques de signes contraires de valeurs :

$$\frac{Mu}{I}, \qquad \frac{Mu'}{I}$$

Si u désigne la distance de la fibre dont la tension de flexion s'ajoute à la tension de la fibre moyenne, on aura : sur ces fibres :

$$(15) \quad \begin{cases} f = \dfrac{Mu}{I} + \dfrac{N}{S} \\[2mm] f' = \dfrac{Mu'}{I} - \dfrac{N}{S} \end{cases}$$

Supposons $u = u'$

Connaissant *à une première approximation* les valeurs variables $\dfrac{I}{u}$ et S, on a pu déterminer M et N et par suite f.

Si (1re hypothèse) les deux valeurs (15) sont de même signe, on se servira encore de la formule de Launhardt; si (2e hypothèse), elles sont de signes contraires, on se servira de la formule de Weyrauch.

Soient M_o et N_o les valeurs de M et N qui répondent à f max., on fera

$$f \text{ max.} \leq R$$

ou pour le plus d'économie possible : $f_{max} = R$, c'est-à-dire :

$$\frac{M_o u}{I} + \frac{N_o}{S} = R$$

c'est-à-dire enfin :

$$(16) \quad \begin{cases} \dfrac{M_o u}{I} + \dfrac{N_o}{S} = \dfrac{\rho_1}{n} \left[1 + \left(\dfrac{\rho}{\rho_1} - 1 \right) \dfrac{f \min}{f \max} \right] & \text{1re hypothèse.} \\[4mm] \dfrac{M_o u}{I} + \dfrac{N_o}{S} = \dfrac{\rho_1}{n} \left[1 - \left(1 - \dfrac{\rho_2}{\rho_1} \right) \dfrac{\Phi \max}{f \max} \right] & \text{2e hypothèse.} \end{cases}$$

Dans $\frac{N_o}{S}$, comme dans le second nombre, on se servira de la première approximation et on calculera ainsi une nouvelle valeur de $\frac{I}{u}$.

POSTFACE

Les questions de *mécanique physique*, qui ont fait l'objet de la deuxième et de la troisième partie de ces leçons, sont subordonnées, d'une part, à deux hypothèses physiques très générales : le principe de l'inertie et l'existence d'une fonction des forces moléculaires et, d'autre part, à certaines autres hypothèses physiques plus spéciales.

Nous avons vu que l'École nouvelle ne veut admettre aucune des deux premières hypothèses dans la mécanique rationnelle proprement dite.

Il n'est pas superflu d'insister encore sur les raisons de cette exclusion.

Les lois générales du mouvement sont résumées dans le principe de la moindre contrainte dû à Gauss; or nous savons que ce principe a une signification indépendante des repères géométriques du mouvement, et dans une certaine mesure, de l'horloge, tandis qu'au contraire le principe de l'inertie est subordonné à un système absolu de repères comme à une horloge absolue.

D'autre part, les équations différentielles du mouvement ne peuvent être intégrées que si l'on se donne ce que nous avons appelé *le cours naturel des choses.*

Ce *cours naturel,* en astronomie, s'est montré conforme au principe de l'inertie; *il n'est pas permis, au point de vue physique,* d'affirmer rien de plus.

Certes on peut passer outre, mais cela est absolument indifférent à la mécanique rationnelle.

Ces commentaires suscitent une question sur laquelle il me reste à dire quelques mots.

Quel rôle peut-on attendre de la mécanique rationnelle dans les théories des phénomènes physiques?

A mon avis, les notions de la mécanique rationnelle sont, pour le physicien, une espèce de *monnaie* que l'esprit humain a adoptée pour apprécier les *échanges* entre certaines catégories d'activités naturelles; mais, de même que l'économiste se garde bien de confondre la monnaie avec la richesse, de même le physicien se défendra de voir dans une mécanique rationnelle trop étroite le code immuable et *suffisant* des lois physiques.

Plus la mécanique rationnelle sera large, j'allais dire tolérante, plus elle pourra prétendre à éclairer utilement les phénomènes physiques par des notions mathématiques simples et efficaces.

Dirai-je toute ma pensée, et après avoir montré l'inutilité

du principe de l'inertie pour la mécanique rationnelle, oserai-je affirmer que ce principe ne paraît pas se prêter à la variété des phénomènes physiques?

En effet, l'un des caractères de ce principe est d'exiger, pour la philosophie naturelle, un système unique de coordonnées; ce déterminisme unitaire tout hypothétique plaît à beaucoup d'esprits, mais ne paraît pas toujours conforme aux faits.

Un exemple éclaircira ma pensée ; la théorie des phénomènes électriques emprunte, comme on sait, beaucoup d'images à la mécanique, et un pur mathématicien prenant ces images pour des réalités immédiates, pourrait, s'il appartient à l'école classique de la mécanique rationnelle, raisonner comme il suit :

« Considérons, dirait-il, un courant électrique dans un « conducteur, c'est le mouvement d'un fluide ; que la *masse* « de ce fluide soit soustraite à la pesanteur, la chose est « concevable, mais que cette masse ne puisse manifester « son inertie d'aucune manière, c'est ce que je n'admets « point, et je vais imaginer des expériences où le conduc- « teur sera animé d'un mouvement rapide ; le fluide circu- « lant dans le conducteur lui-même, le mouvement sera « bien obligé de manifester son inertie de quelque manière. »

Il paraît que des expériences ont été essayées par Hertz dans cet ordre d'idées et qu'elles ont été négatives.

Ainsi, les phénomènes électriques comparés entre eux, gardent bien l'allure mécanique, mais entre leur mécanisme particulier et le mécanisme des corps qui nous sont palpables, nul lien n'a été saisi jusqu'à présent.

Par exemple encore, nous ignorons absolument le mécanisme intermédiaire qui, du frottement de certains corps, fait de ceux-ci des corps électrisés, nous ignorons d'ailleurs ce qu'est le frottement.

Est-ce à dire qu'une philosophie naturelle, ayant la mécanique comme idée directrice, soit définitivement condamnée? Nullement! et pour ma part, je ne crois pas plus *à la déroute de l'atomisme* qu'à sa réalité essentielle.

Il est plus juste d'avouer que si le déterminisme mécanique unitaire plaît à notre esprit, l'expérience ne nous révèle (jusqu'à présent) que des déterminismes isolés non reliés encore entre eux.

Pour donner à ma pensée une forme abstraite mais précise, je dirai : soit S un *système* (coordonnées et horloge) où des phénomènes de mouvements rapportés à S soient étudiés, et supposons ceux-ci soumis au déterminisme mécanique défini dans ces leçons.

Soit S' un autre *système* (coordonnées et horloge) dans lequel des phénomènes de mouvement rapportés à S' soient soumis à un déterminisme analogue.

Ce que l'expérience (négative) semble autoriser parfois à admettre, c'est que les déterminismes isolés dans S et dans S' ne sont pas modifiés par le mouvement relatif de S' par rapport à S : en d'autres termes les systèmes S et S' sont isolés. Les philosophes purs regretteront peut-être qu'il en soit ainsi; avouons pourtant que s'il en était autrement, la marche progressive des sciences eût été impossible.

Malgré tout, par un invincible besoin d'unité, l'esprit humain ne peut se résoudre à morceler l'univers en catégories séparées comme les vitrines d'un musée.

Physique, Chimie, Biologie, voilà nos grandes vitrines conventionnelles, et sans la division du travail qui leur correspond, sans des spécialisations nécessaires, aucune de ces sciences n'eût prospéré.

Mais il n'est pas téméraire d'affirmer que, dans un avenir plus ou moins éloigné, les découvertes décisives se feront sur les frontières plus ou moins factices de ces diverses sciences.

Quant aux notions de la mécanique rationnelle, qui d'ailleurs affirment si peu, elles semblent destinées à servir longtemps encore d'image et de *monnaie* aux physiciens.

En tous cas, la mécanique rationnelle survivrait au principe de l'inertie si celui-ci venait à être abandonné à son tour par la Physique.

NOTES

NOTES

NOTE I

**Sur la méthode de M. MORIN, relative à la composition
des forces concourantes.**

On sait que la composition des forces concourantes se
ramène à la composition des forces égales. Deux forces F
égales, faisant entre elles l'angle $2\,x$ ont une résultante
égale à $2\,\mathrm{F}\,\varphi\,(x)$. Il s'agit de déterminer $\varphi\,(x)$.

Nous avons indiqué (page 64) pour la détermination de
la fonction φ la méthode de Poisson fondée sur la considération de l'équation fonctionnelle :

$$\varphi\,(x + y) + \varphi\,(x - y) = 2\,\varphi\,(x)\,\varphi\,(y)$$

M. Morin atténue ce détour et parvient élégamment à
la détermination de la fonction φ de la manière suivante :

Soient A et B deux forces égales faisant l'angle $2\,x$;
faisons tourner le système des deux forces d'un angle $2\,y$
autour de la bissectrice de l'angle *extérieur* des deux forces

A et B; par cette rotation les deux forces viennent occuper les positions A′ et B′; désignons par 2 z les deux angles égaux $(\widehat{B,A'})$ et $(\widehat{A,B'})$ et exprimons que les compositions des quatre forces envisagées dans les deux modes de groupement :

1°   (A, B)   et   (A′, B′).

2°   (B, A′)   et   (A, B′).

conduisent au même résultat.

Nous aurons immédiatement l'équation :

$$(1) \qquad \varphi(x)\,\varphi(y) = \varphi(z)$$

les variables x, y, z sont d'ailleurs les trois côtés d'un triangle sphérique rectangle dont z est l'hypoténuse, on a donc :

$$(2) \qquad \cos x \cos y = \cos z$$

Nous devrons alors exprimer que les équations (1) et (2) sont équivalentes.

Or L désignant un logarithme népérien et $\lambda(u)$ une fonction inconnue de u posons :

$$L\,\varphi(x) = \lambda\,(L \cos x)$$

l'équivalence des équations (1) et (2) exprime que les relations

$$(3) \qquad \lambda(a) + \lambda(b) = \lambda(c)$$
$$(4) \qquad a + b = c$$

sont équivalentes.

Or d'après une propriété bien connue des grandeurs proportionnelles, cette dernière équivalence exprime que l'on a

$$\lambda (a) = \mathrm{H}a$$

H désignant une constante; en remontant à φ on trouve :

$$\varphi (x) = (\cos x)^{\mathrm{H}}$$

la fonction φ doit d'ailleurs satisfaire à l'équation de Poisson, en sorte que l'on devrait avoir

$$[\cos (x + y)]^{\mathrm{H}} + [\cos (x - y)]^{\mathrm{H}} = 2 [\cos x]^{\mathrm{H}} [\cos y]^{\mathrm{H}}$$

d'ailleurs on sait que :

$$\cos (x + y) + \cos (x - y) = 2 \cos x \cos y$$

or ces deux formules, on s'en assure bien aisément, ne peuvent coexister que si $\mathrm{H} = 1$, auquel cas elles se confondent.

Remarque. — L'un des caractères intéressants de cette démonstration, est son indépendance à l'égard du postulatum d'Euclide au même titre que la trigonométrie sphérique et la théorie analytique des fonctions circulaires.

La seconde démonstration donnée dans cet ouvrage a d'ailleurs le même caractère. La composition des forces concourantes est donc en réalité indépendante du postulatum d'Euclide.

Dans la note suivante je généraliserai cette remarque et je ferai voir que le théorème d'Euler sur les rotations finies permet de fonder une théorie de l'équivalence des vecteurs qui est la clef des propriétés métriques dans les trois géométries d'Euclide, de Lobatchewsky et de Riemann.

NOTE II

La Statique et les Géométries de Lobatchewsky, d'Euclide et de Riémann.

I. — *Le Postulatum d'Euclide.*

Parmi les postulats ou faits fondamentaux qui servent de base à la géométrie le postulatum d'Euclide mérite, pour des motifs historiques, une place tout à fait à part.

Euclide, en l'énonçant, paraissait croire que, plus heureux que lui, les géomètres qui viendraient après lui parviendraient un jour ou l'autre à le rattacher aux principes déjà admis en géométrie, à savoir : la définition et les propriétés essentielles de la ligne droite envisagée comme axe de rotation, l'existence du plan et de ses deux modes de recouvrement, la distribution de l'espace par rapport à un plan et la distribution du plan en deux régions par rapport à une droite de ce plan.

D'une manière générale on peut dire que toute la portion de la géométrie qui est indifférente au postulatum d'Euclide se rattache à l'étude des déplacements d'un corps rigide qui pivote soit autour d'un axe fixe, soit autour d'un point fixe.

La composition des rotations finies successives et la trigonométrie sphérique qui en est l'expression constituent en effet un domaine géométrique indépendant du postulatum d'Euclide.

Et aussi la géométrie de la sphère, quand on se cantonne sur une seule et même sphère est indépendante du postulatum.

Mais pour constater cette indépendance de la composition des vitesses de rotation à l'égard de la théorie des parallèles il sera commode de côtoyer cette théorie en se plaçant d'abord au point de vue de Lobatchewsky.

Rappelons d'abord sommairement quel est ce point de vue, et comment il s'est présenté.

Après avoir vu échouer tous les efforts tentés pour ramener le postulatum d'Euclide aux autres postulats de la géométrie il était naturel d'essayer de fonder une géométrie affranchie de l'hypothèse d'Euclide.

Telle fut l'œuvre de Lobatchewsky, encouragée par Gauss; telle fut aussi l'œuvre de Bolyaï.

Il est facile d'en exposer le point de départ et d'en donner un résumé en quelques mots :

Considérons dans un plan une droite indéfinie XY et un point O situé hors de ce plan.

Soit OA la perpendiculaire abaissée du point A sur la droite et imaginons un mobile M qui, partant de A, marcherait sans cesse sur le côté AY dans le sens indiqué. Joignons la position variable du point M au point O, nous formons un angle $\stackrel{\wedge}{\text{MOA}} = u$.

Les angles sont des quantités numériquement représentables et homogènes; nous pouvons donc appliquer à la quantité u toute notion propre au domaine du nombre, l'une de ces notions est la suivante, qui est bien souvent utilisée en analyse :

« Toute quantité variable qui va sans cesse en croissant,
tout en restant moindre qu'une quantité fixe donnée,
a nécessairement une limite. »

Or, si par le point O nous menons une droite X'Y' perpendiculaire à OA, la droite OM est nécessairement située

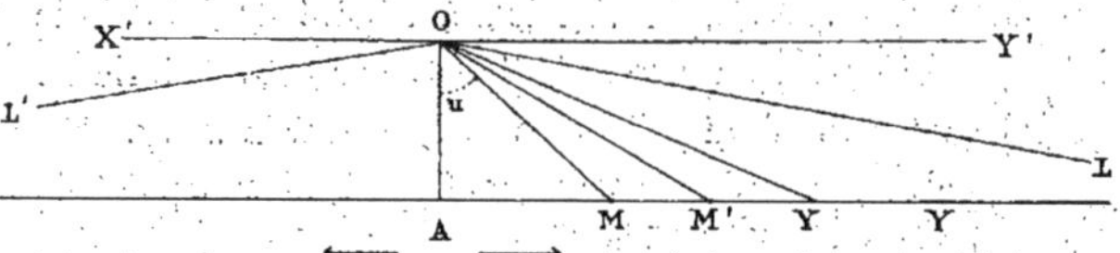

dans l'angle AOY', car on sait que les droites X'Y' et
XY toutes deux perpendiculaires distinctes à une même
droite OA ne peuvent se rencontrer.

L'angle u est donc moindre que l'angle droit, d'ailleurs
il croît sans cesse, *il a donc une limite qui sera un angle au
plus égal* à un angle droit; soit OL la droite qui du côté
considéré de OA fait un angle égal à la *limite* de u.

La droite jouira alors des propriétés suivantes :

Toute demi-droite tracée dans l'angle AOL coupe la
demi-droite AY.

Toute demi-droite tracée dans l'angle Y'OL ne rencontre
pas la droite XY.

La droite OL et sa symétrique OL' par rapport à OA
sont nommées par Lobatchewsky *les deux parallèles* que
du point O on peut mener à XY.

Lorsque la limite de l'angle u est égal à l'angle droit les
deux droites OL, OL' se confondent avec la droite X'Y';
telle est l'hypothèse d'Euclide; ainsi admettre avec Euclide
que *d'un point on ne peut mener qu'une parallèle* à une

droite, c'est affirmer que *la limite de l'angle u est égale à l'angle droit*.

Si on se place au point de vue plus général de Lobatchewsky on peut considérer la limite de l'angle *u* comme une *fonction* de la distance OA.

Soient donc *x* cette distance et ω la limite de *u*, on doit avoir, $\Pi(x)$ désignant une fonction inconnue de *x* :

$$\omega = \Pi(x)$$

les autres principes de la géométrie s'opposent à ce que cette fonction $\Pi(x)$ puisse être arbitrairement choisie.

La forme de cette fonction a été déterminée par Lobatchewsky, et si on appelle *e* la base des logarithmes népériens qui, on le sait, est définie par la limite vers laquelle tend la somme

$$1 + \frac{1}{1} + \frac{1}{1.2} + \frac{1}{1.2.3} + \frac{1}{1.2.3.4} + \cdots \frac{1}{1.2.3\ldots n} \qquad (n \text{ entier})$$

lorsque *n* grandit indéfiniment, on a

$$\tang \frac{1}{2} \Pi(x) = e^{-\frac{x}{k}}$$

dans cette formule *k* désigne une certaine longueur constante que j'appellerai *le mètre* de Lobatchewsky et tang *y* désigne une fonction de *y* qui, dans la géométrie d'Euclide, serait définie par la théorie des projections au moyen des formules de la trigonométrie plane, mais dont il est indispensable ici de ne considérer que la définition analytique.

Voici cette définition :

y désignant un *nombre* variable, les fonctions sin *y*,

$\cos y$, $\tan g\, y$ sont définies par les séries convergentes suivantes

$$\sin y = y - \frac{y^3}{1.2.3} + \frac{y^5}{1.2.3.4.5} - \frac{y^6}{1.2.3.4.5.6} \cdots + (-1)^n \frac{y^{2n+1}}{1.2.3.4\ldots(2n+1)} + \cdots$$

$$\cos y = 1 - \frac{y^2}{1.2} + \frac{y^4}{1\,2.3.4} \cdots + (-1)^n \frac{y^{2n}}{1.2.3.4.5\ldots(2n)} + \cdots$$

$$\tan g\, y = \frac{\cos y}{\sin y}$$

or on peut démontrer :

1° Que ces fonctions jouissent des *propriétés* suivantes

$$\sin (y + h) = \sin y \cos h + \sin h \cos y$$
$$\cos (y + h) = \cos y \cos h - \sin h \sin y$$
$$\sin^2 y + \cos^2 y = 1$$

2° La fonction $\cos y$ s'annule pour une *première* valeur positive que nous appellerons $\frac{\pi}{2}$, le nombre π ainsi défini peut être calculé par approximations successives et l'on a

$$\sin \left(\frac{\pi}{2} - y\right) = \cos y$$

$$\cos \left(\frac{\pi}{2} - y\right) = \sin y$$

$$\sin (\pi + y) = - \sin y$$

$$\cos (\pi + y) = - \cos y$$

ces deux dernières équations sont des conséquences des formules d'addition d'où découle la *périodicité* des fonctions considérées.

On a en effet

$$\tan g\, (\pi + y) = \tan g\, y$$
$$\sin (2\pi + y) = \sin y$$
$$\cos (2\pi + y) = \cos y$$

ces propriétés si importantes, masquées dans la définition primitive par séries, sont intimement liées aux formules d'addition et à la définition de π

$$\cos\left(\frac{\pi}{2}\right) = 0 \quad \left| \quad \frac{\pi}{2} \text{ étant d'ailleurs la plus petite racine en valeur absolue de l'équation : } \cos x = o. \right.$$

Nous supposerons que l'unité d'angle soit définie par la condition que l'angle droit soit mesuré par le nombre $\frac{\pi}{2}$

Le nombre π mesure alors dans ce système d'unités une demi-révolution et le nombre 2π mesure une révolution complète.

C'est dans ce système d'unités qu'il faut concevoir exprimé l'angle $\Pi(x)$ qui a reçu le nom d'angle de parallélisme.

A la détermination de la fonction $\Pi(x)$ indiquée plus haut, Lobatchewsky a rattaché la trigonométrie plane non euclidienne et la trigonométrie sphérique qui, *fait bien digne de remarque,* coïncide avec la trigonométrie sphérique euclidienne.

Voici de ce fait, déjà signalé plus haut, une raison simple et générale : la formule

$$\operatorname{tang} \frac{1}{2}\Pi(x) = e^{-\frac{x}{k}}$$

montre que lorsque x tend vers zéro l'angle de parallélisme $\Pi(x)$ tend vers $\frac{\pi}{2}$, c'est-à-dire un angle droit ; ainsi dans la géométrie de Lobatchewsky si $\Pi(x)$ n'est pas constant et égal à un droit comme dans la géométrie d'Euclide, du moins $\Pi(x)$ diffère, pour x petit, très peu d'un angle droit.

En d'autres termes, pour des figures tracées à l'intérieur d'une sphère de petit rayon ε, les relations trigonométriques seront sensiblement les mêmes dans les deux géométries, ou encore, si on considère ε comme une variable infiniment petite, l'assimilation des deux trigonométries dans le domaine considéré n'entraîne que des erreurs de l'ordre de ε^2.

Or je dis que pour les figures tracées sur une même sphère les erreurs considérées, qui sont du second ordre au plus, seront rigoureusement nulles.

En effet, les éléments des triangles sphériques sont en réalité des éléments de trièdres (faces ou dièdres), mais dans la définition de ces derniers la grandeur du rayon ε n'intervient pas. Donc les erreurs supposées sont rigoureusement nulles.

Je ne retiendrai de l'œuvre de Lobatchewsky que cette seule remarque, car je me propose de donner aux géométries non euclidiennes une base nouvelle et plus simple dans la *statique*, c'est-à-dire dans la théorie de l'équivalence des systèmes de vecteurs.

Sans doute, la composition et la réduction des forces dans un espace, ne seront pas, *dans tous leurs détails*, identiques dans les deux géométries.

Mais, contrairement à ce qu'on pouvait croire au premier abord, il y a une statique qui dans ses *traits essentiels* est commune aux deux géométries; un exemple peut nous le faire de suite pressentir. La composition des forces concourantes s'interprète commodément dans l'espace euclidien par la règle dite du parallélogramme des forces.

Mais il faut bien se garder de conclure de là que la composition des forces concourantes soit dans la dépendance du postulatum d'Euclide.

Si l'on considère, par exemple, deux forces concourantes F et F', elles admettront, comme nous le verrons, une résultante R, située dans leur angle et déterminée dans les deux géométries par la relation suivante :

$$\frac{F}{\sin(\widehat{R,F'})} = \frac{F'}{\sin(\widehat{R,F})} = \frac{R}{\sin(\widehat{F,F'})}$$

où $\widehat{RF'}$, $\widehat{R,F}$ $\widehat{FF'}$ désignant les 3 angles des 3 forces considérées deux à deux.

Nous représentons les forces par des vecteurs comme il est commode de le faire dans tout dessin, mais il faudra nous interdire, du moins, de faire jouer aucun rôle aux extrémités des vecteurs représentatifs. Nous parlerons donc des *composantes* d'une force, mais jamais plus des *projections* d'une force.

Cette précaution prise, nous reconnaîtrons aisément que la statique domine les deux géométries et qu'elle fournit le moyen le plus simple pour établir les formules des trigonométries non euclidiennes.

Quant à ce fait que la trigonométrie sphérique est commune aux deux géométries, il correspond à ce fait statique que la loi de composition des forces concourantes est commune aux deux géométries.

Nous verrons aussi que le rôle du théorème du travail virtuel est encore le même dans les deux géométries.

II. — *La statique générale.*

Composition des forces concourantes. Systèmes de forces équivalentes.

RÉSULTANTE DE PLUSIEURS FORCES APPLIQUÉES EN UN MÊME POINT.

Il faut entendre par *force* un vecteur ayant *un point d'application* ou une origine donnée, une droite d'action donnée, un *sens* déterminé sur cette ligne d'action, et une *intensité* déterminée; on représente habituellement une force par un segment.

Ceci posé, la considération de plusieurs forces simultanées conduit d'abord à la question suivante :

Existe-t-il à l'égard des forces qui ont même point d'application une opération que je désignerai provisoirement par le symbole $\dot{+}$, jouissant des propriétés suivantes :

Soient A, B, C, D... plusieurs forces.

1° L'opération

$$A \dot{+} B$$

est bien déterminée;

c'est-à-dire qu'elle *définit sans aucune ambiguité* une force

$$A_1$$

ce qu'on exprimera par *l'égalité*

$$A \dot{+} B = A_1$$

Si les forces A, B, C, D sont envisagées dans l'ordre énoncé, on répétera plusieurs fois l'opération précédente et si l'on pose :

$$A \dot{+} B = A_1$$
$$A_1 \dot{+} C = A_2$$
$$A_2 \dot{+} D = A_3$$

on *conviendra* d'écrire *abréviativement* :

$$A \dot{+} B \dot{+} C \dot{+} D = A_3$$

A_3 s'appellera *la résultante* des forces A, B, C, D.

Cette expression ne cessera d'être purement verbale que si l'on impose des propriétés nouvelles à l'opération considérée.

2° On veut que l'opération considérée soit *commutative*, c'est-à-dire que l'on aura

$$A \dot{+} B = B \dot{+} A$$

3° On veut que l'opération soit associative, c'est-à-dire que

$$A \dot{+} (B \dot{+} C) = A \dot{+} B \dot{+} C$$

4° On veut que pour deux forces qui ayant déjà même point d'application et ont en outre même ligne d'action, l'opération $\dot{+}$ se réduise à l'addition algébrique des segments d'une même droite.

5° Si deux forces se détruisent, c'est qu'elles sont égales et contraires sur la même ligne d'action.

6° De plus, l'opération de composition doit être continue, c'est-à-dire que si ε désigne une force variable ayant même point d'application que la force donnée A; la force A $+$ ε aura pour limite en intensité et direction la force A lorsque l'intensité de ε tend vers zéro.

On va voir que ces conditions vont déterminer complètement l'opération considérée.

7° Enfin la composition doit être *invariante,* c'est-à-dire indépendante de la position du système des composantes par rapport à l'espace environnant.

— Les deux premières conditions montrent aisément que si les vecteurs composants deviennent multipliés par un même nombre entier m, le vecteur résultant sera multiplié par ce même nombre entier m.

De là résulte que si une force R est la résultante de deux autres forces perpendiculaires entre elles X et Y et si α et $\beta = \frac{\pi}{2} - \alpha$ sont les angles de R avec X et Y on peut poser

$$X = R\, g\,(\alpha)$$
$$Y = R\, h\,(\alpha)$$

La septième propriété de la composition montre que la fonction (α) est une fonction impaire de α et $g\,(\alpha)$ une fonction impaire et que

$$g\,(\alpha) = h\left(\frac{\pi}{2} - \alpha\right).$$

$$g\left(\frac{\pi}{2} - \alpha\right) = h\,(\alpha)$$

En décomposant la force R en deux autres rectangulaires

reproduisant le système primitif qui aurait tourné d'un angle θ, on est conduit aux relations fonctionnelles

$$g(\alpha - \theta) = g(\alpha)g(\theta) + h(\alpha)h(\theta)$$
$$h(\alpha - \theta) = h(\alpha)g(\theta) - h(\theta)g(\alpha)$$

on a, d'ailleurs

$$g(o) = 1 \qquad g\left(\frac{\pi}{2}\right) = 0$$

Pour achever la détermination des fonctions g et h, nous aurons recours à la considération de deux forces égales formant un angle $2x$ variable.

Considérons une force 1 ayant pour composantes sur deux axes rectangulaires $g(\alpha)$ et $h(\alpha)$.

Puis considérons une force 1, symétrique de la première par rapport à la bissectrice de l'angle des deux axes.

Puis considérons les systèmes des deux forces d'intensité 1 qui viennent d'être définis séparément; si la résultante de deux forces égales F faisant entre elles l'angle $2x$ est désigné par $2\,F\,\varphi(x)$ le système des deux forces considérées aura pour résultante une force dont l'intensité sera :

$$2\left[g(\alpha) + h(\alpha)\right]\varphi\left(\frac{\pi}{4}\right)$$

mais en groupant les forces autrement, on trouve que cette résultante est aussi

$$2g\left(\frac{\pi}{4} - \alpha\right)$$

d'où cette nouvelle relation

$$(1) \qquad \left[g(\alpha) + h(\alpha)\right]\varphi\left(\frac{\pi}{4}\right) \, \varphi\left(\frac{\pi}{4} - \alpha\right) = \varphi\left(\frac{\pi}{4} - \alpha\right)$$

Nous en tirerons les fonctions g et h quand nous connaîtrons la fonction φ qui coïncide avec g.

Or, en composant dans deux ordres différents le système de 4 forces d'intensité, 1 dont deux font entre elles l'angle $2x$, et les deux autres, admettant la même bissectrice que la première, font entre elles l'angle $2x + 4y$, on obtient immédiatement l'équation fonctionnelle :

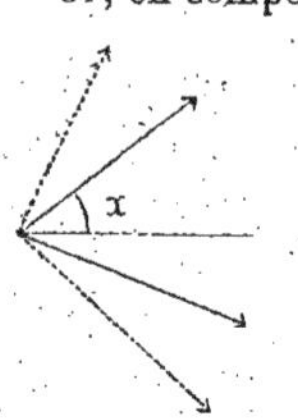

$$\varphi(x) + \varphi(x + 2y) = 2\varphi(y)\,\varphi(x + y)$$

que l'on ramène par un changement de variable à la forme

$$(2) \qquad \varphi(x + y) + \varphi(x - y) = 2\varphi(x)\,\varphi(y)$$

On a d'ailleurs

$$(3) \qquad \begin{cases} \varphi(0) = 1 \\ \varphi\left(\dfrac{\pi}{2}\right) = 1 \end{cases}$$

La relation (2), vérifiée par la fonction $\cos x$ jointe aux conditions terminales, montre que, *si l'on suppose $\varphi(x) > 0$*, on aura

$$\varphi(x) = \cos x$$

pour toutes les valeurs de x commensurables de la forme

$$\frac{K}{2^n}\,\pi \qquad (K, n \text{ entiers})$$

La continuité de $\varphi(x)$ étend alors la relation

$$\varphi(x) = \cos x$$

à toutes les valeurs de x.

La relation (1) donne alors :

$$g(\alpha) + h(\alpha) = \cos \alpha + \sin \alpha$$

Donc, d'après une remarque faite sur la *parité* des fonctions g et h

$$(4) \quad \begin{cases} g(\alpha) = \cos \alpha \\ h(\alpha) = \sin \alpha \end{cases}$$

Les formules que nous obtenons ainsi

$$X = R \cos \alpha$$
$$Y = R \sin \alpha$$

montrent que la *composition* des forces qui devait jouir des propriétés définies plus haut est effectivement *réalisable et d'une seule manière, du moins dans le plan.*

Nous allons maintenant aller plus loin :

— *Équivalence de deux systèmes de forces.*

Nous regardons comme en équilibre ou équivalent à zéro, tout système de forces formé de paires de forces ayant même intensité, même ligne d'action, et des sens contraires, *quels que soient sur leur commune ligne d'action* leurs points d'application.

Deux systèmes de forces S et S′ sont équivalents s'il est possible par l'introduction ou la suppression de plusieurs paires de forces équivalentes à zéro et par des décompositions et recompositions de forces CONCOURANTES de passer du système S au système S′.

A la définition précédente équivaut évidemment la suivante :

Deux systèmes S et S′ sont équivalents si par des adjonctions de groupes de forces en équilibre sur un même point (constant pour chaque groupe) et par des suppressions de groupes du même genre, le système devient *équivalent à zéro*.

De cette définition il résulte d'ailleurs que deux systèmes équivalents à un troisième sont équivalents entre eux.

— *Étude des forces concourantes non situées dans un même plan.*

Si la composition des forces concourantes est possible, la décomposition d'une *force donnée* en trois dirigées suivant les arêtes d'un trièdre donné n'est possible que d'une seule manière.

Si, en particulier, on considère un trièdre trirectangle, on exprimera les composantes d'une force R dont la direction issue de O a pour coordonnées sphériques l'angle θ de R avec l'axe OZ et l'angle azimutal φ se rapportant au plan ZOX pris pour origine des azimuts; les composantes de la force R seront

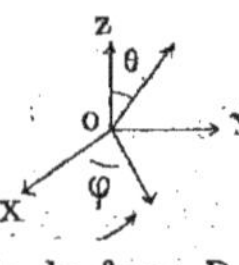

$$X = R \sin \theta \cos \varphi$$
$$Y = R \sin \theta \sin \varphi$$
$$Z = R \cos \theta$$

En envisageant deux trièdres trirectangles ayant un axe *ox′*, *ox* commun et appliquant les compositions planes dans le plan *zoy*, *z′oy′* commun, on trouvera sans difficulté les relations fondamentales de la trigonométrie sphérique.

De plus, on verra ainsi que les composantes X, Y, Z peuvent encore s'exprimer ainsi :

$$X = R \cos \left(R, \hat{x}\right)$$
$$Y = R \cos \left(R, \hat{y}\right)$$
$$Z = R \cos \left(R, z\right)$$

— *Étude des forces perpendiculaires à une même droite par la notion des systèmes équivalents.*

Voici une marche imitée de celle que nous avons suivie pour les forces concourantes d'un plan.

Nous envisagerons d'abord l'ensemble de deux forces égales, F perpendiculaires à une même droite D, de même sens, et appliquées en deux points M et M′ de D distants de 2 p.

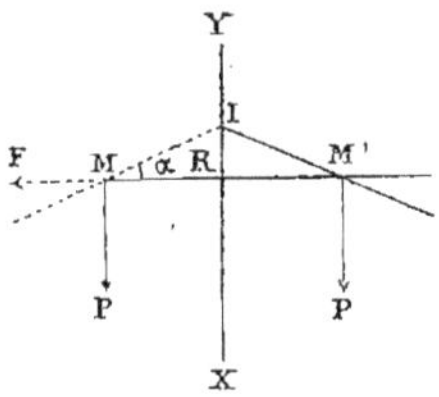

On voit sans peine que les deux forces doivent avoir une résultante perpendiculaire à la même droite, et passant par le milieu de MM′, désignons cette résultante par :

$$2 \, P \, \Psi \, (p)$$

ajoutons en M et M′ deux forces égales et contraires F, ayant MM′ pour ligne d'action ; les forces appliquées en M,

$$P_M \text{ et } F_M$$

auront une résultante R faisant avec F un angle α et l'on aura puisque P et F sont rectangulaires

$$\frac{F}{\cos \alpha} = \frac{P}{\sin \alpha} = R$$

les deux forces R appliquées en M et M′ auront pour résultante $2\,R\cos\beta$, β étant l'angle sous lequel R coupe la perpendiculaire XY menée au milieu de MM'

On aura donc

$$(4) \qquad 2\,P\,\Psi\,(p) = 2\,R\cos\beta = \frac{2\,P\cos\beta}{\sin\alpha}$$

en faisant varier α on peut faire reculer le point I à l'infini sur XY'. Or en considérant deux paires de forces perpendiculaires à MM' dont chacune est formée de deux forces symétriques par rapport à XY on trouve aisément que la fonction φ satisfait à l'équation déjà rencontrée

$$\Psi\,(x+y) + \Psi\,(x-y) = 2\,\Psi\,(x)\,\Psi\,(y)$$

et l'on a encore

$$\Psi\,(o) = 1$$

et d'ailleurs

$$\Psi\,(y) > o$$

Dans la géométrie de Lobatchewsky on déduit de (4)

$$\Psi\,(p) = \frac{1}{\sin \Pi\,(p)}$$

on aura donc ici

$$\Psi\,(x) > 1$$

On pourrait aussi envisager l'hypothèse

$$\Psi\,(x) < 1$$

on en déduirait :

$$\Psi\,(x) = \cos\frac{x}{\Pi} ;$$

---

1. Ceci ne s'applique qu'à la géométrie de Lobatcheswky.

On tomberait alors sur la géométrie de Riemann où les droites d'un plan sont analogues aux grands cercles d'une sphère.

Cette géométrie a en commun avec les géométries d'Euclide et de Lobatchewsky la définition de la droite : *comme ensemble des points d'un solide invariable qui demeurent immobiles lorsque deux points du corps sont fixes.*

Ce résultat est conforme à celui obtenu par Lobatchewsky car la formule (4) donne $\alpha = 0$ $\beta = \dfrac{\pi}{2}$, puis elle donne $\beta = 0$ pour $\sin \alpha = \psi(P)$.

On sait d'ailleurs que dans la géométrie de Lobatchewsky lorsque I s'éloigne indéfiniment, β tend vers zéro quand α tend vers $\Pi(p)$; or, nous avons dit plus haut que Lobatchewsky avait trouvé

$$tg \frac{1}{2} \Pi(p) = e^{-\frac{p}{k}}$$

la formule (4) donnerait alors

$$\psi(p) = \frac{1}{\sin \Pi(p)}$$

or

$$\sin \Pi(p) = \frac{2\,tg\,\frac{1}{2}\,\Pi(p)}{1 + tg^2\,\frac{1}{2}\,\Pi(p)}$$

donc

$$\Psi(p) = \frac{1 + e^{-\frac{p}{k}}}{2\,e^{-\frac{p}{2k}}} = \frac{e^{\frac{p}{k}} + e^{-\frac{p}{k}}}{2} = ch\,\frac{p}{k}$$

ce qui est conforme au résultat de l'équation de Poisson.

Ainsi, quand on admet l'existence logique de groupes de vecteurs équivalents, on retombe sur les formules de

Lobatchewsky ou sur celles de Riemann suivant que $\Psi(p) < 1$ ou que $\Psi(p) > 1$. D'autre part, l'existence de tels groupes est assurée; car on sait que les *vitesses* de rotations possibles sont des vecteurs pour lesquels il existe des modes d'équivalence ou que la composition de ces vecteurs est indépendante des postulatums d'Euclide.

Théorème du travail virtuel. Lorsqu'un corps rigide reçoit un certain déplacement infiniment petit (lequel peut toujours résulter de rotations infiniment petites), on appelle travail virtuel d'une force F le produit

$$F \, \delta s \cos \left(\widehat{F, \delta s} \right)$$

δs étant le déplacement du point d'application de la force.

Avant d'étudier les propriétés de cette expression achevons l'étude de la composition des forces perpendiculaires à une même droite et agissant d'un même côté de cette droite.

Les résultats déjà obtenus nous montrent que si sur *les éléments* d'une droite $2\,a$ agissent perpendiculairement des forces proportionnelles aux longueurs des éléments la résultante passera par le milieu de la droite et sera proportionnelle à

$$2 \, sh \frac{a}{k} = 2 \, \frac{e^{\frac{a}{k}} - e^{-\frac{a}{k}}}{2}$$

car l'on a :

$$\int_0^a ch \frac{x}{k} \, dx = k \, sh \frac{a}{k}$$

de là on conclut que la résultante R de deux forces P et Q perpendiculaires de même sens sur une même droite MM' en ses extrémités partage le segment MM' en deux parties x et y telles que l'on aura

$$\frac{P}{sh\,\frac{y}{k}} = \frac{Q}{sh\,\frac{x}{k}} = \frac{R}{sh\,\frac{(x+y)}{k}}$$

et par conséquent aussi :

$$R = P\,ch\,\frac{x}{k} + Q\,ch\,\frac{y}{k}$$

puisque $sh\,(a+b) = sh\,a\,ch\,b + sh\,b\,ch\,a$.

Remarque. — Si un *déplacement ds* est la *résultante* de plusieurs déplacements ds_1, ds_2 émanant de M, et envisagés isolément, le travail virtuel d'une force P relatif au déplacement *ds* est la somme des travaux virtuels relatifs aux déplacements ds_1, ds_2.....

Or, la géométrie de Lobatchewsky se confondant avec la géométrie d'Euclide dans un domaine infiniment petit, comme on l'a expliqué plus haut, les *vitesses* virtuelles autour d'un point se composeront comme dans la cinématique usuelle. Il résulte aussi de la composition des forces concourantes que le travail de la résultante de plusieurs forces relatif à un déplacement donné est la somme des travaux des composantes relatifs au même déplacement.

Quand un corps rigide reçoit un déplacement infiniment petit, la somme des travaux virtuels d'une paire de forces équivalente à zéro l'est aussi.

Théorème.

En effet, on peut réaliser le déplacement du solide en déplaçant une droite du corps (sans spécification des points de cette droite), puis en donnant au corps une rotation et un glissement le long de cette droite.

Considérons donc une paire de forces égales et contraires appliquées suivant une droite aux points A et B de cette droite.

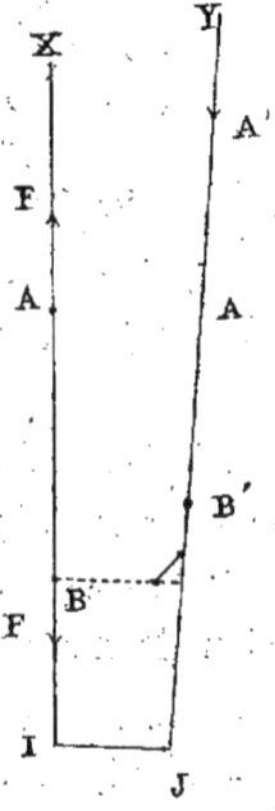

Soient A′B′ la nouvelle position de AB, IJ la plus courte distance de AB et de A′B′[1].

On peut amener la droite IX à la position infiniment voisine JY en donnant au corps 1° une translation non euclidienne d'axe IJ, puis 2° une rotation autour de IJ.

Aucun des deux déplacements correspondants de A et de B ne donne de travail du 1er ordre aux forces F_A et F_B qui sont normales aux trajectoires des points A et B dans les deux déplacements correspondants.

Les forces F_A et F_B ne travailleront chacune que dans le glissement axial de la droite JY, mais la somme de leurs travaux ici sera nulle; la remarque faite plus haut achève la démonstration.

Théorème. La condition nécessaire et suffisante pour que plusieurs forces se fassent équilibre sur un corps rigide est que

1. IJ est la perpendiculaire commune de AB et A′B′; dans la géométrie de Riemann ce serait la plus *grande* distance des droites AB et A′B′. Le texte et la figure se rapportent à la géométrie de Lobatchewsky.

pour tout déplacement infiniment petit du solide, la somme des travaux virtuels des forces données soit égale à zéro.

1° La condition est nécessaire d'après le théorème précédent.

2° Pour démontrer que la condition est suffisante, je vais appliquer, avec les variantes convenables, la méthode de réduction de Poinsot, à la statique non euclidienne.

Je prendrai pour point de départ la composition et la décomposition des forces perpendiculaires à une même droite.

Toute force F perpendiculaire à AB peut être décomposée en deux F′ et F″ de même espèce appliqués en des points donnés, et si x et y sont les distances de ces points au point c, on a comme on l'a vu, en désignant toujours par k le mètre de Lobatchewsky [1]

$$\frac{F'}{sh.\frac{y}{k}} = \frac{F''}{sh.\frac{x}{k}} = \frac{F}{sh.\frac{(x+y)}{k}}$$

$x < o$ correspond au cas où les deux points A et B sont d'un même côté de C.

Voici encore une remarque qui nous sera utile.

Deux forces P et Q perpendiculaires à AB et de sens contraire peuvent toujours se remplacer par une force passant par le milieu O de la distance de leurs points d'application et par un couple de centre O; en effet, appliquons en O deux forces R et — R perpendiculaires à AB.

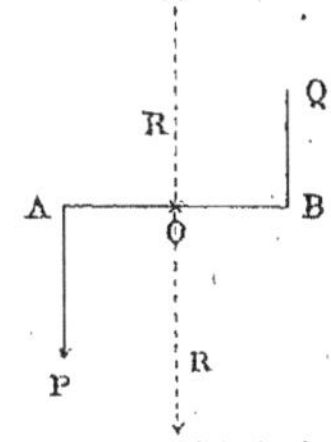

1. Dans la géométrie de Riemann le même raisonnement serait valable, sauf à remplacer la fonction $sh.\frac{x}{k}$ par la fonction $sin.\frac{\pi}{2}\frac{x}{k}$, K étant le mètre de Riemann.

Nous décomposerons la force — R en deux forces
égales

$$-\frac{R}{2\,ch\,\frac{Ao}{k}}$$

perpendiculaires à AB et appliquées aux points A et B, ces
dernières forces formeront avec P et Q un couple de centre
O si l'on a

$$P-\frac{R}{2\,ch.\,\frac{Ao}{k}}=Q+\frac{R}{2\,ch.\,\frac{Ao}{k}}$$

c'est-à-dire

$$R=2\,(P-Q)\,ch\,\frac{Ao}{k}$$

Si les forces P et Q étaient de même sens on aurait
trouvé

$$R=2\,(P+Q)\,ch\,\frac{Ao}{k}$$

Ceci posé, soit F une des forces du système et O un point
fixe, traçons une sphère ayant par
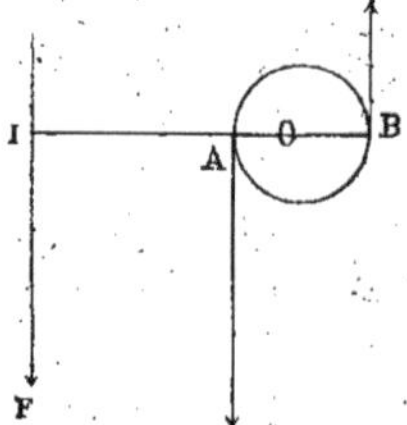
contre le point O et un rayon arbi-
traire. Dans le plan (F, O) abaissons
de O une perpendiculaire OI sur la
ligne d'action de la force F, soient A
et B les points où OI coupe la sphère
considérée, nous remplacerons la force
F par une force passant par O et par
un couple de centre O et de bras de levier AB.
Tous les couples de même centre se composent par leurs
axes comme en statique euclidienne, le lecteur s'en assu-

rera bien facilement ; on voit donc que le système des forces est équivalent à un couple de centre O et à une force unique passant par O.

C'est-à-dire qu'on passe du système proposé au nouveau par des adjonctions ou suppressions de paires de forces équivalentes à zéro et par des décompositions ou recompositions de forces *concourantes,* toutes opérations qui, nous le savons, n'altèrent pas la somme des travaux virtuels.

Or si on donne comme déplacement une rotation ayant pour axe, l'axe du couple résultant, on voit immédiatement que la somme des travaux virtuels ne peut être nulle que si ce couple est nul, en donnant ensuite au corps rigide une *translation axiale* dirigée suivant la direction de la résultante présumée qui passe par O, on voit que si la somme des travaux virtuels est égale à zéro pour ce déplacement la résultante présumée doit être nulle. C. Q. F. D.

Corollaire important. — Voici un théorème général de statique qui résulte du théorème précédent.

Si une pression uniforme se répartit normalement sur les divers éléments d'une surface fermée, rigide, les diverses forces élémentaires constituent un groupe de forces en équilibre.

Le travail de la pression $pd\sigma$ exercée sur l'élément $d\sigma$ a pour partie principale le produit :

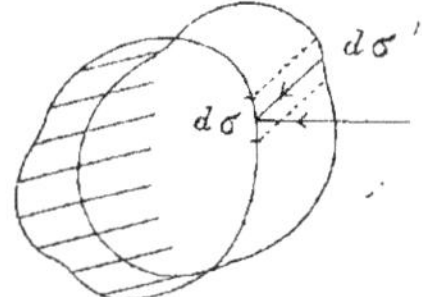

$$- p\,\mathrm{E}$$

E désignant le volume décrit par le déplacement de l'élément de surface rigide $d\sigma$.

La somme de ces travaux sera donc (puisque $p =$ constante)

$$- p\,dv$$

dv désignant l'accroissement de volume du corps, mais le corps étant rigide on aura $dv = o$, donc les forces considérées sont en équilibre.

Remarque. — La proposition précédente s'applique évidemment aux pressions uniformément réparties sur le périmètre d'une courbe fermée plane.

Moment d'un couple.

Revenons à la réduction de Poinsot et d'abord considérons un couple P_A, P_B de centre O, la décomposition des forces perpendiculaires à une même droite montre que ce couple peut être équivalent à un autre couple : $Q_{A'}$, $Q_{B'}$: et si x et x' sont les deux demi-bras de levier de ces couples, de même centre : l'on aura :

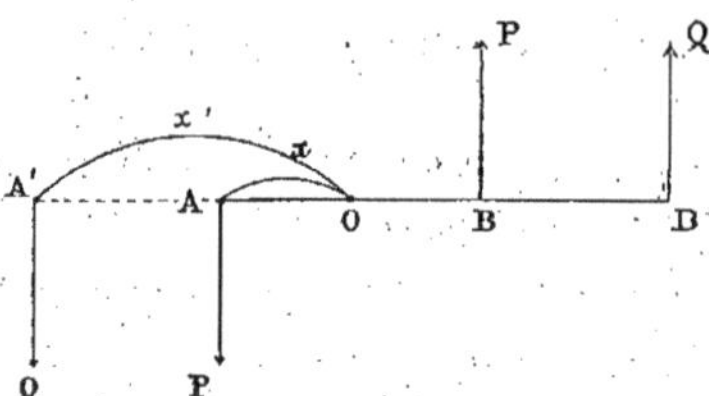

$$P \, sh \, \frac{x}{k} = Q \, sh \, \frac{x'}{k} = \text{une quantité proportionnelle au } moment \; du \; couple.$$

Conséquences géométriques.

Un arc de cercle de rayon x et d'angle au centre α peut être représenté par

$$\alpha \, \varphi \, (x)$$

Le théorème du travail virtuel détermine la fonction $\varphi(x)$.

Car pour une même rotation infiniment petite $d\alpha$ décrite autour de O les travaux virtuels des deux couples sont

$$2\,\mathrm{P}\,d\alpha\,\varphi\,'x) \quad\text{et}\quad 2\,\mathrm{P}'\,d\alpha\,\varphi\,(x')$$

comme ces produits sont égaux on conclut de là

$$\varphi(x) = \lambda\,sh\,\frac{x}{k}$$

λ étant une longueur constante.

Soit I la projection d'un point O sur la ligne d'action d'une force F; soit A un point quelconque de cette ligne.

Considérons une rotation infiniment petite θ exécutée autour d'un axe mené par O perpendiculairement au plan de la figure.

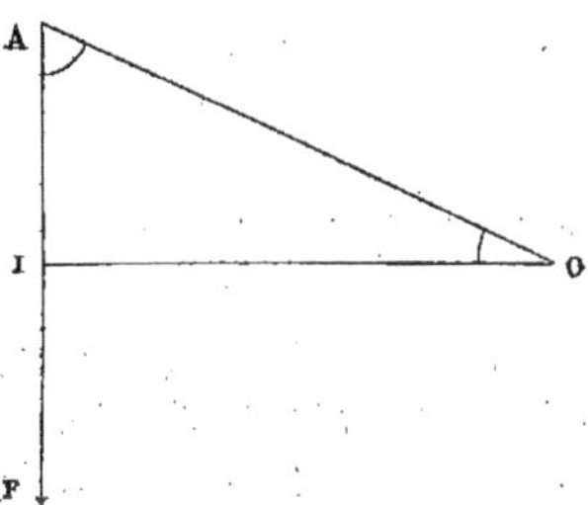

Les deux travaux virtuels de la force F envisagée comme appliquée soit en I soit en A serait :

$$\mathrm{F}\times\theta\,\lambda\,sh\left(\frac{\mathrm{OI}}{k}\right),$$

et

$$\mathrm{F}\times\theta\times\sin\hat{\mathrm{A}}\times\lambda\,sh\left(\frac{\mathrm{OA}}{k}\right);$$

En les égalant on obtiendra la relation fondamentale des triangles rectangles de Lobatchewsky :

$$sh\,\frac{\mathrm{OI}}{k} = sh\,\frac{\mathrm{OA}}{k}\cdot\sin\hat{\mathrm{A}}.$$

La détermination de la constante λ définie plus haut va résulter de l'application du théorème de l'équilibre des pressions sur une courbe fermée, nous prendrons comme courbe fermée un demi-cercle et son diamètre de fermeture.

La résultante des pressions sur demi-cercle est

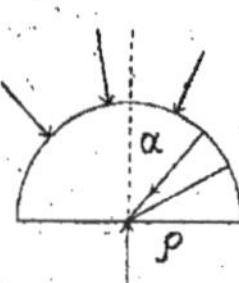

$$2\,p \int_{0}^{\frac{\pi}{2}} \lambda\, sh\, \frac{\rho}{k}\, d\alpha\, \cos\alpha$$

et la résultante des pressions sur le diamètre est

$$2\,p\, sh\, \frac{\rho}{k}\, k$$

en les égalant on trouve $\lambda = k$.

Le théorème des moments. Soit F une force appliquée en A et XX un axe ; soit φ la composante de F estimée dans le plan mené de A

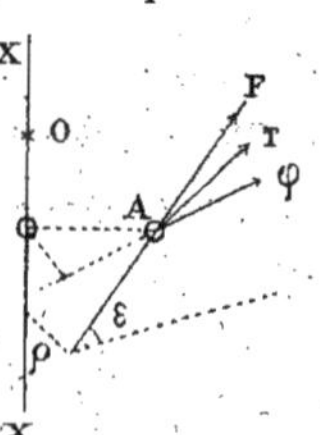

perpendiculairement à XX et soit T la tangente à la circonférence que A décrit quand le corps rigide tourne autour de XX, soit T la composante de φ ou de F suivant T, le travail virtuel de F pour une rotation infiniment petite Θ autour de XX, aura pour mesure $kT\Theta\, sh\, \frac{r}{k}$ r désignant la distance du point A à XX ; le produit $kT\, sh\, \frac{r}{k}$ se nomme le moment de la force F par rapport à l'axe XX.

Si on effectue la réduction de Poinsot dont il a été question plus haut, relativement à un point O de l'axe XX, le couple résultant relatif à cette décomposition, peut être décomposée en un couple d'axe XX et un couple perpendiculaire, le moment du premier couple est précisément le moment de F par rapport à XX.

Les moments jouent donc un rôle identique dans les trois géométries.

Enfin pour terminer ces aperçus j'indiquerai encore deux démonstrations statiques de formules importantes pour la géométrie de Lobatchewsky.

1° Soient dans un plan P, AX et BY deux droites perpendiculaires à AB et soit BM $= u$, soit M' le point symétrique de M par rapport à AB, aux points M et M', appliquons deux forces égales à 1 perpendiculaires au plan P d'un même côté et égales, ces deux forces auront pour résultante la force $2\,\mathrm{ch}\,\dfrac{u}{k}$ appliquée en B.

Prenons les moments de ces forces par rapport à AX et soient ρ_0 la distance BA et ρ la distance MI du point M à AX, la somme des moments des composantes sera :

$$2\,\mathrm{sh}\,\frac{\rho}{k}$$

et le moment de la résultante est :

$$2\,\mathrm{ch}\,\frac{u}{k}\,\mathrm{sh}\,\frac{\rho_0}{k}$$

on aura donc :

$$\mathrm{sh}\,\frac{\rho}{k} = \mathrm{ch}\,\frac{u}{k}\,\mathrm{sh}\,\frac{\rho_0}{k}$$

2° Considérons le tronc de cône engendré par la droite BM tournant autour de AX; la résultante des pressions

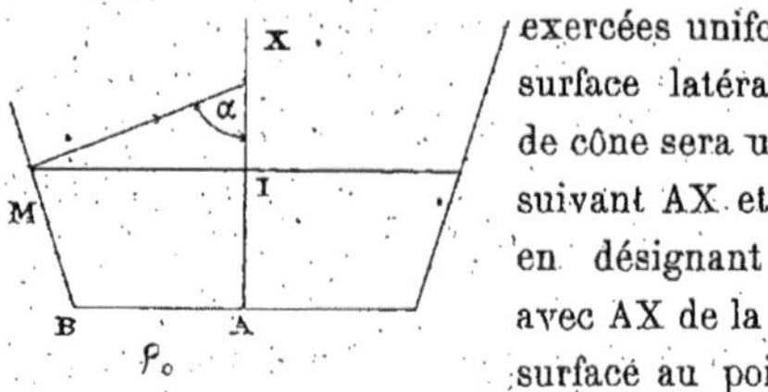

exercées uniformément sur la surface latérale de ce tronc de cône sera une force dirigée suivant AX et dont la valeur, en désignant par α l'angle avec AX de la normale à cette surface au point M variable, et par ρ la distance MI de M à Ax, sera l'intégrale

$$p \times 2\,\pi\,k \int_0^u du\,\mathrm{sh}\,\frac{\rho}{k}\,\cos\alpha \qquad (p = \text{pression par unité de surface})$$

D'après un théorème précédent, cette force doit être égale à la différence des pressions aisément calculables exercées sur les deux bases du tronc :

$$p \times \pi k^2\,\mathrm{sh}^2\,\frac{\rho}{k}, \qquad\qquad \text{et } p \times \pi k^2\,\mathrm{sh}^2\,\frac{\rho_0}{k}$$

exercées sur les bases du tronc de cône, on aura donc :

$$p\,2\pi k \int_0^u du\,\mathrm{sh}\,\frac{\rho}{k}\,\cos\alpha = \quad p\,\pi k^2\left(\mathrm{sh}^2\,\frac{\rho}{k} - \mathrm{sh}^2\,\frac{\rho_0}{k}\right)$$

ou, sous forme différentielle :

$$du\,\mathrm{sh}\,\frac{\rho}{k}\,\cos\alpha = \mathrm{sh}\,\frac{\rho}{k}\,\mathrm{ch}\,\frac{\rho}{k}\,d\rho$$

d'ailleurs, en différentiant la relation précédemment obtenue :

$$\operatorname{sh}\frac{\rho}{k} = \operatorname{sh}\frac{\rho_0}{k}\operatorname{ch}\frac{u}{k}$$

on obtient :

$$du\,\operatorname{sh}\frac{\rho_0}{k}\operatorname{sh}\frac{u}{k} = \operatorname{ch}\frac{\rho}{k}\,d\rho$$

En divisant membre à membre les relations différentielles obtenues, on obtient la relation très simple :

$$sh\frac{\rho_0}{k}\,sh\frac{u}{k} = \cos\alpha$$

Ces exemples suffisent à montrer l'importance de la théorie statique des vecteurs pour l'étude des relations métriques dans la géométrie d'Euclide ou dans les géométries de Lobatchewsky et de Riemann.

III. — *Différentes formes mécaniques du postulatum d'Euclide.*

Voici d'abord deux formes du postulatum d'Euclide qui résultent immédiatement de la statique non euclidienne.

1° Deux forces d'un plan perpendiculaire à une même droite et d'un même côté de celle-ci ont une résultante égale à leur somme : cette proposition équivaut au postulatum d'Euclide.

2° Si dans un espace, des forces perpendiculaires aux côtés d'un triangle QUELCONQUE proportionnelles *aux longueurs* de ces côtés et appliquées aux milieux de ces côtés se font équilibre, l'espace considéré est Euclidien.

Voici une proposition plus inattendue :

Dans l'espace de Lobatchewsky ou dans celui de Riemann ne saurait exister la plus simple de nos machines simples, celle que l'on appelle un *fil parfaitement flexible qui transmet sous la forme rectiligne une tension constante sans transmettre de moment*.

En effet concevons 2 barres AB et CD placées toutes deux

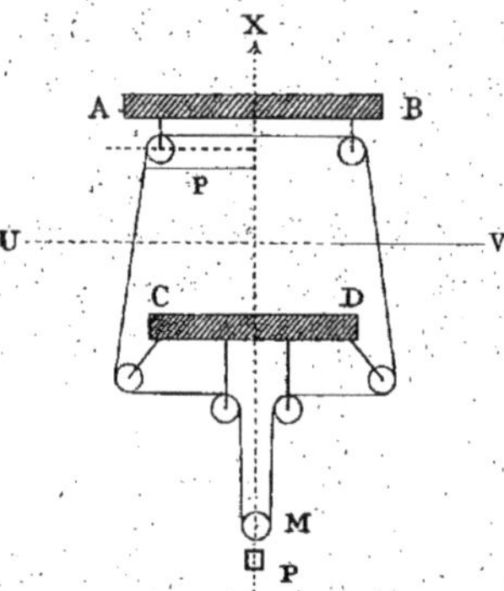

perpendiculairement à une même droite XY, la barre AB porte deux poulies symétriques par rapport à XY, la barre CD porte quatre poulies deux à deux symétriques par rapport à XY.

Un fil sans fin s'enroule sur les premières poulies puis sur les quatre autres et sur une cinquième poulie M dont le centre est sur l'axe XY; appliquons à la poulie M une force P agissant suivant la droite XY, le fil va se tendre et le système considéré va prendre une certaine position d'équilibre; supposons pour un moment que le fil sans raideur, ait une tension constante T, et soit F la force qui soutiendrait tout le système à la partie supérieure.

On peut toujours régler les dimensions des pièces de manière que le fil arrive perpendiculairement sur la ligne des centres des deux poulies supérieures, laquelle ligne des centres a une longueur égale à $2p$; coupons les fils par un plan UV quelconque, l'équilibre de la barre AB s'exprimera par l'équation :

$$F = 2\,T\,ch\,\frac{p}{k}$$

En désignant par $2q$ la plus courte distance perpendiculaire des brins symétriques du fil, avant leur enroulement sur M, l'équilibre de la poulie inférieure s'exprime par l'équation :

$$P = 2\,T\,ch\,\frac{q}{k}$$

Enfin l'équilibre du système total rigidifié s'exprimera par l'équation :

$$P = F$$

On aurait donc :

$$ch\,\frac{p}{k} = ch\,\frac{q}{k}$$

résultat absurde, car on est évidemment maître de la petitesse de q[1].

Donc enfin *les propriétés mécaniques attribuées aux fils flexibles rectilignes* entraînent le postulatum d'Euclide.

— Toute la géométrie de Lobatchewsky comme celle de Riemann pourrait être développée au point de vue statique d'où je me suis placé, mais je crois avoir insisté suffisamment pour que les développements auxquels je fais allusion n'offrent plus de difficulté.

1. Un raisonnement analogue serait valable dans la géométrie de Riemann.

NOTE III

Sur l'impossibilité d'une Composition des stabilités en l'absence d'une fonction des forces.

Soient

$$F \begin{cases} X \\ Y \\ Z \end{cases} \quad \text{et} \quad F' \begin{cases} X' \\ Y' \\ Z' \end{cases}$$

deux forces, fonctions de point qui, agissant séparément sur le même corps, *laissent celui-ci en une même position d'équilibre stable.*

Si les forces F et F' viennent à agir simultanément, leur résultante *laissera le même corps en la même position d'équilibre;* mais peut-on affirmer en général que cet équilibre résultant sera *stable ?*

Non, les stabilités ne sauraient se composer de la sorte, montrons-le par un exemple simple.

J'envisage à cet effet deux formes quadratiques φ et ψ des coordonnées cartésiennes x, y, z du mobile.

Je suppose de plus que chacune de ces formes est définie et négative; je désigne par

$$\alpha, \ \beta, \ \gamma \ ; \ \lambda, \ \mu, \ \nu,$$

six constantes positives dont les trois dernières ne soient

pas proportionnelles aux premières, et je considère les forces F et F′ définies par leurs composantes

$$X = \frac{1}{2}\,\alpha\,\frac{d\varphi}{dx}, \qquad Y = \frac{1}{2}\,\beta\,\frac{d\varphi}{dy}, \qquad Z = \frac{1}{2}\,\gamma\,\frac{d\varphi}{dz}$$

$$X' = \frac{1}{2}\,\lambda\,\frac{d\psi}{dx}, \qquad Y' = \frac{1}{2}\,\mu\,\frac{d\psi}{dy}, \qquad Z' = \frac{1}{2}\,\nu\,\frac{d\psi}{dz}$$

L'équilibre du corps, à l'origine des coordonnées, sous l'action de la première force est stable, car en faisant dans les équations du mouvement les changements de fonctions

$$x \mid x\sqrt{\alpha} \qquad y \mid y\sqrt{\beta} \qquad z \mid z\sqrt{\gamma}$$

on est ramené au cas d'une fonction des forces *maxima* au point $(x = 0,\ y = 0,\ z = 0)$.

Pour une raison analogue le second équilibre est encore stable.

Or je dis qu'il est possible de particulariser les formes f et φ, conformément aux hypothèses déjà faites sur elles, de manière à assurer *l'instabilité* de l'équilibre résultant.

Si, par exemple

$$\alpha\mu - \beta\lambda \gtrless 0$$

je ferai :

$$\varphi = -[ax^2 + 2bxy + cy^2] - dz^2$$
$$(a,\ c,\ d > 0, \qquad b^2 - ac < 0)$$
$$\psi = -[a'x^2 + 2b'xy + c'y^2] - d'z^2$$
$$(a',\ c',\ d' > 0, \qquad b'^2 - a'c' < 0)$$

Les équations différentielles du mouvement *estimé dans le plan des x y* sont :

$$\frac{d^2x}{dt^2} = \alpha\,\frac{d\varphi}{dx} + \lambda\,\frac{d\psi}{dx}$$

$$\frac{d^2x}{dt^2} = \beta\,\frac{d\varphi}{dy} + \mu\,\frac{d\psi}{dy}$$

Ces équations différentielles *linéaires* auront, comme on sait, pour intégrales fondamentales des fonctions de t de la forme

$$x = g\, e^{rt}$$
$$y = h\, e^{rt}$$

g, h, r désignant des constantes et l'équation *caractéristique* en r sera :

$$r^4 + r^2\,(a\alpha + a'\lambda + c\beta + c'\mu) + (a\alpha + a'\lambda)\,(c\beta + c'\mu)$$
$$- (b\alpha + b'\lambda)\,(b\beta + b'\mu) = 0$$

Et la stabilité *exige* que cette équation du second degré en r^2 n'ait que des racines négatives.

Or il est aisé de voir qu'on peut satisfaire à cette équation par des valeurs imaginaires de r^2 ; le discriminant Δ de cette équation est ici :

$$\Delta = (a\alpha + a'\lambda - c\beta - c'\mu)^2 + 4\,(b\alpha + b'\lambda)\,(b\beta + b'\mu)$$

Maintenant, que l'on fasse d'abord :

$$a\alpha + a'\lambda = c\beta + c'\mu$$

puis, que l'on choisisse b et b' assez petits en valeur absolue pour satisfaire aux conditions :

$$b^2 - ac < 0$$
$$b'^2 - a'c' < 0$$

Enfin, que l'on choisisse le rapport $\dfrac{b'}{b}$ intermédiaire entre les nombres $-\dfrac{\alpha}{\lambda}$ et $-\dfrac{\beta}{\mu}$ et l'on aura $\Delta < o$: donc instabilité.

Remarque. — La composition des stabilités qui est impossible en général, est au contraire assurée lorsque les forces dérivent d'une fonction des forces. C'est ce que montrent les théorèmes de Lagrange et de M. Liapounof.

NOTE IV

Sur les mouvements relatifs à la surface de la terre
et sur le système explosif de Poinsot.

On connaît les belles expériences de Foucault (Pendule du Panthéon et gyroscope) qui ont réalisé pour la première fois une preuve sensible de la rotation de la terre, ou plus exactement, qui ont montré que le système de coordonnées où se manifeste l'attraction de la terre coïncide sensiblement avec un système orienté sur les étoiles.

On sait que la déviation vers l'est des corps en chute libre est aussi une manifestation mécanique de la rotation de la terre.

A l'époque où Foucault fit l'expérience du Panthéon, Poinsot fit pour la première fois l'intéressante remarque : *que l'on pourrait par la suspension d'un système susceptible, sous l'action de forces intérieures, d'éprouver un brusque changement de configuration, obtenir une rotation autour de la verticale :*

Cette rotation serait encore un reflet de la rotation du globe terrestre.

Dans sa note (*Comptes rendus de l'Académie des sciences pour* 1851), Poinsot indiquait, comme expérience possible, l'expérience suivante :

Un ressort coudé suspendu, dont les deux branches sont maintenues rapprochées par un fil, se détend si l'on brûle le fil; son moment d'inertie autour de la verticale augmente, ce qui produit une rotation autour de la verticale due au mouvement de la terre. L'expérience me paraît impossible sous cette forme.

J'ai repris le calcul de Poinsot, j'ai modifié l'expérience qu'il proposait et j'ai fait voir que dans l'ordre d'idées inauguré par le profond géomètre, on pouvait réaliser deux types d'expériences correspondant respectivement à l'expérience de Foucault au Panthéon, et à l'expérience de Freyberg, expérience qui mettent en jeu : l'une, la composante verticale; l'autre, la composante horizontale de la rotation de la terre.

J'ai de plus réalisé une expérience du second type et je poursuis en ce moment l'étude d'un appareil propre à réaliser une expérience d'un type mixte.

Cette note est consacrée à l'exposé de l'idée de Poinsot et d'un résumé de mes recherches.

Considérons d'abord un système qui, pouvant changer de configuration intérieure, repose cependant sur *deux* appuis fixes, situés sur une même verticale.

Le système est d'abord au repos; la détente de ressorts intérieurs modifie brusquement ou rapidement la configuration du système, puis le système se solidifie.

Quelle vitesse de rotation va-t-il prendre autour de la verticale? — Appliquons le théorème des moments autour de la verticale.

Les forces de chaque particule du système sont, au lieu de l'observateur :

1° La pesanteur (l'attraction combinée avec la force centrifuge sur le parallèle terrestre) ;

2° La force de Coriolis provenant de la rotation du globe et du *mouvement* relatif de la particule.

Prenons comme axes de coordonnées, en la station de l'observateur :

Axe des z : la verticale ;
Axe des x : la direction *sud* du méridien ;
Axe des y : la direction qui va vers l'*ouest*.
Si λ désigne la *colatitude* du lieu :
Les composantes de la rotation ω de la terre, changée de signe, sont dans ce système d'axes

$$p = -\,\omega \sin \lambda$$
$$q = o$$
$$r = \omega \cos \lambda$$

La seconde force apparente de Coriolis sur la particule de masse m est :

$$f \begin{cases} f_x = 2 \left(q\,\dfrac{dz}{dt} - r\,\dfrac{dy}{dt} \right) m \\[2ex] f_y = 2 \left(r\,\dfrac{dx}{dt} - p\,\dfrac{dz}{dt} \right) m \\[2ex] f_z = 2 \left(p\,\dfrac{dy}{dt} - q\,\dfrac{dx}{dt} \right) m \end{cases}$$

Le théorème des moments par rapport à *la verticale* donne à chaque instant t :

$$\frac{d}{dt}\, \Sigma m\left(x\, \frac{dy}{dt} - y\, \frac{dx}{dt}\right) = \Sigma\,(x f_y - y f_z)$$

$$= 2\Sigma m\left(r\, \frac{dx}{dt} - p\, \frac{dz}{dt}\right) x - 2\Sigma m\left(q\, \frac{dz}{dt} - r\, \frac{dy}{dt}\right) y$$

$$= 2r\, \Sigma m\left(x\, \frac{dx}{dt} + y\, \frac{dy}{dt}\right) - 2p\Sigma m x\, \frac{dz}{dt}$$

Multiplions par dt et intégrons de o à t ; le système partant du repos, nous aurons :

$$\Sigma\, m\left(x\, \frac{dy}{dt} - y\, \frac{dx}{dt}\right) = \left(\mathrm{I}_t - \mathrm{I}_o \right) r - 2p\, \Sigma m \int_0^t x\, \frac{dz}{dt}\, dt$$

I_t et I_o désignant aux deux époques les moments d'inertie du système par rapport à la verticale. Cette relation est générale ; si nous supposons que le corps à l'époque t où il est rigidifié ne puisse que tourner autour de la verticale avec une vitesse ρ, on aura :

$$(1) \qquad \rho = \frac{\mathrm{I}_t - \mathrm{I}_o}{\mathrm{I}_t}\, r - 2p\, \Sigma m \int_0^t x\, \frac{dz}{dt}\, dt$$

Si nous supposons au contraire que le système rigidifié à l'époque t n'ait qu'un point fixe, désignons par :

$$\varpi, \chi, \rho$$

les composantes de la rotation du corps suivant les axes, on aura :

$$\frac{dx}{dt} = \chi z - \rho y$$

$$\frac{dy}{dt} = \rho x - \varpi z$$

et $\quad \Sigma m \left(x \dfrac{dy}{dt} - y \dfrac{dx}{dt} \right) = \rho\, \Sigma m\, (x^2 + y^2) - \varpi\, \Sigma m\, xz - \chi\, \Sigma m\, yz$

L'équation (1) doit alors être remplacée par celle-ci :

$$(2) \qquad \rho = \frac{I_t - I_0}{I_t}\, r - 2p\, \frac{\Sigma m \int x\, dz}{I_t} + \varpi\, \frac{\Sigma m xz}{I_t} + \chi\, \frac{\Sigma m yz}{I_t}$$

— Considérons d'abord le cas de deux appuis formant un axe vertical fixe. L'équation (1) indique deux types d'expériences distinctes :

Premier type. — Réaliser une explosion RIGOUREUSEMENT symétrique par rapport à la verticale, le terme en p disparaît et on aura :

$$\rho = \frac{I_t - I_0}{I_t}\, r$$

c'est le cas de l'expérience proposée par Poinsot qui omettait le second appui.

Second type. — Faire $I_t = I_0$ et le terme en p subsiste seul.

Dans le cas d'un seul appui, le mouvement pendulaire du système joue un rôle gênant par les termes en ω et χ qui échappent à tout contrôle efficace; si l'on s'arrange toutefois de manière que l'oscillation pendulaire du système se fasse autour d'une position d'équilibre pour laquelle l'axe vertical, soit un axe principal d'inertie, on aurait en cette position

$$\Sigma\, mxz = 0$$
$$\Sigma\, myz = 0$$

On conçoit ainsi qu'on puisse rendre négligeables les termes $\omega \dfrac{\Sigma\, mxz}{I_t}$, $\chi \dfrac{\Sigma\, myz}{I_t}$ devant l'un ou l'autre des termes qui subsistent.

On peut ainsi avec quelques précautions assimiler le cas général au cas d'un axe complet.

Le type d'expérience proposé par Poinsot m'a paru difficilement réalisable; mais j'ai pu réaliser une expérience du second type.

Deux supports légers en bois, reliés par une longue et mince tige d'acier, axe matériel de l'appareil, supportaient chacun deux réservoirs en laiton.

Soient A et B les réservoirs portés par le support supérieur symétriques par rapport à l'axe, le support inférieur portait deux réservoirs : l'un A′ en communication verticale avec A, l'autre B′ en communication verticale avec B par un tube.

Le réservoir A et le réservoir B′ de même forme et de

même capacité avaient été préalablement remplis d'un mélange d'eau et de glycérine.

L'appareil supporté par un fil métallique, supportait à la partie inférieure un fil assez long, tendu lui-même par un poids.

Le flambage d'un fil ouvrait un robinet à ressort et faisait écouler le liquide de A en A'; la tige d'acier portait un miroir visé par une lunette à réticule placée à distance, permettait de mesurer la rotation ρ de l'appareil pendant une quinzaine de secondes, à partir de l'ébranlement, et d'apprécier ainsi une *vitesse moyenne* de rotation.

Lorsque le plan des deux tubes fut placé dans le méridien, je constatai une rotation très sensible, correspondant à une déviation vers l'est du tube à écoulement.

L'influence du mouvement oscillatoire, sans être entièrement négligeable, ne pouvait dépasser le $\frac{1}{8^{\text{ème}}}$ de l'effet mesurable.

Bien que les dimensions transverses de l'appareil fussent assez réduites, l'écartement des tubes, par rapport à leur diamètre, était assez sensible pour que la gyration de la veine liquide ne pût pas produire une variation de plus d'un cinquième dans la rotation observée.

En allongeant un appareil de ce genre suffisamment, on amplifie l'effet de la composante p.

En somme, c'est le phénomène *de la déviation vers l'est* transformé en rotation.

Un troisième type d'expériences consisterait à mettre en évidence simultanément les deux composantes r et p et à les amplifier toutes deux; j'ai commencé de nouvelles recherches dans cette direction en m'astreignant de plus à ne plus employer de liquides, mais ces recherches sont loin d'être terminées.

L'idée de Poinsot est certainement intéressante, mais pour curieuses qu'elles soient, des expériences de ce genre qui mettent en jeu de petites impulsions arrêtées par le frottement de pivots ou par la torsion des fils ne peuvent pas produire de rotations continues appréciables.

J'ajouterai que l'emploi d'un fil de suspension rend les expériences extrêmement longues, et il m'est arrivé d'attendre, dans une salle tranquille, plus de 4 heures avant d'obtenir l'équilibre préalable de l'appareil.

Bref, les expériences de Foucault restent toujours les plus belles et les plus simples qu'on puisse imaginer.

Il m'a paru néanmoins que l'idée de Poinsot méritait d'être répandue.

Un plus habile expérimentateur pourra sans doute lui trouver une réalisation plus simple que la mienne.

ERRATA

Page 4, ligne 20 ; au lieu de « *sur le point* » lire : « *sur le plan* ».

— ligne 21 ; au lieu de « *le vecteur oM* » lire : « *le vecteur Om* ».

— ligne 22 ; au lieu de « *XOM* » lire : « *XOm* ».

— ligne 28, formule ; au lieu de « *XOM* » lire : « *XOm* ».

Page 19, ligne 25 ; au lieu de « *héliorentique* » lire : « *héliocentrique* »

Page 34, ligne 20 ; au lieu de « *compris* » lire : « *uniforme* ».

Page 44, ligne 21, formule ; au lieu de j_x lire : j_y.

— ligne 22, formule ; au lieu de j_x lire : j_z.

Page 68, ligne 2 ; au lieu de $\cos\left(\frac{k\pi}{2}\right)$ lire : $\cos\left(\frac{k\pi}{2^n}\right)$.

Page 76, ligne 13, sous l'accolade ; supprimez cette ligne.

Page 90, ligne 11 ; au lieu de « *pendant* » lire : « *suivant* ».

Page 96, ligne 7 ; au lieu de « *condamnés* » lire : « *coordonnées* ».

Page 98, lignes 8, 9, 10, équations ; mettre le signe Σ_j devant chaque second membre.

Page 105, ligne 9 ; au lieu de $qc - rt$ lire : $qc - rb$.

Page 108, ligne 12 ; au lieu de γ lire : v.

Page 120, lignes 27, 28 ; supprimez les mots : « *sur une même droite* ».

Page 122, figure ; les points C_2 et D_2 doivent être placés sur le diamètre $A_2 B_2$.

Page 124, dernière ligne ; remplacez r_{ij} par r_{ik}.

Page 148, ligne 2 ; mettre le signe $+$ devant le terme : $bc\left(\frac{dv}{dz} + \frac{dw}{dy}\right)$.

Page 150, après la ligne 2, ajoutez : *et de plus le vecteur* (A, B, C) *a une projection donnée (nulle ici) sur la normale aux différents points d'une même surface fermée (ici une sphère).*

Page 160, ligne 1, formule ; les trois derniers termes de la forme F sont : $2byz + 2b'zx + 2b''xy$; le coefficient 2 a été à tort imprimé en z.

Page 160, ligne 12 ; au lieu de d_1, d_2, d_3, lire : δ_1, δ_2, δ_3.

Page 182, ligne 7, dans la parenthèse du second membre ; au lieu de $\frac{d\varphi}{d\varphi}$ lire : $\frac{d\varphi}{d\psi}$.

Page 196, ligne 21 ; au lieu de V' lire : V'' et ajouter : *soit* U'' *la partie correspondante de* U.

Page 199, ligne 7 ; au lieu de Dx_2z lire : Dx^2.

Page 200, ligne 11 ; au lieu de $\frac{d_2 F}{d R_2}$ lire $\frac{d^2 F}{d R^2}$.

Page 208, ligne 18 ; au lieu de « *les relations du premier type se réduisent* » lire : « *les relations du premier type conduisent.* »

Page 218, ligne 13 ; supprimez les mots « *étant* δU_0 ».

Page 221, ligne 18 ; au lieu de N' lire N_1.

Page 236 ; le numéro du chapitre est non pas VI mais : VII.

Page 248 ; le numéro du chapitre est non pas VII mais : VIII.

Page 259, ligne 8 ; dans la première intégrale du second membre remplacer u' par v'.

Page 273, ligne 26 ; après section A_1 lire : 2° *en un couple* M_1.

Page 290, ligne 13 ; au lieu de « *on allant* » lire : « *en allant* ».

Page 302, ligne 16 ; au lieu de « *si on projette* » lire : « *si on avait projeté.* »

Page 303, ligne 14 ; équation ; supprimez le trait vertical.

TABLE DES MATIÈRES

V

RÉSUMÉ : DEUX ÉCOLES EN MÉCANIQUE.

DEUXIÈME PARTIE

LES CORPS DÉFORMABLES

I

CINÉMATIQUE DES DÉFORMATIONS DANS UN MILIEU CONTINU.

II

CINÉMATIQUE DES DÉFORMATIONS (*Suite*).

VII

LES FLUIDES.

VIII

PROPRIÉTÉS DYNAMIQUES DES TOURBILLONS.

TROISIÈME PARTIE

RÉSISTANCE DES SOLIDES

I

DONNÉES EXPÉRIMENTALES ET HYPOTHÈSES SUPPLÉMENTAIRES.

NOTES

www.ingramcontent.com/pod-product-compliance
Ingram Content Group UK Ltd.
Pitfield, Milton Keynes, MK11 3LW, UK
UKHW020116130726
13696UKWH00001B/62